myBook+

Ihr Portal für alle Online-Materialien zum Buch!

Arbeitshilfen, die über ein normales Buch hinaus eine digitale Dimension eröffnen. Je nach Thema Vorlagen, Informationsgrafiken, Tutorials, Videos oder speziell entwickelte Rechner – all das bietet Ihnen die Plattform myBook+.

Ein neues Leseerlebnis

Lesen Sie Ihr Buch online im Browser – geräteunabhängig und ohne Download!

Und so einfach geht's:

- Gehen Sie auf **https://mybookplus.de**, registrieren Sie sich und geben Sie Ihren Buchcode ein, um auf die Online-Materialien Ihres Buches zu gelangen
- **Ihren individuellen Buchcode finden Sie am Buchende**

Wir wünschen Ihnen viel Spaß mit myBook+ !

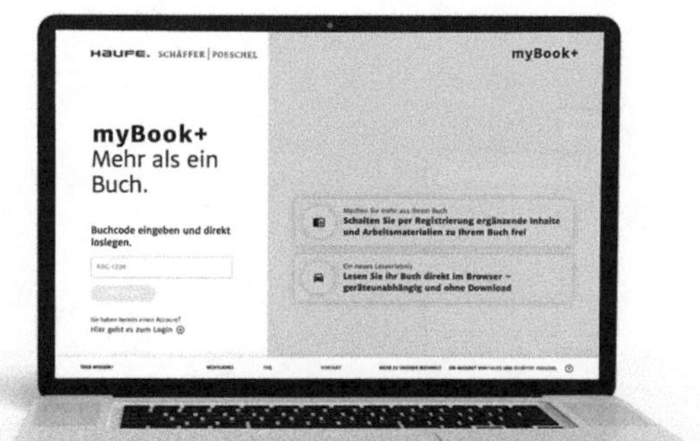

Der Business-Spagat

Christian Schwedler

Der Business-Spagat

Wie wir das Kerngeschäft bewahren und Wandel vorantreiben

1. Auflage

Haufe Group
Freiburg · München · Stuttgart

Bibliografische Information der Deutschen Nationalbibliothek

Die Deutsche Nationalbibliothek verzeichnet diese Publikation in der Deutschen Nationalbibliografie; detaillierte bibliografische Daten sind im Internet über http://dnb.dnb.de/ abrufbar.

Print: ISBN 978-3-648-17381-7 Bestell-Nr. 10975-0001
ePub: ISBN 978-3-648-17382-4 Bestell-Nr. 10975-0100
ePDF: ISBN 978-3-648-17383-1 Bestell-Nr. 10975-0150

Christian Schwedler
Der Business-Spagat
1. Auflage, Februar 2024

www.haufe.de
info@haufe.de

Bildnachweis (Cover): © Umschlag: Claudia Parra Weitzman, Abbildung: bgblue (Getty Images)

Produktmanagement: Bettina Noé

Inhalt

Check-in

Ein verregneter Donnerstag Vormittag im Ruhrgebiet. Ich lasse mich in den Sessel der Hotellobby sinken, um ein wenig durchzuschnaufen. Es ist gerade Pause.

Ich darf einen Führungskräfte-Workshop zur strategischen Neuausrichtung eines mittelgroßen Unternehmens leiten. Die Stimmung ist angespannt, aber energetisch-ambitioniert, schließlich geht es um nichts weniger als die Überlebensfähigkeit des Unternehmens: Die eigene Branche wird sich in den nächsten Jahren radikal verändern, bestehende Geschäftsmodelle brechen weg. Die Firma braucht dringend eine Kreativ- und Entrepreneur-»Injektion«. Da sind mutige Entscheidungen gefragt. Der Führungskreis sieht sich in einem Dilemma: Die radikalen Veränderungen müssen bei laufendem Kerngeschäft funktionieren, das wiederum im Kosten- und Effizienzdruck gefangen ist.

In der Pause gesellt sich der Bereichsleiter zu mir. Er flüstert mir zu: »Christian, wir kommen kaum noch hinterher. Mir gehen die Ideen aus. Wie soll ich auch den Tapetenwechsel schaffen, wenn gar keine Wand mehr da ist? Dabei sind wir eigentlich gut aufgestellt. Ich bin davon überzeugt, dass wir ein richtig gutes Management haben.«

Darauf antworte ich: »Ja, und genau das ist das Problem:

Exzellentes Management führt zum Scheitern.«

Der Bereichsleiter schaut mich mit großen Augen an und versteht nicht, was ich damit sagen will. Im weiteren Verlauf des Workshops löse ich das Statement auf. Auch im Verlauf des Buches werde ich die Herleitung und den Hintergrund dieses Statements erläutern.

Wir verlieren den Anschluss

Das soeben beschriebene Dilemma ist kein Einzelfall. Mehr und mehr Führungskräfte sind erschöpft und orientierungslos. Mehr und mehr Manager reiben sich auf in der Zerreißprobe zwischen Tagesgeschäft und Zukunftsgestaltung. Im Rahmen meiner Tätigkeit spreche ich mit sehr vielen Unternehmenslenkern und die geäußerte Beunruhigung ist immer wieder die gleiche: »Wir können kaum mit der Veränderungsdynamik mithalten.« Fast alle merken: *The heat is turning up*. Der Wettbewerbsdruck nimmt zu. Was sich bislang eher als Bauchgefühl äußerste, wird inzwischen von messbaren Daten belegt:

Alle hiesigen Wirtschaftsindikatoren zeigen nur in eine Richtung: nach unten. Exportvolumen, Wagniskapital, Wirtschaftswachstum, Patentanmeldungen –

Hiobsbotschaften, wo man auch hinschaut. Deutschland liegt im »World Competitiveness Ranking 2023« auf dem 22. Platz von 64 Ländern. Vor zehn Jahren waren wir noch auf Platz 6 (2014).[1]

Bei der Marktkapitalisierung sieht es nicht besser aus. Alle vierzig DAX-Konzerne haben zusammen eine signifikant geringere Bewertung als die eine Firma Apple. Im Jahr 2007 waren noch sieben deutsche Konzerne in den Top 100 der wertvollsten Unternehmen der Welt. Und aktuell? Nur noch zwei – mit Platz 71 und 91.[2]

Die Marktkapitalisierung kann als abgezinster Wert aller geschätzten zukünftigen Ertragsströme verstanden werden. Ich sehe das als die Zukunftswette der Investoren. Im Umkehrschluss heißt das: Die Investoren scheinen uns nicht mehr viel zuzutrauen. Sie glauben nicht an unsere Innovationsstärke, Transformationskraft oder Anpassungsfähigkeit. Sie setzten ihr Geld lieber auf Start-ups und die neuen Tech-Player aus dem Silicon Valley und China.

Ist das unser Anspruch?

In der Zukunftstechnologie schlechthin – der künstlichen Intelligenz – spielt Europa nur noch eine Nebenrolle. Die sogenannten *KI-Giganten* kommen allesamt aus den USA und China. Selbst in unserer ureigensten Paradedisziplin, der Automobilindustrie, stehen die Zeichen auf Sturm. Erstmals seit den 1980er-Jahren ist Volkswagen in China nicht mehr die Nummer eins beim Absatz, sondern der chinesischer Hersteller BYD. Galt der Automotive-Sektor über Jahrzehnte als Wirtschaftsmotor und Erfolgsgarant, sind wir im Zukunftssegment der E-Mobilität nur noch eine Randerscheinung.

Wir verlieren den Anschluss.

Stell Dir vor, die Zukunft ist eine große Party, aber wir stehen nicht mehr auf der Gästeliste.

Die meisten Unternehmen kränkeln. Die »Patientenliste« füllt sich. Und auch all die Unternehmen, die sich heute in bester »Gesundheit« wähnen, sollten sich auf turbulente Zeiten einstellen. Die Frage nach einer disruptiven Bedrohung ist nicht *ob*, sondern nur eine Frage des *wann*.

Wie sieht es mit einer möglichen »Medikation«, »Therapie« oder »vorbeugenden Heilmitteln« aus? Der große Hoffnungsträger der letzten ein bis zwei Jahrzehnte – die agile Bewegung – ist ins Stocken geraten. In manchen Unternehmen darf man das Wort »agil« kaum noch aussprechen. Nur agile Methodik hilft nicht, das haben wir leidvoll lernen müssen. Der große Umbruch und die spürbare Transformation blieben in den allermeisten Unternehmen bislang aus.

Innovator's Dilemma

Dabei wurde diese Entwicklung bereits vorausgesagt. Der mittlerweile verstorbene Harvard-Professor Clayton Christensen erkannte das Problem schon vor über 20 Jahren. In seinem Weltbestseller »The Innovator's Dilemma« prophezeite er das Scheitern der erfolgreichen und etablierten Unternehmen aufgrund ihrer Unfähigkeit, aus der Effizienzfalle des Kerngeschäfts auszubrechen:

> »Erfolgreiche Unternehmen, die sich schon bei evolutionären Technologien keine Fehlschläge erlauben können, werden mit der nötigen Fehlerakzeptanz bei disruptiven Technologien niemals zurechtkommen.«[3]

Ein Niedergang mit Ansage?

Nur Effizienz und Kerngeschäft – das beherrschen die etablierten Unternehmen weitgehend.

Nur radikale Innovation und Agilität – das machen Start-ups und New-Techs sehr erfolgreich.

Die Crux entsteht im Zusammenspiel, in der Gleichzeitigkeit beider Modi. Die Spannung entsteht, wenn etablierte Organisationen beides gleichzeitig beherrschen müssen. Das ist die eigentliche Zerreißprobe: Willkommen im *Business-Spagat.*

Spagat kommt aus dem Italienischen (*spaccare*) und bedeutet »spalten«. Auf Wikipedia wird ergänzt: »Im Deutschen wird der Begriff häufig im übertragenen Sinne benutzt, um auszudrücken, dass jemand zwei (meist argumentativ, aber auch räumlich) gegensätzliche Positionen zu überbrücken versucht.«[4] Das trifft die Sache ganz gut. Die meisten Manager und Mitarbeitenden stehen zwei gegensätzlichen Polen gegenüber und müssen Brücken zwischen dem Bewahren und dem Umbruch bauen.

Die Farbgebung des Covers in den Farbtönen Rot und Blau ist nicht zufällig gewählt, sondern spielt auf die *Blue-Ocean-Strategie* von W. Chan Kim und Renée Mauborgne an. Blau werden die Märkte bezeichnet, die keinen oder minimalen Wettbewerb aufweisen, rot die gesättigten Märkte mit hartem Konkurrenzkampf. Die Farbe rot symbolisiert dabei das von blutigen Kämpfen gefärbte Wasser. Die Zerreißprobe heutiger Unternehmen besteht auch aus dem Spagat zwischen dem blauen und roten Ozean.

Die Farbgebung Rot-Blau wird in der Praxis und insbesondere im agilen Kontext auch umgekehrt verwendet: Der robuste, bekannte und etablierte Kontext ist dann blau codiert, und rot der dynamische, unbekannte. Diese Farbcodierung verwende ich in meinen Vorträgen. Das Cover kann auch in diesem Sinne aufgefasst werden.

Navigationshilfe

Business-Spagat steht nicht nur für die Zerreißprobe, sondern ebenso für eine weitere Eigenschaft: Einen Spagat kann nicht jede(r). Ein Spagat ist schwer, aber nicht unmöglich. Mit dem richtigen Training und Know-how können wir uns die Fähigkeit aneignen. Prinzipiell gilt das ebenso für den Business-Spagat. Die grundlegende Fragestellung für das Know-how und »Trainingsprogramm« im Businesskontext lautet:

> **Wie bringen wir mehr Transformations-PS auf die Straße, ohne das Kerngeschäft gegen die Wand zu fahren?**

Man kann die Problemstellung auch so formulieren: Wie können wir mehr Transformations-PS entwickeln trotz der großen »Gravitationskräfte« des etablierten Kerngeschäfts? Das vorliegende Buch will die entsprechende Navigationshilfe bieten. Es besteht aus drei Hauptteilen, welche die drei Betrachtungsebenen repräsentieren: *Dein Team, Dein Umfeld, Deine Rolle*. Oder als Fragen formuliert:

- Wie organisiere und fördere ich das Team (der Team-Spagat, Kapitel 2)?
- Inwieweit kann und muss ich das Unternehmensumfeld beeinflussen (der Organisations-Spagat, Kapitel 3)?
- Was kann ich selbst tun, um meinen eigenen Business-Spagat zu meistern, sowie meine Organisation zu unterstützen (der Führungs-Spagat, Kapitel 4)?

Das Buch zeigt einen machbaren, realistischen und erprobten Weg auf. Wir brauchen weder ein kompliziertes Theoriegeflecht, das niemand versteht und an der Praxis vorbeigeht, noch brauchen wir einzelne Methoden, die als Tropfen auf den heißen Stein wirken. Wir brauchen weder Aktionismus noch eine oberflächliche Symptombehandlung. Was wir dringend benötigen, ist ein triefgreifender, fundierter Ansatz, der gleichsam umsetzbar und anschlussfähig ist.

Die Hiobsbotschaften und negativen Indikatoren aus der Wirtschaftswelt dürfen uns nicht resignieren lassen. Im Gegenteil, ich sehe das als Ansporn. Fußball-Trainer-Legende Jürgen Klopp würde sagen: »Die Lust aufs Gewinnen muss größer sein als die Angst vor dem Verlieren.«[5]

Wer jetzt ein trockenes und kompliziertes Fachbuch erwartet, wird enttäuscht. Ich bin ein Praktiker. Das Buch ist daher kein klassisches Fachbuch mit streng wissenschaftlichem Perfektionsanspruch, sondern eher ein Rat gebendes Plädoyer. Die Inhalte speisen sich aus der Praxis, aus zwanzig Jahren Berufserfahrung, davon zwölf Jahre Strategiearbeit in der Schaltzentrale eines DAX-Konzerns, acht Jahre berufliche Weltreise mit den Stationen Sydney, London und Santiago de Chile, unzählige Führungskräfte-Workshops und Keynotes bei Kunden aus den verschiedensten Branchen und Case Studies anderer Organisationen.

Kurzum, ich bin ein wenig herumgekommen. Ich habe mich ein wenig umgeschaut. Wenn sich in meinen Führungskräfte-Tagungen die Tür schließt und wir unter uns sind, kommen alle Themen auf den Tisch. Da wird Tacheles geredet – und ich habe gut zugehört. Mit diesem Buch gewähre ich Dir einen Einblick in die Erkenntnisse aus den Hinterzimmern und »Kommandobrücken«.

Das Buch ist die Antwort auf die Frage: *Wie können wir als Führungskräfte und Organisationsgestalter den Business-Spagat meistern?*

Die Zeit drängt. Fangen wir also gleich damit an.

Christian Schwedler, Herbst 2023

Gebrauchshinweise
In diesem Buch habe ich mich für die Du-Anrede entschieden. Das ist keine Respektlosigkeit. Da wir aber Tacheles reden und ans »Eingemachte gehen«, hilft mir die symbolische Nähe der Duz-Form. Zum anderen sind die meisten Organisationen für mein Dafürhalten viel zu »erwachsen« geworden und können ein wenig »jugendliche Frische« ganz gut vertragen. Ein »Du« passt da ganz gut hinein.

Es gibt Bücher, bei denen jedes Kapitel unabhängig gelesen werden kann. Hier sind die Inhalte chronologisch aufgebaut, da sich das Konzept langsam entwickelt.

Spagat-Killer:

Unter diesem Begriff führe ich typische Stolpersteine und Verhinderer auf, die den »Business-Spagat« erschweren oder hemmen.

1 Die Ausgangslage

1.1 Orientierung gesucht: Aus dem Tagebuch eines erschöpften Managers

Wir erhalten einen exklusiven Einblick in das Tagebuch von Stefan, einem Manager in der mittleren Führungsebene eines Konzerns. Er leitet drei Gruppen: Zwei sind im routinierten Tagesgeschäft tätig, ein Team ist für Innovationsprojekte verantwortlich. Die Figuren und die Details sind frei erfunden. Trotzdem mögen die Rahmenbedingungen, Dilemmata und Geschehnisse bekannt erscheinen. Sie sind allesamt von wahren Begebenheiten aus der Praxis inspiriert.

Ein ganz normaler Arbeitstag zum Jahresende:

> **Stefans Tagebuch**
>
> *7:47 – Der Controller ruft durch und erinnert mich eindringlich an mein Restbudget, das ich doch bitte bis Jahresende aufbrauchen soll. Ich käme sonst in Rechtfertigungszwang, warum ich den Forecast nicht einhalte.*
>
> *8:00 – In der Abteilungsrunde greife ich das Budgetthema gleich auf und bitte um Vorschläge zur kurzfristigen Budgetausgabe. Nach einer kurzen Diskussion liegen zwei Vorhaben auf dem Tisch: Die neue Teamleiterin der Innovationsgruppe drängt auf einen aushäusigen Kreativ-Workshop. Claus, ein langjähriger Teamleiter des Kerngeschäfts, würde gern eine Auftragsverlängerung seines externen Lieferanten erwirken, um seine Fehleranalyse der Anlagentechnik abzuschließen. Das Budget gibt nur ein Thema her: Innovation oder Fehlerquote Tagesgeschäft? Ich vertage die Entscheidung. Erstmal Zeit gewinnen.*
>
> *8:15 – Im Rahmen der Abteilungsrunde stellt ein Mitarbeiter eine neue KI-unterstützte Software vor. Als Pilotprojekt soll diese in der gesamten Abteilung ausgerollt und verprobt werden. Die Kollegen aus dem Kerngeschäft reagieren verhalten ob der Risikoexposition. Sie sind mitten im Effizienzsteigerungsprogramm verstrickt und auf operative Exzellenz getrimmt.*
>
> *Ich muss bei diesen Veränderungsthemen in Zukunft besser vermitteln und Verständnis schaffen. Die Teamleiter müssen da mehr Offenheit und Flexibilität zeigen. Die Erkenntnisse der letzten Führungskräftetagung scheinen schon wieder verpufft.*
>
> *9:00 – zurück an meinen Schreibtisch. Rundmail vom Finanzvorstand. Er bittet die Führungsmannschaft um volle Unterstützung für das ausgerufene Effizienzprogramm. Wir müssen dringend die Fehlerquote senken und Kosten sparen.*

Das passt ja gar nicht zu meinem digitalen Pilotprojekt. Vielleicht sollte ich in der politischen Großwetterlage ein bisschen mehr auf Stabilität und Sicherheit gehen. Kopf einziehen und nicht auffallen.

10:00 – Meeting mit unserem Controlling. Die Finanzkollegen verlangen eine detaillierte und kalendarisierte Renditeerwartung für das neue Innovationsprojekt. Ich bitte (mal wieder) um Verständnis. Es ist heute noch nicht absehbar, ob und wann das serientauglich wird und wie Kunden darauf reagieren. Warum verstehen die Kollegen nicht, dass wir ganz am Anfang stehen und aktuell in die Experimentierphase gehen? Die Controller bestehen auf Annahmen. Ich muss jetzt ein paar Zahlen liefern.

11:00 – Vorstellungsgespräch: Wir haben noch eine freie Stelle zu besetzen und noch zwei Bewerber in der engen Auswahl: Bewerber A scheint akribisch, sehr verlässlich, gerader Lebenslauf, gutes Unizeugnis. Bewerberin B hat viel erlebt und einen Zickzack-CV. Sie wirkt sehr neugierig, aufgeschlossen und hinterfragt viel. Wir könnten tatsächlich beide Charaktere gebrauchen. Eine Mischung aus beiden Qualitäten wäre ideal, aber am Markt derzeit nicht verfügbar. Muss Gruppenleiter Claus entscheiden, wer besser in sein Team passt.

11:45 – Rücksprache mit der Bereichsleiterin: Es gab eine Ansage vom Entwicklungsvorstand. Wir müssen die Entwicklungszeiten verkürzen. Die chinesischen Mitbewerber bringen die Produkte in 70 Prozent unserer Entwicklungszeit auf den Markt. Das ist jetzt schon Thema im Aufsichtsrat. Ich solle mir mal Gedanken machen, wie wir hier schlanker und schneller werden. Ihr Bekannter habe eine agile Scrum-Beratung. Sie legt mir Nahe, einen seiner agilen Coaches bei mir im Innovationsteam auszuprobieren. So signalisieren wir Veränderungswillen und senden intern die richtige Botschaft.

Ich frage mich, ob das so viel bringt, wenn wir ansonsten keine Rahmenbedingungen verändern und das ganze Unternehmen dem aktuellen Effizienzprogramm verschrieben ist, beiße mir aber auf die Zunge. Werde den agilen Coach mal zum Gespräch einberufen. Damit ist das offene Restbudget dann auch verplant.

12:00 – Mittagspause. Auf dem Weg zur Betriebsgastro treffe ich einen alten Kollegen. Er schimpft über die fehlende Ausrichtung »von oben«: »Alles muss schneller, agiler, aber ohne Fehler und Risiko passieren. Da fehlen die strategischen Leitplanken und die Klarheit. Die C-Level-Etage wirft jegliche Aussteuerung zwischen Tagesgeschäft und Transformation uns über den Zaun.«

Die Stimmung war auch schon mal besser. Der Wind wird rauer, das spürt man an allen Ecken und Kanten.

13:00 – Sitze im Entscheider-Kreis für Investitionen. Die Agenda ist bunt gemischt. Im ersten Agendapunkt wird um Cent-Beträge gefeilscht und die Kostenschraube angezogen. Der nächste Punkt verlangt Risikofreude für ein vielversprechendes aber auch volatiles Vorhaben. Ganz schön anstrengend diese mentale Dynamik. Da soll die Gremiensteuerung mal besser sortieren. Das müsste besser getrennt werden: ein Block für Effizienzthemen und Kerngeschäft und ein Block für Innovation und Neugeschäft.

14:00 bis 18:00 – Führungskräfte-Workshop für die Ziele nächstes Jahr.

Der Kollege aus der Strategie warnt: Wir brauchen neue Umsatztreiber, müssen mehr in die Diversifikation, neue Geschäftsfelder erschließen. Ein anderer Kollege fragt, wie dieser Wandel finanziert werden soll. Im Kerngeschäft sinkt die Marge.

Wir erarbeiten Aufgabenpakete und beschließen ein neues Zusammentreffen in vier Wochen. Gut, dass ich in der Zwischenzeit Urlaub habe. Muss dringend Luft holen. Dieses Jahr war extrem anstrengend. Dieses ständige Aufreiben zwischen Veränderungs- und Effizienzdruck zermürbt. Übrigens auch die Mannschaft. So geht es nicht mehr lange weiter. Wir brauchen neue Ideen und Ansätze, wie dieser Business-Spagat zu meistern ist. Zumindest darüber sind wir uns im Führungskreis einig. Da muss es doch smarte Ansätze geben. Wie machen das denn die anderen?

1.2 Legacy meets Fantasy: Die richtige Balance wird zur Überlebensfrage

Kannst Du Dir einen Sportler vorstellen, der Eishockey-Weltmeister und gleichzeitig Olympiasieger im Eiskunstlauf wird? Oder eine Gewichtheberin, die Ballett tanzt? Ziemlich abwegige Vorstellung. Spitzensport ist heute so anspruchsvoll und spezialisiert, dass nur eine absolute Fokussierung Höchstleistung ermöglicht.

Umso erstaunlicher, dass wir eine derartige Bandbreite und Vielschichtigkeit in unserer Geschäftswelt voraussetzen. Denn Führungskräfte und Manager müssen heute beides meistern: Stabilität und Wandel. Sie sollen ihr Kerngeschäft effizient managen und nebenher radikal innovativ sein. Dieser Spagat des Multitaskings wird durch die jeweiligen Extreme deutlich:

- Tagesgeschäft versus Zukunftsgestaltung,
- Tradition versus Transformation,
- Verlässlichkeit versus Überraschung,
- Stammgeschäft versus Disruption.

Diese gegensätzlichen Ausrichtungen erfordern ebenso widersprüchliche Kompetenzen, Mindsets und Arbeitsweisen:

- Null-Fehler-Toleranz versus Risikofreude,
- Standardisierung versus Individualität,
- Operative Exzellenz versus experimentelle Iteration,
- Wasserfallmodell versus agile Methoden.

In diesem Spannungsfeld trifft Vergangenheit auf Zukunft und Tradition auf Vision: *Legacy meets Fantasy.*

Die linke Seite dieser Aufzählungen bezieht sich auf das Tagesgeschäft, also auf das Hier und Heute, ist aber vergangenheitsorientiert: Die Arbeitsformen und Organisationsstrukturen sind die Summe aller in der Vergangenheit getroffenen Entscheidungen. Die Arbeitskultur ist das Ergebnis eines gewachsenen Prozesses. Für die Effizienzmaschinerie des Kerngeschäfts ist diese *Legacy* in erster Linie ein Erfolgsmodell: Tradition schafft Markenwert und Kundenvertrauen, Routine sorgt für Effizienz, Expertise für Qualität.

Die rechte Seite der Aufzählung zahlt auf die Zukunft ein, auf das Geschäftsmodell und Produktportfolio von (über-)morgen. Hinsichtlich Innovationskraft, Dynamik und Anpassungsfähigkeit werden die soeben skizzierten *Legacy*-Erfolgskriterien zum Ballast: Hier bremsen gewachsene Strukturen und alte Denkmuster. Agile Innovationsteams müssen eigenständige und neuartige Arbeitsformen finden und sich von organisatorischen Altlasten emanzipieren. Was in dem einen Kontext gut und richtig ist, erweist sich in dem anderen als Belastung.

Dieses Spannungsfeld betrifft uns alle. Um dies ins Bewusstsein zu rufen, frage ich auf Führungskräfte-Workshops zwei simple Fragen zum Einstieg:

1. Ist Deine Organisation auf ein funktionierendes und profitables Tagesgeschäft angewiesen?
2. Soll die Organisation auch in Zukunft existieren (oder gar erfolgreich sein)?

In all den Jahren hatte ich nur eine einzige Person, die eine Frage verneinen konnte. Das war der Eigentümer einer kleinen Firma, der sein Business ohne finanzielle Abhängigkeit als Selbstverwirklichung betrieb. Von solchen Einzelfällen abgesehen, befindet sich jede Organisation – ob Start-up, Mittelständler, Konzern, Behörde oder Non-Profit-Institution – in der gleichen Zerreißprobe. Wir bewegen uns permanent in zwei Parallelwelten.

Die zwei Welten

Die erste Welt dreht sich ausschließlich um das bestehende Geschäftsmodell. Wie ein kompliziertes Getriebe aus unzähligen Zahnrädern verrichtet sie gut geölt und streng kontrolliert den täglichen Dienst. Es ist eine vertraute und lang erprobte Umgebung, schließlich sind Arbeitskultur, Organisationsform und die Führungsprinzipien über hundert Jahre alt: Das erste in der Produktion eingesetzte Fließband wurde von Henry Ford eingeführt – das war 1914. Bis heute arbeiten wir weitestgehend nach den gleichen Denkmustern: Arbeitsteilung, Spezialisierung, feste Rollenbeschreibungen, die Trennung von ausführenden und von denkenden Management- und Führungsaufgaben.

Frederick Taylor schuf ein wahres Meisterwerk der Effizienzmaxime, das bis heute die Grundfeste des Managements bildet. Hier gelten harte Fakten. Quartalszahlen sind der Taktgeber und KPIs die Steuerungslogik. Nur was messbar ist, ist sinnvoll. Damit diese Maschinerie reibungslos schnurrt, sind Routine, Null-Fehler-Kultur, Standardisierung und inkrementelle Prozessoptimierung an der Tagesordnung. Es geht eher um Besitzstandswahrung.

Diese Ausrichtung beschreibe ich manchmal als die »süße Welt«, weil hier die *»Low-Hanging Fruits«* geerntet werden. Das bestehende Geschäftsmodell sorgt für den aktuellen Zahlungsstrom, für die heutige Profitabilität. Nicht umsonst sprechen Ökonomen von der »Cashcow-Phase«. Die entscheidenden Messgrößen und Bewertungsmaßstäbe der Investoren und Kontrollgremien richten sich ausschließlich nach dieser »süßen« Welt: Rendite und Quartalszahlen schauen auf das Ist, nicht auf Zukunftspotenziale. Das hat Nebenwirkungen: Wie bei guter Schokolade sorgt das Erfolgserlebnis guter Quartalszahlen für eine schnelle Endorphin-Ausschüttung – chronisches Suchtpotenzial vorprogrammiert.

Die andere Welt

Kommen wir zur zweiten Welt, in der es abenteuerlicher und unberechenbarer wird. Hier dreht sich alles um die Zukunft. Die zentrale Fragestellung lautet: Was müssen wir heute tun, damit wir (über-)morgen immer noch erfolgreich sind?

Es geht um Innovationskraft, Implementierung neuer Technologien und die Erschließung zukunftsträchtiger Geschäftsmodelle. Es geht aber nicht nur um technische Aspekte, sondern ebenso um neue Formen der Zusammenarbeit im Kontext von New Work und Co.

Diese zweite Welt darf nicht als kreativer Spielplatz der Selbstverwirklichung missverstanden werden. Ich sehe sie eher als Survival-Programm der Organisation. Im Kontext zunehmenden Wettbewerbsdrucks aus dem Silicon Valley, aus China sowie aus der wachsenden Start-up-Szene gilt es schlichtweg, den Anschluss nicht zu verlieren. Im Kontrast zur ersten Welt wird hier ständig Neuland betreten. Entsprechend gelten hier andere Regeln und Tugenden. Risikofreude, Fehlertoleranz, flachere Hierarchien, Agilität und Experimente sind die geltenden Spielregeln.

In dieser zweiten Welt herrscht erhöhte Ungewissheit, weil Wandel und Veränderung auch Widerstand erzeugen, weil Fehler und Scheitern dazugehören. Es fehlt die unmittelbare Belohnung in Form von kurzfristigen Gewinnen. Der Return-on-Investment liegt in der Zukunft und ist ungewiss. Die gängigen Messsysteme und KPIs decken die Wirkkraft dieser Welt nicht ab. Das Unternehmensradar stoppt quasi an der Grenze zwischen der ersten und zweiten Welt. Dieser Modus ist reine Zukunftssicherung. Für das Hier und Heute hat es keine Relevanz, keine Belohnung und keine Sicherheiten zu bieten. Das macht diese Ausrichtung, insbesondere für gewachsene Organisationen, so unklar und herausfordernd.

Wizard of Oz

Parallelwelten sind spannend. Ich muss dabei an den Literatur- und Filmklassiker »Wizard of Oz« denken, bei dem es verblüffende Ähnlichkeiten zur Unternehmenswelt gibt. Die Geschichte dreht sich um Dorothy, ein kleines Farmermädchen aus Kansas. Eines Tages wird sie von einem Sturm erfasst und samt Haus und Hund in das magische Land Oz katapultiert. Dorothy ist also nicht freiwillig in die Parallelwelt aufgebrochen, sondern wurde durch externe Kräfte dazu gezwungen. Ähnlich ergeht es den meisten Firmen, die selten freiwillig eine Transformation initiieren, sondern durch externe Marktkräfte getrieben werden. Der Wirbelsturm kann als Metapher für Disruption stehen.

Im fremdartigen Neuland angekommen, muss sich Dorothy vortasten, neue Partnerschaften eingehen, unbekannte Herausforderungen bestehen und dabei neue Fähigkeiten entwickeln. »Toto, ich habe das Gefühl, wir befinden uns nicht mehr in Kansas«, ist eines der berühmtesten Zitate des Films und steht für den radikalen Wechsel des Umfelds. Auch das klingt bekannt.

In unserer Businesswelt gibt es allerdings einen entscheidenden Unterschied. Die Heldin Dorothy befindet sich immer eindeutig und längerfristig in einer bestimmten Welt. Sie befindet sich nie zeitgleich in zwei Welten und springt auch nicht kurzzyklisch hin und her. Wenn Dorothy vom Zyklon erfasst wird, landet sie in der Parallelwelt und verbleibt dort für die Dauer des gesamten Abenteuers.

Die neue Herausforderung

Im Businesskontext finden die beiden Welten Kerngeschäft und Zukunftsgestaltung in der Regel zeitgleich statt. Das ist eine enorme Herausforderung, denn ein Unternehmen kann nicht sechs Monate Kerngeschäft betreiben, dieses anschließend für ein halbes Jahr schließen, um währenddessen in Ruhe Innovation zu gestalten.

Die Herausforderung besteht in der Gleichzeitigkeit beider Systeme. *Soll ich als Manager nun eine Null-Fehler-Kultur einfordern oder Risikofreude zeigen? In welcher Welt befinde ich mich in diesem Augenblick? Brauchen wir jetzt Routine und Zuverlässigkeit oder Geschwindigkeit und Flexibilität?* Das ständige Hin- und Herschalten zwischen den beiden Modi ist kein Selbstläufer. Kein Wunder, dass mehr und mehr Führungskräfte wie Mitarbeitende an ihre Grenzen kommen. Kein Wunder, dass Verunsicherung, Erschöpfung und Orientierungslosigkeit zunehmen.

Die gute Nachricht an dieser Stelle: Es gibt Erfolgskriterien, praxiserprobte Konzepte und Werkzeuge, um diese Zerreißprobe zu meistern. Genau davon handelt dieses Buch.

Wenn ich in Vorträgen oder Workshops die Herausforderung dieser Zerreißprobe aufzeige, gibt es immer einen Teilnehmer, der Folgendes hinterfragt: »Den Spagat zwischen Kerngeschäft und Innovation gab es doch seit Anbeginn des Geschäftstreibens. Das ist weder neu noch besonders.« Ich nicke dann zustimmend. In der Tat ist diese Herausforderung nicht neu, aber sie verschärft sich stetig. Mit einem differenzierteren Blick zeigen sich zwei Haupttreiber für diese Entwicklung: exponentieller Fortschritt und Disruption.

Exponentieller Fortschritt ist vertrackt

Die Allermeisten kennen den Begriff. Die Allerwenigsten bezweifeln die Existenz der steten Fortschrittsbeschleunigung. Trotzdem fällt es uns schwer, die Auswirkungen zu durchdringen. Für eine Prognose blicken wir in die Vergangenheit und extrapolieren linear in die Zukunft. Das passiert automatisch, scheint die mentale Standardeinstellung zu sein. Wenn wir die Machbarkeit neuer Technologien oder Geschäftsmodelle bewerten, unterschätzen wir in der Regel die Dynamik und Geschwindigkeit der Entwicklung. Dagegen sind auch gestandene Topmanager nicht gefeit, ich spreche aus eigener Erfahrung..

Durch die zunehmende Geschwindigkeit erhöht sich der Handlungs- und Entscheidungsdruck in der *VUKA-Welt.* Um immer mehr Möglichkeiten in immer kürzeren Intervallen auszuschöpfen, müssen wir zwangsläufig immer agiler, kreativer und risikofreudiger werden – alles Arbeitsweisen, die mit der »ersten« Welt, der des Kerngeschäfts, kontrastieren und die Kluft weiter auseinandertreiben.

> **Fazit: Durch den exponentiellen Fortschritt verschärft sich die Diskrepanz zwischen Kerngeschäft und Neugeschäft.**

Verstärkt wird das durch folgenden Zusammenhang: Der technologische Fortschritt verläuft schneller als die Wandlungsfähigkeit der Individuen (Mitarbeitenden). Diese wiederum verläuft schneller als die Wandelbarkeit der Organisationen. Abbildung 1 verdeutlicht, dass durch die exponentielle Wirkung die Kluft zwischen dem technischen Fortschritt und der Organisation im Laufe der Zeit weiter zunimmt.

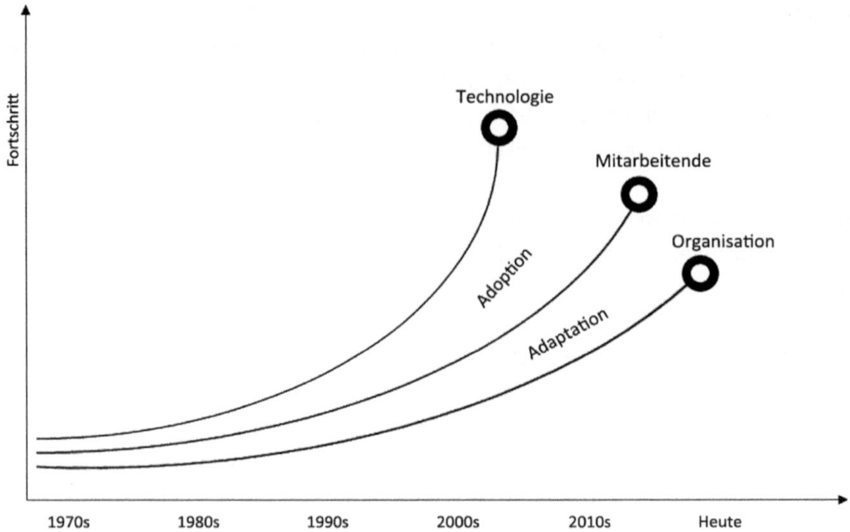

Abb. 1: Unterschiedliche Geschwindigkeiten des Fortschritts[6]

Disruption als Gamechanger

Innovation ist ein alter Hut. Werkzeuge der Steinzeitmenschen, das Entfachen von Feuer, die Erfindung des Rads – der Homo sapiens war seit jeher ein Innovator. Ebenso kennen wir große Umbrüche aus der Vergangenheit, die ganze Tätigkeitsfelder veränderten: Denken wir an die landwirtschaftliche Revolution oder die Industrialisierung. Die Geschwindigkeit und Radikalität der Verdrängung etablierter Verfahren durch branchenfremde und digitale Mitspieler ist ein erst zwei Jahrzehnte junges Phänomen. Disruption in heutiger Semantik entstand erst mit der Digitalisierung. Wir erinnern uns an die prominentesten Fälle wie Kodak (Analog- versus Digitalkamera), Nokia (klassische Mobiltelefone versus Apples iPhone) oder Blockbuster (Videokassettenverleih versus Netflix-Streaming).

Analog zum exponentiellen Fortschritt spüre ich auch hier eine chronische Unterschätzung der Bedrohung. Wir wissen es, glauben es aber nicht so recht, nach dem Motto: »Das mag andere vielleicht betreffen, aber uns doch nicht!« Ein Beispiel: Es dürfte kein großes Geheimnis sein, dass die Automobilindustrie vor radikalen Umbrüchen steht.

Disruption ist immer dann möglich, wenn voneinander unabhängige Technologien so weit entwickelt sind, dass sie in Kombination miteinander ein völlig neuartiges Kundenerlebnis schaffen können. Erst die Leistungssteigerung der Prozessoren, der Touchscreen und die App-Entwicklung ermöglichten den Technologiesprung zum Smartphone. Das Gleiche gilt für elektrisch angetriebene Flugtaxis: Erst die

Fortschritte bei E-Motoren, der KI, der Batterien und des 3-D-Drucks ermöglichen die Herstellung und den wirtschaftlichen Betrieb der neuen E-Jets.

Im Automobilsektor fehlt aktuell nur noch ein Puzzlestein, um eine disruptive Entwicklung auszulösen: die autonome Fahrzeugsteuerung auf Level 5. In dieser letzten Stufe können Fahrzeuge völlig unabhängig von den Insassen fahren, also gänzlich ohne Mitfahrer. Dieser Schritt würde es erlauben, eine App-basierte Buchungsplattform einzuführen. Einmal schnell über das Handy gewischt, und in Minutenschnelle kommt das passende Fahrzeug autonom angefahren. Die Vorteile für Kunden sind immens: Die Anschaffung eines eigenen Autos wird obsolet. Jeder Kunde kann sehr flexibel das passende Fahrzeug für den entsprechenden Anlass buchen, ob einen SUV für den Landausflug, ein Sportcabrio für die Spritztour in der Stadt oder einen Sprinter für den Umzug.

Dieses Geschäftsmodell hat Sprengkraft: Im Durchschnitt benutzen Autobesitzer ihr Fahrzeug weniger als 5 Prozent der Zeit. Wenn autonome Fahrzeuge on demand unterwegs wären, könnte die Auslastung im Idealfall um das Zwanzigfache erhöht werden. Oder andersherum: Man bräuchte viel weniger Autos, nämlich nur noch ein Sechstel.

Weiterhin kommen digitale Plattformen mit dem Risiko daher, in kurzer Zeit ein Monopol zu bilden, siehe Google, Uber, Airbnb und Co. Die Wahrscheinlichkeit ist also ziemlich groß, dass ein einziger Player den App-basierten Buchungsdienst als Monopolist betreiben wird. Die autonome Fahrzeugflotte wäre dann nur noch eine Commodity, also eine Handelsware der Einkaufsabteilung. Dieser Monopolist würde dann bestimmen, wer die Fahrzeuge liefern darf. Der Originalhersteller (OEM) würde dann zum Zulieferer für die Plattform werden und den direkten Kontakt zum Kunden verlieren. Ein echter Gamechanger! Und wer, frage ich, ist prädestiniert, eine solche digitale Plattform zu bauen? Die Silicon-Valley-Techies oder die heimischen Firmen? Zufällig arbeiten Google, Amazon und Apple mit Hochdruck an einem Einstieg in den Automobilsektor, zufällig sind sie führend in künstlicher Intelligenz und zufällig sind sie allesamt Digital Natives. Alles kein Geheimnis, oder?

Ich bin jedenfalls fest davon überzeugt, dass die Volumenhersteller, also die Autofirmen mit hohen Verkaufszahlen, sehr herausfordernden Zeiten entgegensehen. Premiumhersteller haben die bessere Ausgangsposition, da es auch in Zukunft Kunden geben wird, die nicht am Sharing on demand teilnehmen möchten, sondern die in der Lage sind, sich ein eigenes hochwertiges Vehikel zu leisten.

Fazit: Disruption ist ein neuer, zusätzlicher Treiber auf den Handlungsdruck in der neuen Welt. Disruption macht Innovationserfolg zur Überlebensfrage.

Wir erkennen, dass der »Spagat« zwischen den beiden Welten in der zeitlichen Entwicklung und im Trendausblick zunimmt. Wir sind also gut beraten, uns einige »Fitnessübungen« und Taktiken zurechtzulegen, wie wir mit diesem Spagat umgehen.

Abb. 2: Der Business-Spagat nimmt stetig zu

Innovator's Dilemma

Ein weiteres Warnsignal sollte uns zu denken geben. Die Lebensspanne von Unternehmen, die Taktung von Neugründungen und Insolvenzen, war noch nie so kurz. Heute ist es keine Überlebensgarantie mehr, die größte Firma mit der längsten Tradition zu sein. In den 1960er-Jahren verbrachte ein Unternehmen durchschnittlich über 60 Jahre im S&P-Index, in dem die 500 größten börsennotierten US-Unternehmen enthalten sind. Diese Verweildauer hat sich bis heute mehr als halbiert. Weniger als 0,1 Prozent der Firmen in den USA schaffen es, 40 Jahre alt zu werden[7]. Damit ist die Wahrscheinlichkeit groß, dass Du das Lebensalter der meisten Firmen übertriffst, da sie von neuen Konkurrenten verdrängt werden oder an sich selbst scheitern. Nicht umsonst stellte der Mitgründer von Intel fest: »Nur die Paranoiden überleben.«[8]

Mittlerweile übertrifft das in Start-ups investierte Wagniskapital bei Weitem die Budgets traditioneller Unternehmen für Forschung und Entwicklung. Das bedeutet, dass der überwiegende Teil an aktuell entstehenden Innovationen durch neue Mitspieler, durch potenzielle Disruptoren realisiert wird. Hinter den verschlossenen Türen der Labore und Werkstätten braut sich eine enorme Innovationskraft zusammen, die früher oder später auf den Markt strömt.

Genau diese Entwicklung haben Businessexperten bereits vor rund zwei Jahrzehnten vorausgesagt. Der Weltbestseller »The Innovator's Dilemma« von Clayton Christensen aus dem Jahre 1997 sendete Schockwellen durch die Managementkreise. Clayton und viele prominente Mitstreiter konstatierten, Corporates seien mittelfristig nicht in der

Lage, disruptivem Innovationsdruck standzuhalten. Seiner Ansicht nach scheitern gewachsene und große Organisationen nicht an mangelnden Ressourcen oder an Expertise, sondern an den folgenden vier Aspekten:

1. Etablierte Unternehmen sind zu stark vom aktuellen Kundenstamm und Investoren abhängig. Diese sind großteils auf Kurzfristigkeit gepolt: Kunden wollen Lösungen für heutige Probleme und Investoren schielen auf die aktuelle Rendite.
2. Je größer und gestandener die Organisationen, desto mehr regieren Zahlen. Neue Geschäftsideen lassen sich noch nicht präzise prognostizieren und durchplanen. Es werden zunächst Hypothesen gebildet, die durch iterative Experimente geprüft werden. Die fehlende Prognoseschärfe und Planungssicherheit sind Controllern und klassischen Managern ein Dorn im Auge.
3. Neue Technologien entsprechen nicht der aktuellen Nachfrage. Disruptive Potenziale starten klein, als Nische, gelten anfänglich als »nerdig« oder seltsam. Oft werden Potenziale nicht erkannt. Das hemmt das Interesse großer Unternehmen. Das Zitat des ehemaligen Microsoft-Chefs Steve Ballmer über das absehbare Scheitern des iPhones ist legendär.
4. Die Analogie des Containerschiffs als langsames, unflexibles Gefährt beschreibt große Organisationen treffend. Silos, Bürokratie, langsame Entscheidungswege über die Pyramidenstruktur: Wir haben es alle schon zu oft gehört und kennen die Stolpersteine.

Die Überlebensfrage für die großen Organisationen lautet folglich: Hatte Clayton Christensen recht? Ist *Corporate Innovation* ein Oxymoron? Meine Antwort ist eindeutig: Nein! Aber wir müssen die richtigen Voraussetzungen schaffen.

An dieser Stelle drängt sich eine Schlussfolgerung geradezu auf: Organisationen müssen den Innovations- und Agilitätsmodus radikal verbessern. Die Welt des Kerngeschäfts erscheint nicht als Problemzone. Effizienz, Qualität und Perfektion *Made in Germany* sind unser Aushängeschild. Ist es dann nicht naheliegend, alle Kraft Richtung der »zweiten Welt« zu verlagern? Alle Kraft voraus Richtung Wandel, Neugeschäft und Innovation?

Warum ist die Titanic gesunken?

Als ich vor einiger Zeit über eben diese Frage brütete, riss mich meine Tochter aus meinen Gedanken. Sie bat mich um Hilfe bei der Recherche für ihr Schulreferat zum Thema »Titanic«. Zuerst war ich ein wenig genervt, weil sie mich unterbrach, doch im Nachhinein erwies sich der kurze thematische Ausflug als interessante Fährte. Warum, fragte ich mich, ist die Titanic gesunken? Was waren die eigentlichen Auslöser für die tragische Kollision mit dem Eisberg? Ich machte drei Aspekte aus:

1. Die völlige Selbstüberschätzung hinsichtlich der proklamierten Unsinkbarkeit. Ähnliche Überheblichkeiten gibt es übrigens auch in Unternehmen.
2. Unzulängliche Vorbereitung der Mannschaft: Die Crew war weder mental noch technisch gerüstet für Notfallsituationen. Dass zu wenig Rettungsboote an Bord

waren, ist hinlänglich bekannt. Untersuchungen ergaben weiterhin, dass der Ausguck kein Fernglas dabeihatte.[9] Vielleicht ist diese Tragödie, die 1.500 Menschen in den Tod riss, auf ein fehlendes Fernglas zurückzuführen? Manchmal sind eben doch die Details entscheidend.

3. Warnsignale wurden missachtet. Andere Schiffe sendeten Warnungen vor Eisbergen via Funk. Ernst genommen wurden diese nicht. Von der Kommandobrücke hieß es nur: »Kurs halten, volle Fahrt voraus!«

Auch Titanic-Kapitän Edward John Smith befand sich in einem Spagat: Auf der einen Seite war er verpflichtet, Schiff und Passagiere wohlbehalten zum Zielort zu bringen. Es ging um Sicherheit und Stabilität. Auf der anderen Seite war er durch die britische Reederei White Star Line angehalten, ein Zeichen des Fortschritts zu setzen und mit maximaler Geschwindigkeit New York zu erreichen.

Selbstüberschätzung und Ignoranz gegenüber Warnsignalen führten allerdings dazu, Sicherheit und Stabilität komplett zu vernachlässigen. Alles wurde dem Fortschritt untergeordnet. Auf der Kommandobrücke hatte die Balance zwischen Sicherheit und Fortschritt Schlagseite. Die Auswirkungen sind bekannt.

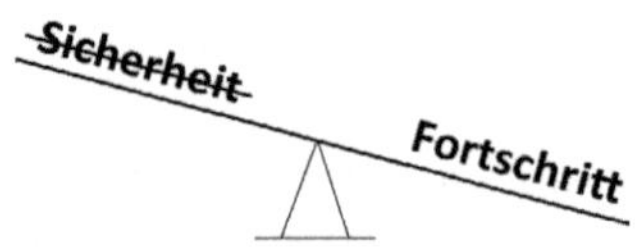

Abb. 3: Ungleichgewicht zwischen Sicherheit und Fortschritt

Ist diese Erkenntnis auf die Businesswelt übertragbar? Könnte die fein austarierte Balance zwischen Stabilität und Fortschritt der entscheidende Erfolgsfaktor sein? Oder anders gefragt: Kann es, wie auf der Titanic, zu viel Fortschritt und Innovationsfokus geben?

Bauklötze einreißen

Lego hat eine erstaunliche Achterbahnfahrt hinter sich. Jahrzehntelang betrieben die Dänen eine restriktiv-konservative Produktpolitik. Zwischen 1950 und 1990 gab es nur wenige Grundfarben und eine minimalistische Produktentwicklung. Es dauerte fast ein Jahrzehnt, die Bausteinfarbe grün einzuführen. Sonderteile wie Bäume waren zwar grün, Basisbausteine dagegen nicht. Die strategische Ausrichtung fokussierte die rigorose Qualitätssicherung und Wahrung der Tradition. Berühmt wurde der Ausspruch des Managements: »Over my dead body will Lego ever introduce Star Wars.«[10]

Ende der 1990er-Jahre sanken die Umsätze, Lego verlor Marktanteile gegenüber neuen Wettbewerbern aus der aufkommenden Gaming-Branche. Als Reaktion änderten die Dänen ihre Ausrichtung radikal: »Creativity above all else« lautete das neue

Mantra. Doch Lego schoss dabei über das Ziel hinaus: Die Entwicklungskosten wuchsen exzessiv, viele Produkte waren nicht profitabel. Es ging nur noch um neue Ideen, beinahe als Selbstzweck. Innerhalb weniger Jahre explodierte die Farbpalette, unzählige Sonderteile kamen dazu. Doch die Strategie ging nicht auf: Lego verlor fast 30 Prozent an Umsatz, die laufenden Kosten wurden kaum gedeckt. Zu viel Innovation hatte Lego an den Rand der Insolvenz geführt.

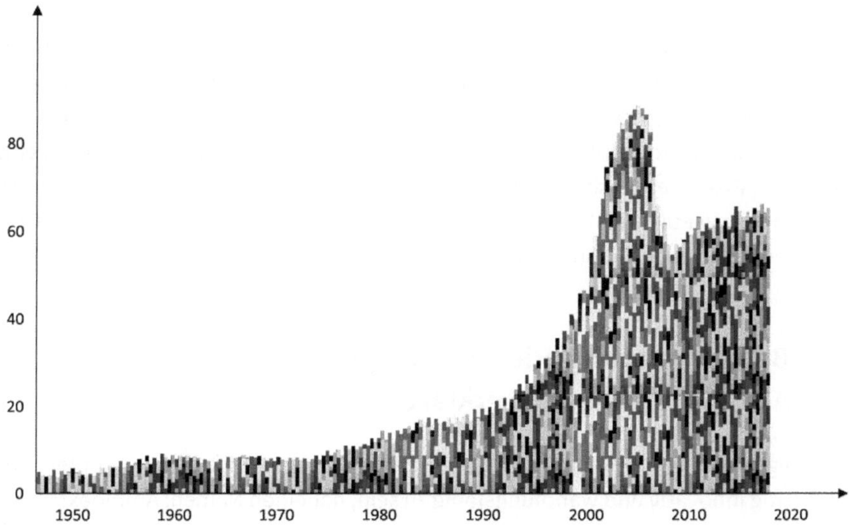

Abb. 4: Entwicklung der LEGO-Baustein-Farben 1950 bis 2017[11]

Die Managementprofessorinnen Wandy Smith und Marianne Lewis nennen dieses Verhalten »Abrissbirne«.[12] Damit beschreiben sie das wuchtige Überschwenken von der einen Seite (Tradition, Effizienz) zur anderen (Innovation, Kreativität). Wir kennen dieses Phänomen von Diäten, wenn eine Zeit lang Verzicht geübt wird, um dann mit dem angestauten Heißhunger doppelt zuzuschlagen.

Balance ist alles

Organisationen brauchen immer beides: sowohl Stabilität als auch Wandel, und das in einem fein austarierten Gleichgewicht! *Legacy meets Fantasy.* Wir dürfen uns nicht zu einseitig in einer Welt einrichten, wir dürfen keine Schlagseite zulassen.

In der Torschlusspanik gen Zukunft ist das Risiko hoch, allzu vehement auf Veränderung und Transformation zu setzten. Das überfordert die Belegschaft und manchmal sogar die Kunden. Zu viele Entscheidungen zugunsten des Fortschritts sind gleichzeitig zu viele Entscheidungen gegen das Kerngeschäft. Ressourcen sind immer endlich. Zu einseitige Ressourcenallokation zugunsten Fortschritt bedeutet Ressourcenrückgang im Tagesgeschäft.

Eine Schlagseite gen Fortschritt und Wandel dürfte eher in Start-ups und kleinen Unternehmen zu finden sein. Große und gewachsene Organisationen haben in der Regel Schlagseite gen Stabilität. Je erfolgreicher ein Unternehmen, desto größer die Beharrungskräfte im Altbekannten und im aktuellen Erfolg. »Erfolgssyndrom« und »Kompetenzfalle« heißt das dann. »Läuft doch prima. Die letzten hundert Jahre hat es doch auch funktioniert. Und dieses Jahr gibt es wieder eine satte Erfolgsprämie.« Wenn ich so etwas höre, schrillen bei mir die Alarmglocken.

Wir müssen verstehen, dass beide Welten gleich wichtig sind und dass es beide braucht. Ein Drahtseiltänzer hält sein Gleichgewicht durch Tausende Mikrobewegungen, durch ein konstantes Nachjustieren. Wir brauchen genau das: die stete Aussteuerung und Ausbalancierung zwischen Effizienz, Perfektion, Routine sowie gleichzeitig Kreativität, Risikobereitschaft, Agilität und Aufbruchstimmung. Wer jetzt seufzt, hat recht. Machen wir uns nichts vor, es wird herausfordernd. Aber mit den richtigen Prinzipien und Werkzeugen kann diese Aufgabe bewältigt werden.

1.3 Bergwanderung oder Dschungel? Ambidextrie einfach erklärt

Die Fähigkeit einer Organisation, das effiziente Kerngeschäft auszuschöpfen und gleichzeitig innovativ und wandlungsfähig zu sein, hat einen Namen: Ambidextrie.

Der Begriff kommt ein wenig sperrig daher und ist weder selbsterklärend noch eingängig. So schafft es die Bezeichnung eher abzuschrecken, als Neugierde oder Begeisterung auszulösen. Bei einer meiner Keynotes fragte mich einst eine Teilnehmerin scherzhaft, ob Ambidextrie verschreibungspflichtig sei. Zugegebenermaßen klingt es eher nach einer ansteckenden Krankheit als nach einem erfolgreichen Organisations-, Führungs- und Kulturmodell. In einem reizüberfluteten Wettbewerbsumfeld unzähliger Managementmethoden und -modelle, in dem Vermarktungsfähigkeit, Wiedererkennungswert und Branding mittlerweile Standard sind, ist das ein echtes Handicap. Der deutsche Begriff »Beidhändigkeit« klingt etwas eingängiger und verrät den semantischen Ursprung: Ambidextrie kommt aus dem Lateinischen und heißt »beide rechte Hand«.

Im Businesskontext wurde der Begriff der (organisationalen) Ambidextrie erstmalig vom amerikanischen Organisationsforscher Robert Duncan im Jahr 1976 verwendet. Das entspricht zufällig meinem Geburtsjahr. Während ich inzwischen ein wenig in die Jahre gekommen bin und graue Haare ansetze, wirkt der Begriff Ambidextrie in den meisten Unternehmen noch recht jungfräulich, sprich: Er ist wenig bis gar nicht bekannt und selten etabliert. Es gibt also noch viel zu tun.

Notwendigkeit für Beidhändigkeit

Warum ist Beidhändigkeit noch so wenig bekannt oder etabliert? Mit der Industrialisierung entstand zunächst einmal »die eine Hand«, bei der es um den Ausbau und die Beherrschung des Kerngeschäfts und um Produktivitätssteigerung ging: Mechanisierung, Fließband, Massenfertigung, Automatisierung – all das war über Jahrzehnte Herausforderung und Aufgabe genug. Diese »erste Hand« musste verstanden, ergründet und dann branchenübergreifend und geografisch ausgerollt und etabliert werden. Innovation beschränkte sich großteils auf inkrementelle Verbesserungen. Der Farbfernseher wurde immer schmaler, die Fernbedienung bekam immer mehr bunte Knöpfe – so ging das Jahr um Jahr.

Dann kam die Digitalisierung. Der exponentielle Fortschritt war erstmalig spürbar, die damit einhergehende Disruption veränderte schlagartig ganze Branchen. Diese neue Herausforderung verlangte neue Antworten (die »zweite Hand«), die unter anderem mit der agilen Bewegung gefunden schienen. Methoden wie Scrum wurden zum Hype und überall implementiert. Doch so richtig funktioniert hat das in den gewachsenen und großen Unternehmen bislang nicht. Agilität ist ein wenig in Missgunst geraten, weil die erhofften Effekte ausblieben. Sicher gab es Erfolge, aber nicht im Sinne des transformierenden Gamechangers oder Allheilmittels. Orientierungslosigkeit und Verunsicherung machten sich breit. Mehr und mehr Manager und Berater fragen sich, woran das liegt. Ich habe darauf eine klare Antwort:

Bislang sind wir noch zu sehr in tayloristischen Denkmustern verhaftet. Wir haben noch nicht gelernt, beide »Hände« *gleichzeitig* zu beherrschen, weil wir noch nicht verstanden haben, wie Agilität und effiziente Planbarkeit des Stammgeschäfts parallel existieren können. Wir realisieren gerade eben erst, dass die Crux im Zusammenspiel, in der *gleichzeitigen* Beherrschung von Stabilität und Agilität besteht. In den meisten Fällen haben wir agile Methoden eingeführt, ohne andere Rahmenbedingungen und kulturelle Ausprägungen zu verändern. Wir haben Agilität eingeführt, aber alle tayloristischen Rahmenbedingungen, Erwartungshaltungen und Denkmuster weitgehend fortgesetzt. Das ist so, als würde ich von einem Formel-1-Fahrer Höchstleistung und Rekorde erwarten, aber im selben Atemzug die Einhaltung der Straßenverkehrsordnung abverlangen.

Damit beide Modi zur Entfaltung kommen und zusammen wirken, bedarf es einiger Voraussetzungen und Umstellungen. Diese Erkenntnis ist jedoch nicht so alt. Deshalb ist Ambidextrie erst in den letzten Jahren »erwacht«, obwohl das Konzept im Business-Kontext bereits rund 50 Jahre alt ist.

Exploit und Explore

In der Ambidextrie heißt der Modus des Kerngeschäfts: »Exploit«. Wortwörtlich übersetzt heißt das »ausnutzen«, was den Kern der Sache sehr gut trifft. Schließlich liegt der Fokus hier auf dem Ausschöpfen des bestehenden Geschäftsmodells (Cashcow-Phase). Der Modus der radikalen Innovation und des transformativen Wandels wird als »Explore« bezeichnet. In der direkten Übersetzung heißt das »erkunden/erforschen«. Soweit ist auch das semantisch nachvollziehbar. Salopp formuliert könnte man sagen:

Exploit bezahlt Dein Gehalt und Explore sorgt für Deine Rente.

Exploit		Explore
Planung, Umsetzung routiniert, effizient	**Arbeitsweise**	Experimentieren, Lernen, anpassungsfähig, agil
möglichst minimal	**Risiko**	hoch
Manager, Umsetzer, Perfektionisten, Planer	**Beteiligte**	Leader, Visionäre, Forscher & Entwickler
Profitabilität und Wachstum	**Auftrag**	Entwicklung zukünftiger Geschäftsmodelle
schließend, transaktional	**Führungsverhalten**	öffnend, transformational
nicht erlaubt	**Fehler / Scheitern**	einkalkuliert

Abb. 5: Vergleich zwischen Exploit und Explore

Houston we've had a problem

Um die beiden Modi Exploit und Explore in ihrer Unterschiedlichkeit und Abgrenzung zu verdeutlichen, möchte ich ein Beispiel anführen, dass sie in ihrer extremen Ausprägung zeigt. Wie so oft liefert das Leben selbst die bemerkenswertesten Geschichten:

Wir schreiben das Jahr 1970. Durch den Äther schwirrt folgender Funkspruch: »Houston, we have had a problem here.« Das war der Beginn der womöglich eindrucksvollsten Rettungsaktionen der Menschheitsgeschichte.

Das Raumschiff Apollo 13 ist auf dem Weg zum Mond mit dem Ziel der dritten Mondlandung. In den ersten 56 Stunden Flugzeit funktioniert alles nach Plan. Jeder Handgriff ist akribisch geplant, Hunderte Male einstudiert und exakt nach Anweisung ausgeführt. Die Checkliste gibt den Takt vor. Es ist die Welt der Perfektion, der Standards und Verfahrensanweisungen. Ein vollkommener Exploit-Modus.

Als nach rund 56 Stunden Flugzeit der Sauerstofftank explodiert und dabei lebenswichtige Versorgungsleitungen beschädigt, ändert sich schlagartig alles. Die Crew ist von einer Sekunde auf die andere mit gänzlich neuartigen Problemen konfrontiert. Keine Checkliste, keine Arbeitsanweisung, kein Handbuch liefert Antworten auf die einmalige Herausforderung dieser Notfallsituation. Nicht einmal der reiche Erfahrungsschatz aller NASA-Beteiligten kann sichere Antworten liefern. Es hilft nur eins:

Improvisieren, experimentieren und kreatives Tüfteln. Das ist Explore-Modus in der Extremform.

Wo Checklisten und Routine eben noch den reibungslosen Ablauf und das Überleben des Raumschiffes sicherstellten, wurden diese von einem Moment auf den anderen unbrauchbar. Mehr noch, ein stumpfes Befolgen der Standardanweisungen hätte den Tod der Crew bedeutet. Als in Stunde 56 der Sauerstofftank explodierte, war das in den Augen der meisten Experten das Todesurteil der Crew. »Zu viele unlösbare Probleme, keine Chance«, hieß es. Und doch schaffte es die Mannschaft der NASA, die drei Astronauten wohlbehalten auf die Erde zurückzuholen. *Sie haben das Unmögliche möglich gemacht.* Was war der entscheidende Erfolgsfaktor für diese Ausnahmeleistung? Mit Sicherheit haben unzählige Details eine entscheidende Rolle gespielt, was war aber der eine entscheidende Faktor?

Für mich war es der folgende: Die Crew wechselte in Sekundenschnelle und voller Konsequenz den Arbeitsmodus von Checklisten & Routinen zu Experiment & Iteration, also von Exploit zu Explore.

Bezeichnend für die Kreativität und Anpassungsfähigkeit der NASA-Crew war folgende Situation: Die drei Astronauten mussten in das angedockte Mondlandemodul wechseln. Dessen CO_2-Filter war nicht für drei Personen vorgesehen. Der leistungsstärkere, quadratische Filter der Kommandokapsel war wiederum inkompatibel mit dem zylinderförmigen System des Landemoduls. Ein Team im Mission Control Center in Houston sammelte daraufhin alle im Raumschiff vorhandenen Gegenstände zusammen und entwickelte aus diesem wirren Sammelsurium einen Adapter. Sogar eine Socke war Teil dieser Konstruktion. Nachdem die Bodencrew die Montageanleitung per Funk übermittelte, konnte die Besatzung das Gerät nachbauen und damit ihr Überleben sichern.

Kurz noch einmal zum Genießen: Da fliegt ein Hightech-Raumschiff, vollgestopft mit Computern, Sensoren und Notfallsystemen durch das All, und am Ende brauchte es eine Socke, um die sichere Rückkehr der Crew zu gewährleisten. Auch das ist Explore!

Das Beispiel verdeutlicht sehr plakativ, wie unterschiedlich Arbeitsmodi sein können. Es unterstreicht auch, dass beide sowohl Explore als auch Exploit je nach Kontext ihre Berechtigung und Notwendigkeit besitzen. Wir erkennen zudem, dass eine Vermischung beider Modi kontraproduktiv ist. Im Normalflug der Apollo 13 wäre ein unnötiges Experimentieren undenkbar, da unnötig riskant und nicht zielführend. Genauso wenig hätte ein Festhalten an den Standards und Routinen im Notfallmodus weitergeholfen.

Beide Modi entwickeln jeweils die größte Wirkkraft, wenn sie konsequent in »Reinkultur« gelebt werden.

Zuordnung üben

Um die Differenzierung zwischen Exploit und Explore konkreter zu fassen, empfehle ich folgende simple Übung, die am besten in einer kleinen Gruppe durchgeführt wird: In Abbildung 6 sind Begriffe aufgeführt, die jeweils den Modi Exploit und Explore zugeordnet werden sollen.

Es wird nicht immer eine völlig eindeutige Zuordnung geben, da Begriffe fast immer zu beiden Modi passen können (in unterschiedlich starken Ausprägungen). Die Spielregel lautet daher: »Wo es eher hingehört.« Erfahrungsgemäß gibt es immer die ein oder andere Bezeichnung, die eine Diskussion entfacht, weil Teilnehmer unterschiedliche Ansichten haben. Diese Auseinandersetzung und Reibungspunkte erzeugen den eigentlichen Mehrwert, denn das Ringen um Begrifflichkeiten und Sichtweisen schärft das gemeinsame Verständnis und schafft Klarheit.

Diese Begriffssammlung kann man um einige »Stolpersteine« ergänzen: Das sind Bezeichnungen, die unbedingt für beide Modi gelten und nicht nur eine Zuordnung erhalten dürfen. In dem abgebildeten Beispiel habe ich zwei solcher Begriffe versteckt. Auflösung siehe in der Anmerkung.[13]

New Work
Sicherheit
revolutionär
Agile Methoden
Anpassungsfähigkeit
Operative Exzellenz
Trial & Error
first time right
Sense & Respond
Scrum
Stabilität
Flexibilität
Perfektion
überlebenswichtig
Beta-Version
0-Fehler
Fehlerkultur
Absicherung
Iteration
Experimentieren
Transformation
Risikominimierung
Routine
Hypothesen bilden
Checkliste
Command & Control
Planbarkeit
MVP
Wandel
evolutionär
KPIs
ISO-Norm

Abb. 6: Zuordnung üben

Exploit gibt den Ton an

Von Start-ups und Ausnahmen abgesehen ist Exploit der dominierende Modus mit der größten Durchdringung und Akzeptanz. Es handelt sich schließlich um das *Kern*geschäft. Manager und Controller lieben Exploit. Das hat meiner Ansicht nach folgende Gründe:

1. Arbeitsweise, Denkmuster und Steuerungslogik des Exploit-Kerngeschäfts sind bekannt und liegen in der Komfortzone der meisten Manager. Die Prinzipien der Zusammenarbeit reichen zurück bis zu den Anfängen der Industrialisierung und sind somit über Jahrzehnte einstudiert und perfektioniert. Das ist die DNA der Corporates und traditionellen Mittelständler.
2. Im Exploit sind Vorgänge planbar, berechenbar und (daher) mit wenig Ungewissheit versehen. Arbeitsvorgänge können mit den bekannten Methoden überwacht, ausgesteuert und optimiert werden.
3. Exploit liefert den aktuellen Zahlungsstrom und Profit und zahlt auf alle gängigen Messgrößen und KPIs ein, wie beispielsweise Quartalszahlen.
4. Exploit ist das Erfolgsmodell der letzten Jahre oder Jahrzehnte. Fast alle Führungskräfte und Manager haben in diesem Modus Karriere gemacht.

Im Exploit dominiert ein transaktionales Führungsverständnis. Führungskräfte treten hier als *Single Point of Truth* auf, als Entscheider innerhalb einer Pyramidenstruktur, sowie als Überwacher und Kontrolleur. Es gilt das HIPPO-Prinzip: »The highest paid person's opinion« ist das maßgebliche Entscheidungskriterium unabhängig von Fachkompetenz und Expertise. Die Kommunikation ist tendenziell eindirektional, von der Leitungsfunktion Richtung Team. Im Fokus steht die Übertragung von Informationen und Anweisungen (Transmission) als schließende Kommunikation, die Fragen oder Diskussionen eher abwendet. *Command & Control* heißt das im anglistischen Fachjargon. Motivation basiert auf extrinsischen Anreizen wie Bonus und Beförderung.

Im Exploit sind die Aufgabenstellung und der Lösungsweg bekannt, planbar und klar formuliert. Es geht entweder um das Abarbeiten oder die Feinoptimierung. Pioniergeist ist hier nur begrenzt gefragt. Diese Ausgangslage entspricht den ersten 55 Flugstunden der Apollo-13-Mission.

Die Gleichschaltung

Im Exploit dreht sich alles um Gleichschaltung und Standardisierung. Abweichungen der gemeinsamen Ausrichtung werden als Störfaktor gesehen und schnellstmöglich behoben. Es ist die primäre Aufgabe des klassischen Managements, Divergenzen zu verhindern. Exploit heißt Konvergenz. Alle Qualitätsmanagementsysteme, Handbücher, Arbeitsanweisungen sowie Rollen- und Prozessbeschreibungen haben das gleiche Ziel: Eindeutigkeit herstellen und Vielfalt eindämmen. Diversität hat im Exploit nicht viel zu suchen und gewann erst durch die neuen Anforderungen der VUKA-Welt im Explore-Modus Relevanz.

Diese Vereinheitlichung ist im Aufgabenspektrum von Qualitätsverbesserung und Effizienzsteigerung die Grundlage jeder profitablen Wertschöpfung und wird auch in Zukunft wichtig bleiben. Davon abgesehen dürfen wir uns sehr wohl die Frage stellen, ob wir an der ein oder anderen Stelle über das Ziel hinausschießen – Stichwort »Bürokratie«. Aber das Thema füllt bereits diverse Bücher. An dieser Stelle ist mir ein anderer Punkt wichtig:

Spagat-Killer:

Auch wenn die Vereinheitlichung und Gleichschaltung im Exploit-Modus zielführend sind, bremsen sie jegliche Ambidextrie-Bemühungen aus.

Wirksame Ambidextrie funktioniert nur im zeitgleichen Zusammenspiel der beiden Arbeitsformen Exploit und Explore – und diese sind per se völlig unterschiedlich und bedürfen einer Pluralität. Wir sollten uns dieser Zusammenhänge bewusst sein. Wir müssen wissen, dass der dominante Exploit-Modus durch seinen Gleichschaltungsdrang einen negativen Einfluss auf die Ambidextrie-Fähigkeit der Organisation ausübt. Im Kapitel über Ambiguitätstoleranz kommen wir darauf zurück (vgl. Kapitel 2.3).

An dieser Stelle vertiefe ich den Exploit-Modus nicht weiter. Wie bereits ausgeführt, verrichten große Organisationen und gewachsene Mittelständler hier exzellente Arbeit. Die Herausforderungen liegen eher in der konsequenten und mutigen Ausprägung des Explore und insbesondere im Zusammenspiel beider Modi. Warum ist Explore eigentlich so herausfordernd? Warum fällt es uns (anscheinend) so schwer, Explore zum Leben zu wecken und fest in der Organisation zu verankern? Dazu folgender Ausflug:

Bergwanderung oder Dschungel?
Was unterscheidet eine Bergwanderung von einer Dschungel-Expedition?

Eine Bergwanderung ist planbar. Das Terrain ist kartografiert, die Wege bekannt, der Wetterbericht einsehbar. Wir befinden uns hier in einer *Risikobetrachtung*: Eintrittsmöglichkeiten und -wahrscheinlichkeiten sind bekannt oder recherchierbar. Bei der Wanderung könnten das ein Unwetter oder eine Verletzung sein. Gegen diese Risiken kann ich mich absichern, indem ich eine Regenjacke und Verbandszeug mitnehme. Die Bergwanderung stellt eine recht brauchbare Analogie für das Exploit-Umfeld dar.

Bei der Expedition durch den unbekannten Dschungel kann ich nur bedingt Planungen und Vorkehrungen treffen. Vielleicht gab es vor Jahren eine Schneise als Pfad, die aber mittlerweile zugewachsen ist. Dann muss der Expeditionstrupp spontan umdisponieren und einen neuen Weg erkunden. Vielleicht treffen wir auf ein völlig unbekanntes Tier. Wie reagieren wir? Totstellen oder weglaufen? Wir können nicht alles vollumfänglich planen und vorhersehen. Wenn der Expeditionsleiter zu Beginn die Aussage trifft, in 15 Stunden das Ziel zu erreichen, ist das ein netter Versuch, aber mehr auch nicht. Die zugewachsene Schneide kostet vier Stunden Umweg, das Aufeinandertreffen mit dem unbekannten Tier eine weitere Stunde. Und letztendlich kommen wir ganz woanders heraus als geplant, an einer unbekannten Destination.

Wir können nur Hypothesen und Stoßrichtungen ansetzten, die permanent erprobt und angepasst werden müssen. Das ist Explore. Wir befinden uns hier weniger im Risikomanagement, sondern in der Ungewissheit oder in der Unsicherheit. Die Differenzierung zwischen Risiko (Exploit) und Ungewissheit (Explore) ist wichtig für das Verständnis der Beidhändigkeit. Der Aspekt der Ungewissheit verdeutlicht auch, warum sich etablierte Unternehmen samt klassischem Management so schwer tun mit Explore: Ihre DNA ist auf Planbarkeit und Risikoaversion programmiert. Das ist mit der Ungewissheit eines »Dschungel-Trips« erst einmal schwer vereinbar.

Ein 80er-Jahre-Hit

Eines meiner Lieblingslieder aus den 80er-Jahren ist »Dont't stop believing« der Band Journey. Der Titel passt als Mantra sehr gut zum Exploit: Hier geht es um einen Plan, der konsequent und diszipliniert umgesetzt wird. Im Idealfall gibt es keinen Weg zurück. Umsetzung ist gefragt, kein Hinterfragen. Mit anderen Worten: *Don't stop believing.*

Im Explore dagegen sollten wir uns stetig hinterfragen. Wir dürfen uns nicht zu schnell in die erste Idee zu verlieben. Es geht ums Experimentieren und Dazulernen. Das impliziert auch Richtungsänderungen. Im Explore müsste es also heißen: *Don't stop UNbelieving.*

Ist Innovation gleich Innovation?

Überführen wir die Differenzierung zwischen Bergwanderung und der Dschungel-Expedition in den Business-Kontext. Um es konkreter werden zu lassen, betrachten wir das Beispiel des Automobils:

Der Vergleich zwischen Carl Benz' erstem Gefährt und heutigen Hightech-Fahrzeugen verdeutlicht die enorme Innovationsleistung in fast 140 Jahren Ingenieurskunst. Es drängt sich die Einsicht auf – und viele sehen es auch so –, die Entwicklung des Autos sei ein Beispiel der höchsten »Innovationsgüte«. Quasi der Heilige Gral oder der schwarze Gürtel der Innovation. Aber ist das wirklich so?

Natürlich ist der Fortschritt seit Carl Benz bemerkenswert und eine große Leistung. Aber wenn wir ehrlich sind, besteht die Weiterentwicklung aus einer langen Abfolge von inkrementellen Verbesserungen. Das grundlegende Konzept ist dasselbe wie im

Jahr 1885: Ein Vehikel mit vier Rädern, Motor, Sitzen, Lenkrad, Bremse. Es wurde zwar kontinuierlich um neue Funktionen und Ausstattungen ergänzt (und dadurch drastisch verändert), aber bleibt doch grundlegend dasselbe Konzept. Neulich fragte ein Manager, was denn die bedeutsamste Veränderung der Auto-Entwicklung sei? Um die jetzt folgende Antwort zu verstehen, muss man vorab das Referenzbeispiel in Abbildung 7 betrachten.

Abb. 7: Eines der ersten Automobile[14]

Die Antwort: Man hat die zwei Vordersitze um 180 Grad gedreht.

Scherz beiseite – wir erkennen, dass es sich um inkrementelle Innovationsschritte handelt, und keine disruptiven, die das Gesamtkonzept, die Technologie oder Geschäftsmodell radikal veränderten. Disruptive Ansätze der Mobilität, wie Flugtaxis, Hyperloop (Hochgeschwindigkeits-Transportsystem, das in einer Röhre verkehrt, in der ein weitgehendes Vakuum herrscht) oder digitale Plattform-Modelle – meines Wissens hat sich noch kein etablierter Automobilhersteller ernsthaft darauf eingelassen.

Inkrementell hat Tradition

Die rein inkrementelle Produktentwicklung kommt nicht von ungefähr. In traditionellen Organisationen gibt es eine etablierte Innovationsroutine: Eine zentrale, strategische Organisationseinheit gibt Produktspezifikationen für die nächste Produktgeneration heraus. Im Automotive-Bereich sind das Leistungswerte, Farbpaletten, Ausstattungsdetails. Die ein oder andere Innovation ist auch dabei, insgesamt handelt es sich aber um inkrementelle Verbesserungen. Die Entwicklungsabteilung muss diese Vorgaben dann umsetzen. Wir erinnern uns: Command & Control. Dieses

Vorgehen führt zu schrittweisen Verbesserungen innerhalb bekannter Lösungsräume. Der große Wurf oder disruptives Potenzial entsteht so nicht.

Die neuen Tech-Player gehen einen anderen Weg. Sie versuchen, die technische Lösung offenzulassen, um die Kreativität der Experten nicht einzuschränken. Startpunkt ist ein Kundenproblem. Die Aufgabenstellung könnte zum Beispiel lauten: Der Kunde möchte schnell und bequem von A nach B. Wer sagt denn, dass ein Auto mit vier Rädern die Lösung ist? Wer sagt denn, dass der Kunde ins Autohaus muss? Wenn die Lösungsseite offen ist, können neue Ansätze entstehen. Vielleicht erweitert das Unternehmen seine Angebotspalette um Flugtaxis. Vielleicht bleibt das Unternehmen bei den Autos, baut aber ein neues App-basiertes On-Demand-Sharing-System.

Nur wenn die Lösungsseite offenbleibt und die technischen Experten die Lösung suchen dürfen, kann echte Neuerung entstehen und das technisch Machbare ausgereizt werden. Wir erinnern uns an das Zitat von Henry Ford: »Wenn ich die Leute gefragt hätte, was sie wollen, hätten sie gesagt: schnellere Pferde.« Genauso läuft es noch heute: Wenn ich es den Strategen (die selten technische Experten sind), dem Vertrieb oder gar den Kunden überlasse, das Lastenheft für die Produktentwicklung zu gestalten, dann ist wenig Fantasie zu erwarten. Die Nicht-Experten können und werden schließlich nur die Dinge anfordern, die sie selber kennen, also »schnellere Pferde«. Echte Innovation, ein großer Wurf und Ideen mit disruptivem Potenzial können nur entstehen, wenn die technischen Experten ein Kundenproblem lösen *dürfen*. Wenn ich nach einer Keynote oder im Workshop gefragt werde, was Explore in der Essenz ausmacht, dann antworte ich gern: »Explore startet mit Freiraum.« Wenn mein Team neue Pfade entdecken soll, muss ich sehr gut überlegen, ob und wo ich Zäune aufstelle und ob ich eine Landkarte mit genauer Wegbeschreibung mitgebe.

Kreativität entsteht durch Serendipität, also durch zufällige Kombinatorik von »Datenpunkten«. Geübte Teams können diese Neuverknüpfungen auch bewusst erwirken. Beide Fälle bedingen das Mandat, neue Datenpunkte suchen und verproben zu dürfen. Das ist gesunder Menschenverstand. Und doch fällt es uns so schwer, genau das in unseren Organisationen umzusetzen. Ich bin sowieso davon überzeugt – und das ist gar nicht böse gemeint –, dass wir weniger Raketenwissenschaftsmanagement brauchen und viel mehr *Common Sense*. Es gibt Managementwerkzeuge, die im Explore nichts zu suchen haben. Das Gantt-Chart, beispielsweise, stammt aus dem Jahr 1910. Zu der Zeit dominierten noch Pferdekutschen. Wenn im Umfeld von Explore Gantt-Charts im Einsatz sind, gibt es nur eine Reaktion: Aktenvernichter. Das mag jetzt polemisch klingen, aber die Zeiten für Ausreden und naives Abtasten sind vorbei. Das agile Manifest ist über 20 Jahre alt. Irgendwann endet jede Übergangs- und Schonfrist. Wir müssen endlich aufwachen und verstehen, was echte Innovation ausmacht und was Exploit-Innovation von Explore-Innovation unterscheidet.

Das Konzept des Hyperloops, zum Beispiel, wäre im Set-up des inkrementellen Lastenheftes nie entstanden. Nur eine lösungsoffene Herangehensweise (»Der Kunde möchte schnell von A nach B.«) bringt die Entwickler auf neue Ansätze. Es ist oft einfacher, etwas gänzlich neu zu entwickeln und darüber einen großen Fortschritt zu erzielen, als die 100ste inkrementelle Optimierung zu bemühen. Astro Teller von GoogleX hat diesen Zusammenhang in einem Satz zusammengefasst: »Häufig ist es einfacher, etwas zehnmal besser zu machen, als es um 10 Prozent zu verbessern.« Ein klassisches Beispiel ist der disruptive Sprung ins Musik-Streaming. Ein CD-Hersteller muss sehr viel Kapazität und Mühe investieren, um die Leistungsfähigkeit einer CD um 10 Prozent zu verbessern. Dagegen schuf der Wechsel in das Streaming einen Kundenmehrwert, der vermutlich größer ist als das Zehnfache.

Exploit-Innovation

Die inkrementelle Weiterentwicklung über das vordefinierte Lastenheft nenne ich »Exploit-Innovation«. Diese wird auch weiterhin benötigt, um das Kerngeschäft weiterzuentwickeln und die Cashcow-Phase zu verlängern. Die inkrementelle Vorgehensweise hat auf den ersten Blick viele Vorteile: Produktentwicklung ist planbar, Marktchancen prognostizierbar, die Herstellung ist mit den vorhandenen Ressourcen und Kompetenzen beherrschbar. Das Unternehmen hat sich (meist über Jahrzehnte) auf die eine Form der Produktentstehung spezialisiert. Diese Expertise gilt es zu nutzen.

Im Hinblick auf exponentiellen Fortschritt und disruptive Geschäftsentwicklung müssen wir jedoch eingestehen, dass eine alleinige Exploit-Innovation auf Dauer nicht tragfähig ist. Unternehmen brauchen einen Mix aus beiden Innovationsmodi. Nur Exploit-Innovation wird auf Dauer zu wenig sein, um mittel- und langfristig mit der Geschäftsdynamik mitzuhalten. Nur Explore-Innovation ist betriebswirtschaftlich nicht tragfähig. Es wird immer den ausgewogenen Mix benötigen. Führungskräfte, Unternehmensstrategen und die Geschäftsleitung sollten das Bewusstsein hinsichtlich der beiden Innovationsmodi entwickeln. Damit ein Mix gestaltbar ist, müssen beide Modi verstanden werden und auch beide stattfinden. In diesem Exploit-Explore-Cocktail ist Exploit die Basisflüssigkeit und Explore die seltene und flüchtige Veredlung, die aber nicht fehlen darf. Unternehmen müssen daher konsequenter in den Explore-Modus kommen. Das scheint insbesondere für unsere Unternehmen am DACH-Standort zu gelten. Hier verharren meinen Beobachtungen folgend zu viele Organisationen ausschließlich in der Exploit-Innovation. Diese Einschätzung wird durch die Bewertung der Investoren bekräftigt – über die Marktkapitalisierung sprachen wir bereits.

Das Innovationsportfolio

Eine Studie[15] der Publikation Harvard Business Review ging der Frage nach: *Gibt es einen Erfolgsmix aus inkrementeller und radikaler Innovation? Wie viel radikale Innovation ist ausreichend?* Die an der Studie beteiligten Unternehmen kamen aus dem

Industrie-, Technologie- und Konsumgütersektor, Mess- und Bezugsgröße war die Performance des Aktienkurses.

Die Autoren unterscheiden dabei *drei* Innovationsausprägungen. Die inkrementelle Innovation im Rahmen des Kerngeschäfts nennen sie »Core«, die radikale, potenziell disruptive Innovation nennen sie »transformational«. Sie fügen eine dritte Gattung namens »adjacent« ein, die Zwischenstufen beschreibt. Darunter fallen Entwicklungen, die stark auf den bekannten und bestehenden Geschäftsmodellen und Technologien basieren, dann aber so stark weiterentwickelt werden, dass (zumindest teilweise) neue Fähigkeiten ergänzt müssen und sie experimentelles Vorgehen erfordern.

Harvard-Professor Clayton Christensen und daran angelehnt Alex Osterwalder unterteilt die drei Ausprägungen in Effizienz-, Nachhaltigkeits- und Transformationsinnovation. Erstere ändern das Geschäftsmodell nicht wesentlich, letztere verändern das Geschäftsmodell radikal oder erweitern es signifikant. Nachhaltigkeitsinnovationen bauen auf den existierenden Geschäftsmodellen auf, somit deckt sich die Definition mit *Adjacent*.

Im Sinne der internen Begriffskohärenz des Buches und im Hinblick der Ambidextrie-Logik bezeichne ich die drei Gattungen: Exploit-, Adjacent- und Explore-Innovation. Abbildung 8 zeigt die dazugehörige Matrix.

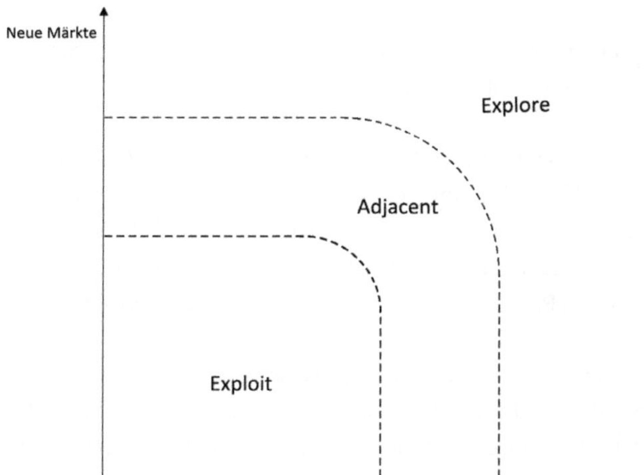

Abb. 8: Innovationsportfolio

Autonomes Fahren
Die Unterschiede zwischen diesen Innovationsarten möchte ich am Beispiel der Technologie des *autonomen Fahrens* erläutern: Rein technisch gesehen und auf das Gesamtfahrzeug bezogen, ist diese Technologie vermutlich in *Adjacent* einzuordnen: Die Innovation verändert das Auto maßgeblich aber nicht grundlegend. Es bleibt ein Fahrzeug mit vier Rädern. Die Technik ist aber so neu, dass Pionierarbeit geleistet wird, also auch experimentiert werden und das Team um neue Fähigkeiten ergänzt werden muss.

Indirekt kann die Technologie durchaus disruptive Züge haben, wenn dadurch Geschäftsmodelle, wie der Kundenzugang zum Fahrzeug, grundlegend verändert werden – beispielsweise wenn ein Auto nicht mehr im Autohaus erworben oder geleast wird, sondern über eine digitale Plattform eines neuen Players punktuell *on demand* gebucht wird (analog Uber).

Der »Goldene Schnitt«
Bei der Frage nach einem Erfolgsrezept – also nach einer idealen Aufteilung der drei Innovationsgattungen – entdeckten die Forscher tatsächlich ein Erfolgsmuster: Unternehmen, die 70 Prozent ihrer Investitionen im Kerngeschäft (Exploit), 20 Prozent im »Adjacent« und 10 Prozent im Explore tätigten, erzielten bessere Ergebnisse als die Wettbewerber und konnten einen KGV-Aufschlag (Kurs-Gewinn-Verhältnis) von 10 bis 20 Prozent erwirken.

Das ausgewogene Innovationsportfolio beinhaltet Exploit-, Adjacent- und Explore-Innovation im Verhältnis 70/20/10.

In einem Interview des Fortune Magazins bestätigt Google-Gründer Larry Page diese »goldene Regel«: »Es gibt einen Grund, warum wir von 70/20/10 sprechen: 70 Prozent unserer Ressourcen fließen in unser Kerngeschäft und 10 Prozent in Projekte, die nichts mit dem Kerngeschäft zu tun haben, wie z. B. Energie oder andere. Die anderen 20 Prozent fließen in Projekte, die an das Kerngeschäft angrenzen.«[16]

Natürlich kann diese Formel nicht für jedes Unternehmen, jede Branche und jeden Kontext gelten. Es kommt auf die Ausgewogenheit, auf die richtige Balance an zwischen Exploit und Explore, zwischen inkrementeller Kerngeschäftsinnovation und transformationaler, radikaler Innovation an. Unternehmen müssen mehr denn je ihr Innovationsportfolio gezielt aussteuern. Im ersten Schritt ist es vorerst wichtig, sich die Differenzierung der unterschiedlichen Innovationsarten zu vergegenwärtigen. Es geht um das Bewusstsein und die Beschäftigung mit dem Portfolio. Ein Unternehmen kann dann sehr wohl zu einer anderen Auslegung kommen und gegebenenfalls sogar auf Explore-Innovation verzichten. Das sollte aber nicht dem Zufall geschuldet sein, sondern eine bewusste Entscheidung sein. Die Differenzierung der verschiedenen Innovationsarten ist die Grundlage, um jedem Projekt einen optimalen organisatorischen und kulturellen Rahmen mitzugeben. Wie wir wissen, benötigt Explore-Innovation und in großen Teilen Adjacent-Innovation einen anderen Arbeitsmodus als die inkrementelle Vorgehensweise im Kerngeschäft.

Beidhändige Unternehmen steuern, diversifizieren und überprüfen ihr Innovationsportfolio fortwährend.

Wettkampf der Luftfahrt

Ein konkretes Beispiel aus dem Spannungsfeld des Innovationsportfolios können wir derzeit in der Luftfahrt beobachten. Die beiden Flugzeugbauer Airbus und Boeing können sich über volle Auftragsbücher freuen. Allein die indische Billigairline IndiGo bestellte unlängst 500 Mittelstreckenjets der Airbus-A320-Familie – die größte Bestellung in der Geschichte der Luftfahrt. Die Wachstumsprognosen gehen von einer Verdoppelung der Verkehrsflugzeuge innerhalb der nächsten zwei Jahrzehnte aus.[17]

Diese wirtschaftliche Erfolgsperspektive führt zu einem Dilemma: Nach Beschluss der internationalen Airline-Organisation IATA soll die Branche bis 2050 klimaneutral sein. Das steht im eklatanten Widerspruch zu der Flugzeug-Verdoppelung. Es sind also alternative Antriebskonzepte gefragt. Das ist nicht mit einer inkrementellen Optimierung zu erreichen, sondern verlangt disruptive Ansätze. Airbus will bis 2035 eine Carbon-0-Maschine auf den Markt bringen. Wir dürfen gespannt sein.

Hunting Zones

Bei der Explore-Innovation stellt sich die Frage, wie viel wir uns zutrauen. *Wie viel Neues ist ausreichend? Wie viel Neues ist zu viel?* Ein Autohersteller wird vielleicht keine neue Eissorte erfinden (»Freude am Schlecken«?) und eine Yoga-Kette keine neue Zigarettenmarke gründen. Es ist die Aufgabe der Geschäftsleitung, mithilfe der strategischen Ausrichtung gewisse Leitplanken zu setzten. Diese richten sich nach Kriterien wie *Cultural Fit*, Synergien zum Kerngeschäft, benötigtem Kompetenzaufbau, benötigtem Investment, Marktchancen und Markenbildung.

Ein Beispiel: Im Rahmen der Geschäftsentwicklung von US-Firma NVIDIA wurde die Vision entwickelt, eine führende Stellung innerhalb der künstlichen Intelligenz einzunehmen. Bei diesem Vorstoß wurde das Spielfeld jedoch gezielt durch spezifische Branchenzweige begrenzt, die den besten »Fit« zu NVIDIA darstellten sowie die besten Erfolgsaussichten hatten: Gaming, autonomes Fahren, Unternehmens- und Wissenschaftscomputer.

Diese Ausrichtung soll es den Entwicklern ermöglichen, sich »frei auszutoben« und eigene Lösungen zu entwickeln – jedoch stets innerhalb eines abgegrenzten Spielfelds. Im Automotive-Sektor könnte es sich um neuartige Mobilitätskonzepte handeln, um neue Antriebsarten und neue digitale Vertriebskonzepte. Um der Organisation das entsprechende Mandat, Wertesystem und die Glaubwürdigkeit zu verleihen, neue angrenzende Bereiche zu erschließen, braucht es einen ausreichend breiten und offenen Firmenzweck. Ein Fernbus- oder Bahnunternehmen kann als Firmenzweck beanspruchen: »Wir bringen Menschen an ihr Ziel«. Damit öffnet sich das Unternehmen für neue Technologien. Sie könnten beispielsweise in die Hyperloop-Technologie einsteigen, ohne ihren Unternehmenszweck zu verwässern oder zu brechen. Heißt der Unternehmenszweck »Wir verbinden Städte mit den schnellsten Bussen des Landes«, gibt es ein Problem.

Andrew Binns, Charles O'Reilly und Michael Tushman von der Beratungsagentur Change Logic beschreiben die optimale Spielfeld-Ausrichtung als *Hunting Zone*[18]. Die optimale *Hunting Zone* ist gegeben, wenn folgende vier Parameter abgedeckt sind:

1. Es handelt sich um ein attraktives Kundenproblem.
2. Die Lösung deckt sich mit dem Unternehmenszweck.
3. Es entspricht einem Megatrend (hat folglich ausreichendes Zukunftspotenzial).
4. Es besteht ausreichende Marktattraktivität hinsichtlich Marktvolumen, Profitabilität, Wachstumspotenzial etc.

Der Abgleich zwischen Kerngeschäft und Exploration dient ebenso der Konsistenz von Branding und Markenbildung. Explore sollte im Idealfall die Marke stärken und nicht verwässern oder gar konterkarieren. Auch in diesem Sinne sind die Hunting Zones wichtig.

Explore als zeitliche Abfolge

Die Adjacent- und Explore-Innovationsvorhaben bestehen in der Regel aus den drei Phasen *Ideation*, *Incubation* und *Scaling*. Inkrementelle, evolutionäre Entwicklungen können zwar theoretisch auch durch diese Phasen laufen, es ist aber weniger üblich oder die Phasen nicht so stark ausgeprägt. Warum das so ist, liegt in der Natur der Sache: Bei der schrittweisen Entwicklung ist der Spielraum vorgegeben und begrenzter, es wird weniger Neuland betreten. Dieser Aspekt wird klarer, wenn wir die einzelnen Phasen näher beleuchten.

Die folgende Darstellung der drei Phasen hat keinen Anspruch auf Vollständigkeit. Es gibt viele Modelle und Methoden, die auf diese Phasen explizit eingehen, wie zum Beispiel *Design Thinking*. Die Ausführungen beinhalten einige Gedanken, die mir wichtig sind, eher ergänzend zu den bestehenden Modellen, und konzentrieren sich auf die Relevanz der Beidhändigkeit.

Ideation

Innovation startet mit einem Problem oder einer Idee. In der ersten Phase der Innovation geht es um die Problembeschreibung und Ideenfindung. Wenn wir über Innovation sprechen, denken wir meist an komplizierte Technologie, an Digitalisierung, an künstliche Intelligenz oder Automatisierung. Ein Trugschluss. Am Anfang stehen oft simple, naive Fragen:»*Was würde eigentlich passieren, wenn ...?, Was brauchen wir, um ...?, Wieso testen wir nicht mal, ob ...?*

Die größten Innovationen und Firmenerfolge der Neuzeit basieren auf dem Hinterfragen von Annahmen:

- Airbnb hinterfragte die Annahme, Kunden würden nicht in Privatwohnungen schlafen wollen.
- Ikea brach mit der Annahme, Kunden würden nur vormontierte Möbel kaufen.
- Uber brach mit der Annahme, Taxiunternehmen brauchen eigene Taxis.

Ich gebe Workshop-Teilnehmern gern folgende Aussage mit:

Unverrückbar sind nur die Naturgesetze, alles andere ist verhandelbar.

Hinsichtlich Ideenfindung und Kreativität geht es um Kombinatorik. Kreativität ist eigentlich nichts anderes, als zwei bestehende Dinge neu zu verknüpfen. Ein konkretes Beispiel aus meinen Workshops soll dieses Konzept greifbarer machen: Ich schreibe dabei nur zwei Begriffe auf ein Flipchart: »Smartwatch« und »Werbung«. Anschließend frage ich in die Runde, was man daraus gestalten kann. Als spontane Reaktion höre ich: »Wir könnten Werbung auf die Smartwatch ausspielen.« Mit gelangweiltem Blick antworte ich dann, dass das keine Innovation ist. Nach einer Weile zusätzlicher Bedenkzeit löse ich das Rätsel auf: Aktuell wird Werbung immer stärker personalisiert. Das ist das Geschäftsmodell von Google, Facebook & Co. Soweit bekannt. In Zukunft, so meine Einschätzung, wird Werbung nicht nur an den richtigen Adressaten ausgespielt, sondern auch zum richtigen Zeitpunkt. Es spielt nämlich eine signifikante Rolle, ob die Anzeige für die neue Autoversicherung oder den Traumurlaub in einem entspannten oder gestressten Moment eintrifft. Durch die Funktionalitäten der Smart Devices, die Deine Tonlage, Blutzuckerspiegel, Puls und vieles mehr auswerten, kann Deine Stimmungslage ermittelt werden. Das Start-up »Beyond verbal« aus Israel hat eine KI-basierte Anwendung entwickelt, die anhand 400 Parameter Deiner Stimme, Deine Einstellung und Charaktereigenschaften auswerten kann. Worauf ich hinaus möchte: Die »Zutaten« liegen alle bereit. Wir müssen diese nur geschickt kombinieren und erschließen dadurch potenzielle Milliardenmärkte.

Ziel der Ideationphase ist die Identifikation eines Kundenproblems und die Entwicklung von Lösungsideen, die zur strategischen Ausrichtung des Unternehmens passen.

Nun, in der Theorie klingt das alles so leicht. Aber wie fördern wir *Ideation*, wie kommen Teams und ihre Führungskräfte in diesen kreativen Modus?

Kreativität, der Brennstoff für Ideation

Mangelnde Kreativität ist für mich eine der größten selbst verschuldeten Tragödien der Moderne. Es ist kein Geheimnis mehr, dass der Homo sapiens als kreatives Genie geboren wird und im Laufe der Schul- und Berufsausbildung alles dafür getan wird, ihm diese kreative Kompetenz auszutreiben. Im Rahmen einer Studie[19] zeigte ein Kreativitätstest, der sogenannte »Torrance Tests of Creative Thinking«, dass 98 Prozent aller Kindergartenkinder kreative Höchstleistung zeigen. Dieser Prozentsatz reduziert sich während der Schullaufbahn dramatisch und beträgt im Alter von 25 Jahren nur noch 3 Prozent. Unser Bildungssystem basiert nach wie vor auf den Grundzügen der Industrialisierung, des preußischen Schulwesens und den Bedürfnissen des Militärs. Die Schule sollte seinerzeit vorwiegend pflichtbewusste, fleißige Staatsdiener, Fabrikarbeiter oder Soldaten hervorbringen. Keineswegs ging es darum, einen kritischen Geist, Selbstverwirklichung oder Kreativität zu fördern.

Was haben Bill Gates, Google-Gründer Larry Page und Sergej Brin, Facebooks Marc Zuckerberg und Amazons Jeff Bezos gemeinsam? Mal abgesehen davon, dass sie berühmte und wohlhabende Firmenlenker sind, besuchten sie alle die Montessori-Schule. Dort sind weitgehend unstrukturierte Tagesabläufe, eigenständiges Lernen und experimentelle Freiräume gelebte Praxis. Ein Zufall?

Jetzt können wir im Business-Kontext weder das Bildungssystem revolutionieren, noch andere Schul- und Bildungsabgänger erschaffen. Wir können dagegen alle Parameter ausschöpfen, die uns im Rahmen von Führung, Organisationsdesign und Unternehmenskultur zur Verfügung stehen. Kreativität kann nur im geschützten Raum entstehen. Fehlt das Vertrauen zu den Vorgesetzten oder Kollegen, werden Fehler sanktioniert oder nutzen Kollegen die Schwäche anderer aus, werden Mitarbeitende immer in den Absicherungsmodus fallen.

Ich empfehle, für herausfordernde Kreativarbeiten einen eigenen Rahmen zu schaffen: einen Ortswechsel, ein spannendes Motto, eigene Spielregeln. Hier gilt tatsächlich »viel hilft viel«: Lieber Konfetti-Kanone und Musikbegleitung als das graue Besprechungszimmer. Aber Vorsicht, das funktioniert nur, wenn die entsprechende Unternehmenskultur herrscht und das Vertrauen im Team etabliert ist. Ansonsten wirkt es aufgesetzt und geht nach hinten los.

Rote Teams

Um aus gewohnten Denkweisen und eingefahrenen Prozessen auszubrechen, können weitere Maßnahmen unterstützen. Folgende Idee stammt ursprünglich aus dem Militär, den Geheimdiensten und der Internetsicherheit: Sogenannte »rote Teams«

schlüpfen in die Rolle fiktiver Gegner und Angreifer, um Sicherheitslücken aufzuspüren. Diese können nach Bekanntwerden schnellstmöglich behoben werden. Analog dazu sollen rote Teams in der Geschäftsentwicklung und im Innovationsumfeld Chancen und Risiken aufdecken. Sie sollen Ansätze aufspüren, die im normalen Geschäftsbetrieb nicht entstehen würden.

Venture Clienting

Im Umfeld des zunehmenden Innovationsdrucks behelfen sich etablierte Firmen weiterer Schachzüge wie dem *Venture Clienting*. Das ist nicht als Ersatz für eigene Innovationsarbeit oder Explore zu verstehen, sondern wird als ergänzender Baustein eingesetzt.

Ein Venture-Kunde ist ein Unternehmen, das das Produkt eines Start-ups kauft und nutzt, um sich Zugang zu Innovationen zu sichern. Ziel ist die Erhöhung der Innovationseffizienz bei gleichzeitigem Anstieg der Transformationsgeschwindigkeit. Start-ups haben im Innovationsgeschäft drei signifikante Vorteile gegenüber den etablierten Playern:

- absoluter Fokus auf ihre Nische, während Corporates und OEMs meist die vollständige Wertschöpfungskette abdecken,
- schlagkräftige, agile Teams mit hohem Engagement-Level,
- oft hohe Kapitalverfügbarkeit pro Mitarbeiter (teilweise ist das Verhältnis Kapital pro Mitarbeiter bei Start-ups so groß, dass selbst die etablierten Konzerne nicht mehr mithalten können).

Darüber hinaus greifen viele Firmen auf *Mergers & Acquisitions* (M&A) zurück, also auf Zukäufe von Start-ups und Unternehmen. Die wertvollste Firma der Welt, Apple, hat in den letzten zehn Jahren (seit 2014) rund 70 Zukäufe getätigt.[20] Damit soll nicht nur fehlendes Know-how kompensiert werden, sondern insbesondere Geschwindigkeit erzielt werden. Der eigene Aufbau der benötigten Kompetenzen, das Recruiting entsprechender Mitarbeitenden, dauert in vielen Fällen zu langsam. Zudem ist es riskant, da unklar ist, ob die Fertigkeiten in ausreichender Qualität erlangt werden. Ein M&A kann hier in kurzer Zeit eine erhebliche Hebelwirkung entfalten.

Die geschickte Einbindung von Start-up-Innovationen kann den Innovationszugang stärken. Auf die organisatorischen und kulturellen Herausforderungen bei der Einbindung von »externem« Know-how gehen wir später ein.

Gruppenzwang

Nun liegen die neuen Ideen auf dem Tisch. Alle klopfen sich auf die Schulter. Erleichterung und Stolz funkeln in den Augen. Damit ist eine erste Phase abgeschlossen.

Der Suchradius war bewusst breit angelegt, unterschiedliche Perspektiven erwünscht, der Trichter weit geöffnet. Im Design Thinking heißt das »Divergieren«. Nun gilt es, die

Ideensammlung zu sortieren, zu bewerten und daraus passende Richtungen auszuwählen. Der »Trichter« soll sich wieder verengen, der Fokus wird wieder geschärft. Das ist die Phase des »Konvergierens«. So schwer es an dieser Stelle auch fällt, jetzt gilt es, noch einmal innezuhalten und zu hinterfragen:

- *Ist das tatsächlich eine gute Idee?*
- *Haben wir alle Potenziale ausgeschöpft?*
- *Haben wir im 360-Grad-Blick alle »Datenpunkte« erfasst?*
- *Löst das tatsächlich ein echtes Kundenproblem?*

Diese selbstkritische Reflexion soll verhindern, in die sogenannte *Solution Trap* zu fallen. Diese entsteht durch die menschliche Eigenschaft, sich vorschnell in eigene Ideen zu verlieben. Wir werden dann betriebsblind, beschönigen unsere Annahmen und werten kritische Überlegungen ab. *Confirmation Bias* oder Bestätigungsfehler bezeichnet in der Kognitionspsychologie die Neigung von Menschen, Informationen so auszusuchen und zu deuten, dass diese die eigenen Annahmen bestätigen. Das wiederum führt zu *Escalating Commitments*. Je mehr Entscheidungen und Ressourcen zugunsten des Projekts fließen, desto mehr sind wir bestrebt, dieses zum Erfolg zu führen. Das erinnert an das berühmte Zitat von Mark Twain: »Kaum verloren wir das Ziel aus den Augen, verdoppelten wir die Anstrengungen.«

Konformitätsdruck, umgangssprachlich als Gruppenzwang bezeichnet, kann diese Entwicklung weiter befeuern. Ist eine Idee oder Entscheidung ausgesprochen und findet erste Befürworter, passt sich der Rest der Gruppe in der Regel an die Stimmungslage an. Die nachfolgende überlieferte Szene einer Vorstandsitzung bei General Motors steht exemplarisch für die Konformitätstendenz: Eine Grundsatzentscheidung erschien reine Formsache, so gut war diese im Vorfeld der Sitzung abgestimmt. Jeder im Vorstand unterstützte den Vorschlag, nun musste nur noch der CEO Alfred Sloan abnicken. Doch dieser erwiderte überraschend: »Meine Herren, ich sehe, dass wir uns bei dieser Entscheidung alle einig sind.« Alle nickten zustimmend. »Dann schlage ich vor, dass wir die weitere Diskussion über dieses Thema auf unsere nächste Sitzung vertagen, um uns Zeit zu geben, zu unterschiedlichen Auffassungen zu gelangen und vielleicht etwas Verständnis zu entwickeln, worum es bei dieser Entscheidung wirklich geht.«[21]

Es ist die Verantwortung von Führungskräften und Entscheidern, Solution Trap, Konformitätsdruck, Confirmation Bias und Escalating Commitments zu erkennen und vorzubeugen. Denn die Praxis zeigt, dass Produktentwicklung am Markt vorbei keine Seltenheit ist:

- Crystal Pepsi: durchsichtige Cola = Flop
- McHotDog: Hot Dog von McDonalds = Flop
- Apple Newton: Personal Assistant (iPad-Vorgänger) = Flop
- Google Glass von 2012: Augmented-Reality-Brille = Flop

Und es geht noch eklatanter: Folgendes Beispiel zeigt, dass selbst die naheliegendsten und offensichtlichen Geschäftsideen in der Praxis scheitern können.

Der indische Kühlschrank

Gopalan Sunderraman, ein indischer Geschäftsmann, hatte einen Traum. Er wollte Kühlschränke für die ländlichen und ärmeren Regionen Indiens entwickeln. In vielen Regionen Indiens war der Besitz eines Kühlschrankes die absolute Ausnahme. 80 Prozent der Inder hatten keinen Zugang zu Kühlschränken[22]. Diese waren zu teuer und verbrauchten zu viel Energie. Der Bedarf für eine kostengünstige und energiesparende Lösung lag nicht nur auf der Hand, sie drängte sich förmlich auf. Und so machte sich Gopalan Sunderraman an die Arbeit und entwickelte ein ultraleichtes, batteriebetriebenes Modell namens »ChotuKool«. Die Kosten lagen bei rund 50 Prozent im Vergleich zu den herkömmlichen Geräten. Damit schien der technische Durchbruch erreicht. Nach zwei Jahren auf dem Markt verkauften sich jedoch nur 15.000 Stück[23] – ein Witz, angesichts des riesigen indischen Markvolumens. Was war passiert? ChotuKool entwickelte ein Produkt für ein scheinbares Bedürfnis, das es aus Sicht der Kunden gar nicht gab. Entweder hatten sich die Haushalte bereits auf alternative Abläufe eingestellt und wollten diese nicht verändern oder sie orientierten sich an den Produkten der wohlhabenden Kasten und lehnten billige Sonderlösungen ab.

Das Beispiel verdeutlicht, dass selbst exzellente Lösungen und scheinbar offensichtliche Bedarfe Fehleinschätzungen unterliegen können. Anders ausgedrückt: Wir sollten uns nie zu sicher sein und unsere Annahmen überprüfen, bevor wir in das Roll-out und die Skalierung gehen. Und genau das ist die Aufgabe der nächsten Phase: Incubation.

Incubation

In der Incubation-Phase werden die Hypothesen aus der Ideation in iterativen Experimenten getestet. Die getroffenen Annahmen sollen mit echten Kunden und unter möglichst realen Bedingungen verprobt werden. Es geht um den schnellen Erkenntnisgewinn. Durch ein frühzeitiges Austesten kann das Risiko der vorab angesprochenen Solution Traps und Escalating Commitments drastisch reduziert werden.

Hypothesen

Im Innovationskontext können wir vier Arten von Hypothesen unterscheiden:

1. Die *Machbarkeitshypothesen* gehen der Frage nach, ob wir unsere Idee tatsächlich umsetzen können.
2. Die *Rentabilitätshypothesen* stellen Annahmen hinsichtlich der Profitabilität auf.
3. *Markt-Hypothesen* ergründen Kundenakzeptanz und Marktverhalten.
4. *Adaptionshypothesen* bilden Annahmen hinsichtlich der Anpassungsfähigkeit unter dynamischen Rahmenbedingungen.

Culture Clash

In der Incubation-Phase treffen die unterschiedlichen Arbeitsweisen und Mindsets von Exploit und Explore unmittelbar aufeinander. Während im Exploit Perfektion, operative Exzellenz und »First time right« gelten, werden in der Incubation-Phase (Explore) unfertige Beta-Versionen am Markt getestet, die sogenannten MVPs – Minimum Viable Products.

Unfertige Beta-Versionen an den (Test-)Kunden zu bringen, ist für den traditionellen Manager schwer zu ertragen. In seinen Augen ist das unprofessionell und unternehmensschädigend, schließlich wurde jahrzehntelang an dem guten Image als Qualitätsanbieter gearbeitet. Man hat einen Ruf zu verlieren. Doch in agilen Arbeitsweisen, wie Design Thinking oder Scrum, geht es genau darum: Frühzeitiges, kundennahes Testen und schnelle Iterationsschleifen zur Produktverbesserung. »Fail Fast« ist das geläufige Mantra der Agilisten – lieber früh Fehler entdecken und beheben, anstatt die Produktentwicklung vorschnell zu skalieren und dann nachträglich enttäuscht zu werden.

Die meisten Unternehmen – hier sind Start-ups ausgenommen – tun sich sehr schwer mit der Incubation-Phase. Das hat zwei Hauptgründe.

Incubation wird übersprungen

Incubation bedeutet: Es gibt Unsicherheiten. Wir haben noch nicht alle Antworten. Wir müssen experimentieren, testen und lernen.

Da applaudiert das klassische Management (Achtung Ironie) und Frederick Taylor dreht sich gleich zweimal im Grab herum. Kein »klassischer« Manager möchte gern eingestehen, dass er den Projektfortschritt nicht vollumfänglich vorhersehen und kontrollieren kann. Kein Manager möchte gern eingestehen, dass der weitere Projektverlauf ungewiss ist. Mit dem Selbstbewusstsein und Alpha-Status der allwissenden Führungskraft braucht es keine Testphase. Das wäre ein Eingeständnis der Schwäche, des fehlenden Durchblicks. Der wahre Leader ist auch so entscheidungsfähig. In einer Unternehmenskultur, in der Fehler abgestraft werden, ist dieses Verhalten nicht nur verständlich, sondern (bewusst) antrainiert. Um diese heikle Phase zu umgehen, wird sie lieber ganz übersprungen oder nur halbherzig abgewickelt. Auf der Basis geht das Projekt unmittelbar in das Scaling über, also das Ausrollen zur Markteinführung.

In einer Ambidextrie-Masterclass fragte mich unlängst eine junge Führungskraft: »Was ist denn das Problem? Schließlich predigen wir ständig, Führungskräfte müssen mehr Entscheidungsfreude und Geschwindigkeit aufbringen.«

Das Vernachlässigen der Incubation-Phase ist eine verpasste Chance, denn wir berauben uns der Möglichkeit:

- Kundenfeedback einzuholen,
- Hypothesen zu testen,
- dazuzulernen und zu verbessern.

Nur mithilfe der Test- und Lernphase haben wir die Chance, das bestmögliche Produkt zu entwickeln. Ohne diese bringen wir die erstbeste Version auf den Markt. Das Aberwitzige dabei ist: Die Incubation-Phase wird ausgelassen, weil Manager das Risiko scheuen, Fehler zu begehen. Dabei ist das Risiko ohne diese Optimierungs- und Probephase viel höher.

Ich empfehle oberen Führungskräften daher, im Explore-Umfeld ein bewusstes Mandat und eine klare Erwartungshaltung Richtung Fehlerkultur zu etablieren. Obere Führungskräfte sollten daher von ihren Abteilungs-, Team- und Projektleitern fordern: »Zeigt mir jeden Monat eure fünf größten Irrtümer und den entsprechenden Erkenntnisgewinn.« Was passiert nun in den Corporates und traditionellem KMU? Die meisten Führungskräfte sind noch im traditionellen Mindset des Exploit gefangen, das auf Null-Fehler-Toleranz und absolute Kontrolle ausgelegt ist. Entsprechend lautet die Antwort in etwa so: »Chef, es läuft wie geplant, wir haben nur marginale Fehler gemacht, die Projektampel steht auf grün, wir sind auf Erfolgskurs.« Daraufhin sollte der Chef antworten: »Du hast mich nicht verstanden. Ihr habt einen Monat ungenutzt gelassen. Ich möchte nächstes Mal eure größten fünf Irrtümer sehen und was ihr daraus gelernt habt.« Die Szene ist bewusst etwas vereinfacht und plakativ inszeniert – aber das Prinzip dahinter ist wichtig. Ebenso bewusst habe ich den Begriff »Irrtum« verwendet. Ein Fehler hätte vorab bekannt sein müssen und hätte verhindert werden können. Ein Irrtum war zum Zeitpunkt der Entscheidung nicht ersichtlich. Fehler sollten auch in der agilen Arbeitsweise vermieden werden. Irrtümer in Verbindung von iterativen Testschleifen gehören unverrückbar zum Explore. Nur das Austesten, Herantasten und Experimentieren ermöglicht ernsthafte Innovation abseits inkrementeller Optimierung.

Kommen wir zum zweiten Verhinderer der Incubation:

Das Projekt wird vorschnell beendigt

Die Motive sind ähnlich: Aufgrund der hohen Risikoaversion, der fehlenden Planbarkeit und ungesicherten Renditeprognose wird das Projekt vorschnell, noch vor der Incubation, aufgekündigt. In diesem Fall verhindern Manager die Innovation lieber, als sich den (karrieregefährdenden) Unwägbarkeiten der Incubation auszusetzen. Das ist ein echtes Dilemma: An Vorschlägen mangelt es meist nicht. In den großen Konzernen erreichen täglich Hunderte Anregungen der eigenen Mitarbeiter die interne Innovationserfassung. Für diesen Zweck gibt es eigene IT-Systeme und Prozesse für die Auswertung und Verarbeitung der vielen Meldungen. Aber wie viele setzten sich tatsächlich durch und gehen in die Umsetzung?

Spagat-Killer:

In einem Umfeld fehlender Explore-Kultur wird die Incubation-Phase als Bedrohung angesehen und daher vermieden. Wir brauchen ein ernst gemeintes Mandat zum Explorieren.

Feedforward

Insbesondere in der Incubation-Phase müssen wir zwischen *Feedback* und *Feedforward* unterscheiden. Wenn das Thermostat der Heizung ein Absenken der Raumtemperatur registriert und dann den Warmwasserzufluss erhöht, handelt es sich um Feedback. Die Informationen werden gesammelt und ausgewertet, nachdem (!) ein Event eingetreten ist (Temperaturabfall). Wenn der Wetterbericht antizipiert, dass die Außenluft abfällt und in einem Smarthome daraufhin die Heizkraft automatisch erhöht wird, handelt es sich um Feedforward. Ein Vorgang wird antizipiert und es wird daraufhin eine Handlung initiiert, bevor (!) das Event eintritt.

Der Begriff »Feedforward« wurde durch den US-amerikanischen Bestsellerautor und Management-Coach Marshall Goldsmith mit seinem Artikel »Try Feedforward Instead of Feedback« geprägt.

Feedbacks sind omnipräsent und in den Unternehmen fest verankert. Dabei ist es egal, ob es sich um die jährliche Mitarbeiterbeurteilung handelt, ein Projektzwischenstand bewertet wird oder eine *Lessons Learned* durchgeführt wird. Feedback ist immer vergangenheitsbezogen und verfolgt das Ziel einer Optimierung der bekannten IST-Situation.

Im Explore-Modus bringt uns Feedback aber nur bedingt weiter, da Datenpunkte der Vergangenheit selten vorliegen. Im Explore schaffen wir Neues, gehen unbekannte Pfade, probieren aus und experimentieren. Datenpunkte aus der Vergangenheit gibt es in der Regel noch nicht. Wir benötigen daher Feedforward. Aus den vorhandenen Informationen und Annahmen antizipieren wir den weiteren Verlauf und schließen daraus Schlüsse.

Incubation basiert auf der kundennahen Verprobung von Hypothesen, zum Beispiel wie Kunden auf eine neue Produkteigenschaft reagieren. Diese Hypothesen sollten testbar und messbar sein. Also nicht Aussagen wie »Kunden werden die neue Eigenschaft zu schätzen wissen.«, sondern vielmehr »Mindestens 70 Prozent der Zielgruppe werden dafür 100 € mehr ausgeben.«

Eine funktionierende Incubation ist für mich das beste Indiz, ob agiles Arbeiten und der Explore-Modus tatsächlich verstanden und gelebt werden. Lippenbekenntnisse sind schnell ausgesprochen, aber in der Praxis zeigt sich die wahre Gestalt.

Wir sollten Incubation als eine wertvolle Chance begreifen, die es uns ermöglicht, durch Verproben, Lernen und Verbessern das bestmögliche Produkt zu entwickeln.

Agile Washing

Explore ist naturgemäß ineffizient, riskant und wird in vielen Unternehmen sogar als karrieregefährdend eingestuft. Ich durfte unlängst einen Führungskräfte-Workshop begleiten, in dem diskutiert wurde, wie Explore innerhalb der Hauptabteilung gestärkt werden kann. Eine Abteilungsleiterin gab zu bedenken: »Wer seine Karriere nicht gefährden will, darf Explore nicht ernsthaft betreiben. Das wäre Selbstmord mit Ansage.« Da Explore mit Unsicherheit einhergeht, brauchen die Beteiligten das entsprechende Mandat und die Unterstützung. Mit anderen Worten: die entsprechende Unternehmenskultur. Ist diese nicht auf Explore ausgelegt, wird das Innovationsgeschäft zum Abenteuerspielplatz mit Falltür und Schleudersitz.

Agiles Arbeiten ist immer noch karrieregefährdend.

Bringen die oberen Führungskräfte die Mandatierung und Unterstützung nicht auf, bildet sich ein »Pseudo-Explore« aus. Die Beteiligten geben vor, agil zu arbeiten, sind aber stets auf die eigene Absicherung bedacht. *Agile Washing* heißt das. So wird das Vorhaben ad absurdum geführt. Als Reaktion entsteht ein aufwendiges Industrieschauspiel, das wertvolle Kapazität und Aufmerksamkeit kostet.

Leider ist dieses Phänomen in traditionellen Corporates nicht unüblich. Ich spreche aus eigenen Erfahrungen. Vor einiger Zeit wurde ich für eine Keynote angefragt mit dem Ziel, die Begeisterung und Motivation für agile Methoden zu schärfen. Das Bemerkenswerte an der Sache: Die Anfrage kam von den Mitarbeitenden selbst, weil sie ihre Führungskräfte wieder »an Bord holen wollten«. Das Team stand geeint hinter der agilen Arbeitsweise Scrum, doch einige Führungskräfte nicht. Sie fielen immer wieder in die traditionellen »Command- & Control«-Mechanismen zurück. Klassischerweise ist es die Aufgabe der Leader, ihr Team zu motivieren. Ich beobachte jedoch immer häufiger eine Verdrehung dieser Wirkkette: Die Belegschaft versteht, worum es geht, aber einige Führungskräfte können sich nicht von alten Gepflogenheiten und lieb gewonnenen Machtpfründen lösen. Somit tritt zunehmend die sogenannte »Arbeitsebene« als Motivator und Transformationstreiber auf. Das ist eine bemerkenswerte Entwicklung.

Wenn sich Investoren, Analysten wie auch Führungskräfte fragen, warum die hiesige Innovationskraft ins Stocken gerät und im internationalen Vergleich den Anschluss verliert – ich erinnere auch an die Marktkapitalisierung – dann sollten sie sich vielleicht mit *Agile Washing* beschäftigen.

In etablierten Unternehmen geht Sicherheit grundsätzlich vor Pioniergeist.

Deshalb geriet die agile Bewegung, die mit viel Euphorie und Hype startete, schnell ins Stocken, sobald sie auf die Realitäten der Risikominimierung und Planungsmaxime stieß. Man könnte auch sagen, das *Agile Manifest* hat die Rechnung ohne den »tayloristischen Wirt« gemacht.

Scaling

Am Ende der Incubation-Phase, nachdem Hypothesen überprüft, durch Experimente verifiziert und das Produkt verbessert wurde, erfolgt die Entscheidung, ob das Projekt beendet, entscheidend verändert oder in die Skalierung überführt wird.

In der Skalierung wird die validierte Geschäftsidee in ein profitables Business überführt. Die dazu erforderlichen Handlungsfelder kürze ich mit »FKK« ab: *Fähigkeiten*, *Kapazitäten* und *Kunden*.

Fähigkeiten
Welche Fähigkeiten benötigt die Organisation, um die Innovation und Geschäftsidee zu skalieren? Hier geht es nicht nur um Technologien, sondern ebenso um die Kompetenzen der Mitarbeitenden. Im Kontext des Fachkräftemangels, der Arbeiterlosigkeit und des »War for Talents« ist insbesondere Letzteres ein wesentliches und nicht unkritisches Erfolgskriterium. Wie komme ich an die Talente, zum Beispiel im digitalen Sektor, und wie halte ich diese? Die technologischen Stoßrichtungen ähneln sich innerhalb der Branche. Elektromobilität, beispielsweise, betrifft nicht nur *einen* Autohersteller, sondern alle. Insbesondere im digitalen Umfeld entsteht der Bedarf einer bestimmten Kompetenz sogar branchenübergreifend. Data Scientists, um ein Beispiel herauszugreifen, braucht nicht nur eine Branche, sondern (fast) alle. Da es sich um Aufbaufelder handelt, die sich auf neue Technologien und neue Berufszweige stützen, ist das Angebot an gut ausgebildeten und erfahrenen Fachkräften naturgemäß gering. Somit wetteifern viele Firmen um die wenigen Talente. Diejenigen Firmen, die talentierte Fachkräfte letztendlich anziehen und halten, haben somit signifikante Wettbewerbsvorteile. Markenbildung, Employer Branding und New Work haben folglich an Stellenwert gewonnen und sind nicht mehr wegzudenken.

Kapazitäten
Wie erzielt das Unternehmen das erforderliche Volumen? Dabei kann es sich um physische Produkte handeln wie auch digitale. Diese Fragestellung hat insbesondere für die Hersteller physischer Produkte einen hohen Stellenwert, da Skalierung mehr oder weniger linear einhergeht mit der Ausweitung von Produktionsanlagen und Logistiksystemen. Jeder zusätzliche Kunde bedeutet zusätzliche Investition. Da sind digitale Plattformen im Vorteil, da die Grenzkosten, also die Kosten für eine weitere

Mengeneinheit, sehr gering sind. Dazu kommt der sogenannte Netzwerkeffekt: Je mehr Nutzer, desto erfolgreicher die Plattform.

Kunden
Wie etabliert oder erweitert das Unternehmen den Kundenzugang, die Kanäle und Sales Teams, um die angestrebte oder erforderliche Marktreichweite zu erzielen?

Der Kundenzugang hat durch Digitalisierung und insbesondere Plattform-Ökonomie signifikant an Stellenwert gewonnen. Ein klassisches Beispiel ist der Vergleich zwischen Apple und Foxconn. Foxconn ist der eigentliche Hersteller (zum Beispiel der Smartphones), ihr Umsatz und Gewinn sind aber nur ein Bruchteil von Apples Erfolg, die den Zugang zu den Kunden besitzen. Ein ähnliches Spannungsfeld könnte sich im Automotive-Sektor entwickeln, wenn Plattformdienste mit einer autonomen Fahrzeugflotte und direktem Kundenzugang Autohersteller zu Zulieferbetrieben degradieren.

Wer den Kundenzugang hat, steht auf der Poleposition.

Skalierung ist einfach?
In meinem Umfeld höre ich beide Aussagen:
- »Skalierung ist einfach.«
- »Skalierung ist die größte Herausforderung.«

Natürlich kommt es auf den Kontext an. Start-ups tun sich hier schwer, da ihnen die Erfahrung und Expertise fehlt, weil breiter Kundenzugang noch nicht etabliert ist und zudem die Investitionsmittel knapp sind. Etablierte und größere Unternehmen fällt es leichter, solange es sich um inkrementelle Innovationen handelt (»Exploit-Innovationen«). In diesem Set-up können die bestehenden Ressourcen großteils weitergenutzt werden. Der Veränderungsgrad ist überschaubar. Handelt es sich dagegen um neue Technologien oder Geschäftsfelder, um disruptive Ansätze – also um »Explore« –, stoßen die etablierten Organisationen ebenso auf ihre Grenzen bei der Skalierung. Der Veränderungsgrad ist entsprechend hoch, was Investitionen erfordert, die wiederum vom etablierten Kerngeschäft abgezogen werden müssen. Der Kapital- wie auch Mitarbeitertransfer in Richtung Neugeschäft erzeugt weitere Widerstände. Um die Kannibalisierung des Kerngeschäfts zu minimieren, sind alternative Ansätze denkbar, wie der Zukauf von Kapazitäten oder Partnerschaften.

In der Realität verschwimmen die drei Phasen *Ideation*, *Incubation* und *Scaling*. Es wird selten eine messerscharfe Trennung geben, sondern Überlagerungen. Zudem finden sich stets Elemente der einen Phase in einer anderen wieder. Zum Beispiel ist *Ideation* nie gänzlich abgeschlossen. Auch in den Folgephasen der Incubation und der Skalierung sind neue Ideen nötig: für Probleme, die erst später auftreten, im Zuge der Detaillierung oder als Reaktionen auf veränderte Rahmenbedingungen.

Kerngeschäft
Überlebt das Projekt die Kreativ-, Test- und Aufbauphasen, kann es sich gegebenenfalls als Kerngeschäft etablieren. Es erreicht dann die vierte Phase, »Cashcow« (siehe Abbildung 9). Gehen wir davon aus, dass es sich bei der Produkt- und Geschäftsmodell-Entwicklung um radikale Innovationen handelt (und nicht um eine inkrementelle, Exploit-artige Optimierung), dann sind die ersten beiden Abschnitte Ideation und Incubation dem Explore-Modus zuzuordnen. Das Scaling und die Cashcow-Phase gehören aufgrund der operativen und effizienzgetriebenen Ausprägung zu Exploit. Wir erkennen:

> **Explore mündet immer in Exploit** (Es sei denn, das Projekt wird vorab beendet).

Ein Projekt befindet sich immer nur eine bestimmte Zeitdauer im Explore-Modus. Es gibt nur diese zwei Möglichkeiten: Entweder wird die Innovation noch im Explore aufgekündigt oder sie muss zwangsläufig in Exploit überführt werden (in die Skalierung und zum profitablen Tagesgeschäft). Der Übergang zwischen den Modi ist nicht unkritisch. In den Phasen Ideation und Incubation ist das Projekt noch klein im Hinblick auf den Ressourceneinsatz. Die Resonanz- und Anschlussfähigkeit innerhalb des Unternehmens ist daher nicht so kritisch. Mit der Skalierung ändert sich das. Die Aufwände explodieren schlagartig, mitunter muss das Neugeschäft interne Ressourcen kannibalisieren. Im internen Konkurrenzkampf um Planstellen und Finanzierung sitzt der kurzfristige Ziel- und Ergebnisbeitrag des etablierten Kerngeschäfts am längeren Hebel. Viele Innovationsvorhaben scheitern daher an dieser Hürde. In seinem Weltbestseller »The Innovator's Dilemma« prognostizierte Clayton Christensen eine Ausfallquote von über 90 Prozent.

Der sensible Entscheidungspunkt für oder wider Skalierung eines Innovationsprojektes sollte nicht von politischen Interessen beherrscht, sondern möglichst objektiviert anhand von Entscheidungskriterien beurteilt werden. Die Incubation-Phase sollte über die getesteten Hypothesen folgende Erkenntnisse beisteuern:

- Marktnachfrage: Wollen Kunden die Innovation?
- Machbarkeit: Können wir als Organisation die benötigten Kompetenzen und Ressourcen stellen?
- Flexibilität: Kann die Innovation auch unter sich verändernden Bedingungen bestehen?
- Wirtschaftlichkeit: Ist die Renditeerwartung ausreichend?

Umso konkreter die Hypothesen, desto besser. Anhand nachvollziehbarer und quantifizierbarer Kriterien kann die Entscheidungsfindung objektiviert werden. Mithilfe einzelner Parameter verringern wir emotionale, subjektive Interpretationsspielräume (die zugegebenermaßen an dieser Stelle nie ganz abgeschaltet werden können).

Aus Sicht des Innovationsprojekts ist es weiterhin vorteilhaft, wenn ein Mentor oder eine Mentorin aus dem Top-Management Rückendeckung und Unterstützung bietet. Ohne diese Schützenhilfe dürfte es schwierig werden, sich im »Ressourcenwettkampf« gegen die etablierten Kräfte des Kerngeschäfts zu behaupten. Um ein Anwendungsbeispiel herauszugreifen: Als IBM in den 2000er-Jahren ihre Explore-Strategie überarbeitete, machten sie die Nominierung und den Support eines Mentors aus dem Senior Management zur Voraussetzung zum Start eines Explore-Projektes.

Der Wechsel von Incubation zur Scaling kann weiterhin Herausforderungen hinsichtlich der kulturellen Ausprägung mit sich bringen. Mit Eintritt in die Skalierung benötigt das Innovationsprojekt andere Skills. Zumindest in der idealtypischen Betrachtung waren bis Ende der Incubation Explore-Tugenden und -Arbeitsweisen maßgeblich. In der Skalierung sind mehr Exploit-Skills gefragt. Das kann auf zwei Wegen adressiert werden: Entweder wird das Projekt in andere Hände übergeben – also in andere Fachstellen verlagert oder durch neue Teamzusammensetzung erzielt – oder die Explorer, die am Projekt verbleiben (wollen), müssen zunehmend Exploit-Fähigkeiten entwickeln. In der Praxis wird es meist Mischformen geben.

Wie auch immer der Wechsel von Explore zu Exploit aussieht, wird er immer eine Herausforderung darstellen. Es ist also mit Spannungen und Übertritt-Hick-ups zu rechnen. Das erfordert die volle Aufmerksamkeit der Führungskräfte. Hier sind Kommunikation, Coaching und Moderation gefragt.

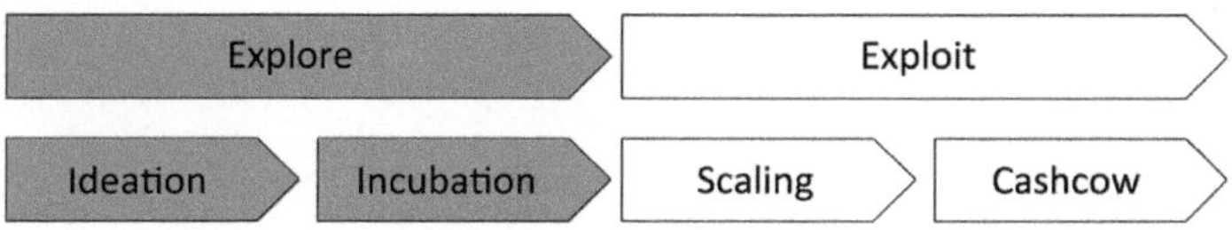

Abb. 9: Zeitliche Abfolge von Exploit zu Explore

Notfall können wir

Kommen wir kurz zurück auf das Apollo-13-Unglück. Die Rettungsaktion war eine Meisterleistung. Menschen machten das Unmögliche möglich. Das gilt auch für unsere Unternehmen: Im Krisenmodus, kurz vor Markteintritt zum Beispiel, krempeln wir unsere Ärmel hoch, vergessen Befindlichkeiten und Silodenken und arbeiten mit vereinten (!) Kräften für das gemeinsame (!) Ziel. Eins scheint evident: Im Notfall können wir Explore. Im Normalmodus klappt es jedoch nicht so effektiv und wir fallen zurück in Abteilungsdenken, »Prozesstheologie«, Intransparenz und politische Machtspiele. Wir müssen es schaffen, auch außerhalb von Krisenmodi in effektives Explore zu kommen. Warum braucht es immer eine gesonderte *Taskforce*, um siloübergreifend und tatkräftig zusammenzuarbeiten?

Zusammenspiel

Abschließend können wir festhalten: Die Herausforderung liegt nicht in den einzelnen Modi. In Start-ups werden Agilität und Exploration seit Jahrzehnten gelebt. Corporates sind Meister in der operativen Exzellenz. Das zeitgleiche Zusammenspiel dieser beiden Welten innerhalb derselben Organisation bringt uns in den Spagat. Wie wir die optimalen Voraussetzungen für diese Zerreißprobe schaffen, beleuchten wir in den nachfolgenden Kapiteln.

2 Der Team-Spagat: Der richtige Mix zwischen Anpassung und Autonomie

Schwerpunkt des Kapitels *Team-Spagat* ist die eigene Bezugseinheit. Das kann Dein Team, Deine Abteilung, Dein Bereich sein. Was bedeutet der Spagat der beiden Welten für die Belegschaft? Wie organisiere ich die Einheit? Was kann ich tun, um die idealen Rahmenbedingungen für mein Team zu schaffen?

2.1 Kontext ist King – Standortbestimmung schafft Orientierung

Bevor wir mit der eigenen Bezugseinheit starten, möchte ich einen kurzen Blick auf die übergeordnete Ebene werfen: die Standortbestimmung der Ambidextrie-Fähigkeit unserer Unternehmen Das steckt den Rahmen ab und weist das Spielfeld aus, in dem wir letztendlich operieren.

Standortbestimmung Wirtschaftsstandort

Ich möchte an dieser Stelle erneut auf die Marktkapitalisierung zurückkommen. Wir hatten festgestellt, dass alle 40 DAX-Konzerne gemeinsam eine geringere Kapitalisierung aufweisen als die eine Firma Apple. Diese Vergleiche lassen sich fast beliebig fortsetzten: Tesla zum Beispiel ist im April 2023 so viel wert wie VW, Porsche, BMW, Mercedes, Siemens, Telekom und BASF zusammen.[24] Ist das nicht verrückt? Ich finde das bedenklich. Um diese vergleichende Betrachtung auf die Spitze zu treiben, möchte ich Dir noch ein weiteres Beispiel darlegen:

Die Marktkapitalisierung betrachte ich, etwas salopp ausgedrückt, als die Wette der Investoren auf die zukünftige Ertragskraft und Wertentwicklung eines Unternehmens. Die »Investorenwette« zwischen Apple und Telekom beträgt grob rund 30:1.[25] Ein vergleichbarer Maßstab war vor einiger Zeit beim Fußballspiel im DFB-Pokal zwischen Viktoria Köln und Bayern München zu beobachten, das ebenfalls mit 30 zu 1 bewertet wurde. Jetzt ist es nur so, dass Viktoria Köln in der 3. Liga spielt, also drittklassig ist. Nun stellt sich in der Folge die Frage, ob das bedeutet, dass Telekom ebenfalls als drittklassig eingestuft wird. Auch wenn wir uns gegebenenfalls darauf einigen, dass das übertrieben erscheint, wirft es dennoch die Frage auf: *Was passiert hier eigentlich?*

Investoren-Wette: Apple vs. Telekom ~ 30 : 1 (2800 Mrd. vs. 98 Mrd.)

Fußball-Wette:

1 Viktoria Köln	X Unentschieden	2 Bayern
30.00	20.00	1.03

Abb. 10: Vergleich Investoren- zu Fußball-Wette[26]

Und in der Tat fragen sich derzeit viele Top-Manager, Führungskräfte und Berater, woran das liegt und was hier schiefläuft. Es herrscht große Verunsicherung und Orientierungslosigkeit. Diese Schieflage würde ich gern mithilfe der Ambidextrie auflösen und erklären. Für diesen Zweck möchte ich den *Ambidextrie-Stretch* einführen.

Der Ambidextrie-Stretch

Der Ambidextrie-Stretch beschreibt die Spannweite eines Unternehmens zwischen den beiden Polen Exploit und Explore. In einer perfekten Welt würde ein Unternehmen die volle Spannweite abdecken und wäre damit der absolute Alleskönner: exzellent und perfekt im Exploit und maximal innovativ und agil im Explore. *Also Weltmeister im Gewichtheben und gleichzeitig Olympiasieger im Eiskunstlauf.* In der Praxis wird es jedoch nie den perfekten Stretch geben (ich kenne kein solches Unternehmen) und ist es sogar fraglich, ob die gesamte Bandbreite zwangsläufig das Optimum darstellt. Die volle Ausprägung im Exploit wie im Explore würde einen enormen Ressourceneinsatz fordern. Energie, Aufmerksamkeit und Fokus müssten dann immer gleichwertig auf beide Pole gelenkt werden. In einem betriebswirtschaftlichen Umfeld wird es aber immer auch um gesamtunternehmerische Effizienz gehen. Daher gibt es Unternehmen, die sehr gut mit einer Gewichtung fahren, also ganz bewusst nicht den vollen *Stretch* ausfüllen. Nehmen wir als Beispiel eine Kreativagentur, die vorrangig in der Produktentwicklung tätig ist und die Skalierung dann anderen Firmen überlässt. Sie kann sich in diesem Fall auf Explore konzentrieren. Exploit erhält nur die notwendige Aufmerksamkeit, wird aber nicht als Schwerpunkt oder Aufbaufeld behandelt. Kurzum: Jede Organisation wird je nach Kontext eine eigene Version des Stretchs entwickeln.

Der Ambidextrie-Stretch ist ein einfaches, aber wirksames Modell, um die strategische Ausrichtung der Organisation zu definieren. In Abbildung 11 sind vier exemplarische Unternehmen aufgeführt. Als Fingerübung kannst Du diese den jeweiligen Balken zuordnen. Die grafische Auflösung befindet sich in Abbildung 12, und anbei die textliche Erläuterung.

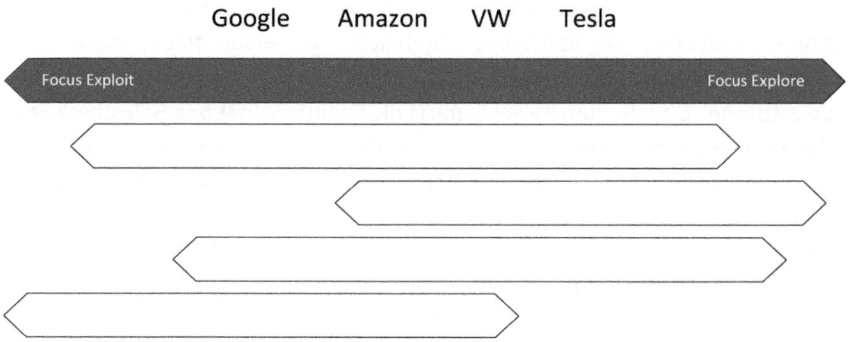

Abb. 11: Der Ambidextrie-Stretch[27]

Der erste Balken gehört zu Amazon. Dass der US-Gigant Exploit beherrscht, wird kaum jemand leugnen. Effizientes, verlässliches, umsatzstarkes Kerngeschäft ist Industrie-Benchmark. Aber wie steht es um das Explore? Kaum ein anderes Unternehmen ist so innovativ, besitzt so viel unternehmerischen Mut und betreibt Diversifikation wie Jeff Bezos' Firma. Amazon ist eine der ganz wenigen Firmen, die in allen drei Top-Technologien künstliche Intelligenz, autonomes Fahren und Cloud-Computing führend sind. Wir dürfen nicht vergessen, dass Amazon erst seit 1994 existiert und seitdem eine Diversifikation und Innovationskraft entwickelt hat, die seinesgleichen sucht. Die Stärken in beiden »Welten« der breite Ambidextrie-Stretch – machen Amazon für mich damit zum »Ambidextrie-Weltmeister«.

Google nimmt den zweiten Balken ein. Jetzt könnte man sich fragen: Hat Google ein Problem, weil sie im Exploit nicht gut aufgestellt sind? Ich denke nicht, denn Google betreibt kein produzierendes Gewerbe. Sie sind mit der Explore-lastigen Ausrichtung vermutlich ganz gut aufgestellt. Das zeigt auch, dass nicht jede Organisation die volle Bandbreite zwischen Exploit und Explore benötigt. Wie immer kommt es auch hier auf den Kontext an.

Der dritte Balken geht an Tesla, die hinsichtlich Innovationskraft, Digitalisierung und Agilität sicher (noch) stärker aufgestellt sind als die klassischen Industriekonzerne. Gleichzeitig sind die Qualitätsmängel bekannt, sprich die Mankos im Exploit. Ende 2022 gab es Berichte von unzufriedenen Tesla-Kunden, die sogar vor Gericht ziehen.[28]

Als Letztes ist VW abgebildet, als exemplarischer Stellvertreter der klassischen Industrie. Exploit können wir in Deutschland. Das *Made in Germany* ist unser traditionelles Gütesiegel für Qualität am Fließband. Die fehlende Explore-Ausrichtung dürfte nicht überraschen. Hinsichtlich Innovationskraft, Risikobereitschaft und Wandlungsfähigkeit haben wir noch Luft nach oben.

Die Darstellung und die Einordnung der vier Firmen ist an Dr. Hans-Joachim Gergs' und Arne Lakeits Buch »Agilität braucht Stabilität«[29] angelehnt. Neben viel Zuspruch für diesen *Stretch* kenne ich ebenso kritische Nachfragen, ob die Zuteilung tatsächlich so belastbar sei. Google, zum Beispiel, muss die Funktionalität und Belastbarkeit der Suchmaschine perfektionieren, im großen Maßstab ausrollen und stabil am Laufen halten. Da spielt Exploit eine tragende Rolle. Wir sollten die präzise Einordnung aber auch nicht überbewerten. Es gibt hier sicher keine hundertprozentig objektive, wissenschaftlich fundierte Herleitung. Das ist auch gar nicht das Ziel. Der *Stretch* eignet sich hervorragend als Diskussionsgrundlage in der Gruppe: *Wo sehen wir andere Firmen? Wo steht die Konkurrenz? Wo sehen wir uns?*

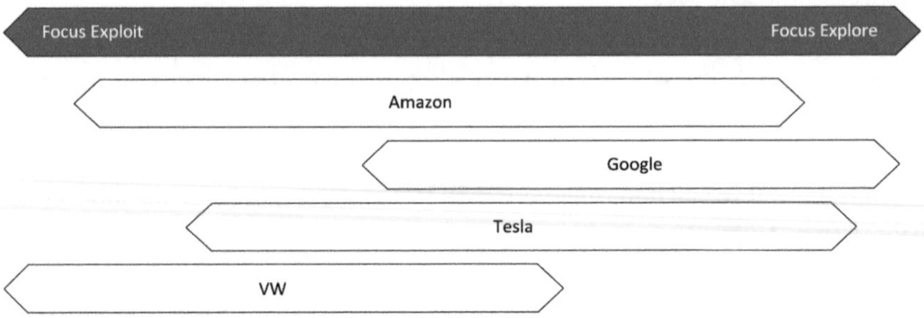

Abb. 12: Der Ambidextrie-Stretch mit Zuordnung der Firmen[30]

Investorenwette

Wenn die Marktkapitalisierung so etwas wie die Zukunftswette der Investoren ist, sollten wir uns fragen, wo die großen neuen Ideen, die *Gamechanger* und Zukunftspotenziale entwickelt werden? Die Antwort ist eindeutig: im Explore. Das heißt, die Unternehmen, die gut im Explore aufgestellt sind, werden entsprechend von den Investoren honoriert, und die Unternehmen, die zwar Höchstleistung im Hier und Jetzt bringen (Exploit), aber in der Zukunftsgestaltung – im Sinne radikaler Innovation – geringe Kompetenzen zeigen, gehen entsprechend leer aus.

> **Die Weiterführung des Kerngeschäfts führt tendenziell nur zur Erhaltung des Aktienkurses. Die Entwicklung neuer Geschäftspotenziale (Exploration) ermöglicht die Eskalation des Aktienkurses.**

Durch eine disruptive Geschäftsentwicklung wird in der Regel etwas Kompliziertes ganz einfach oder bequem (z. B. anstatt zum DVD-Händler Streaming vom Sofa aus) oder etwas Teures wird erschwinglich. Das vergrößert den Markt und die Zielgruppe signifikant. Auch deshalb liegen hier die Kapitalisierungs- und Wachstumspotenziale.

Die Investoren sprechen also eine eindeutige Sprache. Ihre Botschaft lautet: »Wir glauben nicht an Eure Zukunftsfähigkeit.« Dies ist nicht nur eine leise Botschaft, sondern vielmehr ein lautstarker Warnruf. Die entscheidende Frage ist, ob wir ihn hören wollen und ob wir reagieren. Oder ob wir einfach so weiter machen wie bisher.

Eigener Stretch

Nachdem wir über Standortfragen, *andere* Organisationen und über die Big Player wie Amazon, Google & Co. gesprochen haben, richten wir nun den Blick auf Deine Organisation und Dein Team. Zeit für die *eigene* Standortbestimmung.

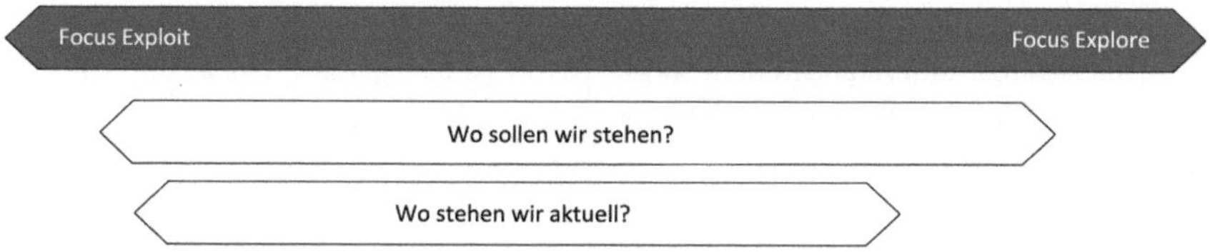

Abb. 13: Der eigene Ambidextrie-Stretch

Als Startpunkt der eigenen Standortbestimmung kann ein Selbsttest dienen, der allein oder im Team durchgeführt werden kann (siehe Abbildung 14). Der Selbsttest kann auch als Arbeitsblatt unter myBook+ heruntergeladen werden.

Die Selbsteinschätzung kann als Beurteilung der Gesamtorganisation stattfinden oder auch als Einschätzung des eigenen Bereichs oder Teams. Oft ist der Prozess bereits ein großer Gewinn, weil das Bewusstsein für das Thema gestärkt und die Selbstreflexion angeregt wird. Mit diesem einfachen Test kann man eine Diskussion entfachen und mögliche Handlungsfelder aufdecken: *Sind wir zu sehr auf Exploit fokussiert? Müssen wir Explore stärken?*

	In den letzten drei Jahren hat unsere Organisation/ Geschäftseinheit …	**Sehr selten**	**Eher selten**	**Teils / teils**	**Eher häufig**	**Sehr häufig**
1	… vorhandene Prozesse und Methoden für unsere aktuellen Produkte und Dienstleistungen optimiert?	0	1	2	3	4
2	… Fertigkeiten der Produktentwicklung erschlossen, die für unsere Organisation neuartig sind?	0	1	2	3	4
3	… stringent die Einhaltung von Vorgaben, Compliance und Standards erwirkt?	0	1	2	3	4

	In den letzten drei Jahren hat unsere Organisation/ Geschäftseinheit …	Sehr selten	Eher selten	Teils / teils	Eher häufig	Sehr häufig
4	… Projekte bearbeitet, die eher durch Experimentieren und Lernen anstatt durch Planbefolgung bestimmt waren?	0	1	2	3	4
5	… neuartige Technologien und Fertigkeiten erworben?	0	1	2	3	4
6	… verbesserte Fähigkeiten in der Produktentwicklung aufgebaut, in denen die Geschäftseinheit bereits über Erfahrung verfügt?	0	1	2	3	4
7	… Innovationen und Veränderungen sorgfältig geprüft, mit relevanten Stakeholdern und Hierarchien abgestimmt und abgesichert?	0	1	2	3	4
8	… gezielte Vorstöße unternommen gen Diversifikation, neue Märkte und Kunden, die außerhalb des Kerngeschäfts lagen?	0	1	2	3	4

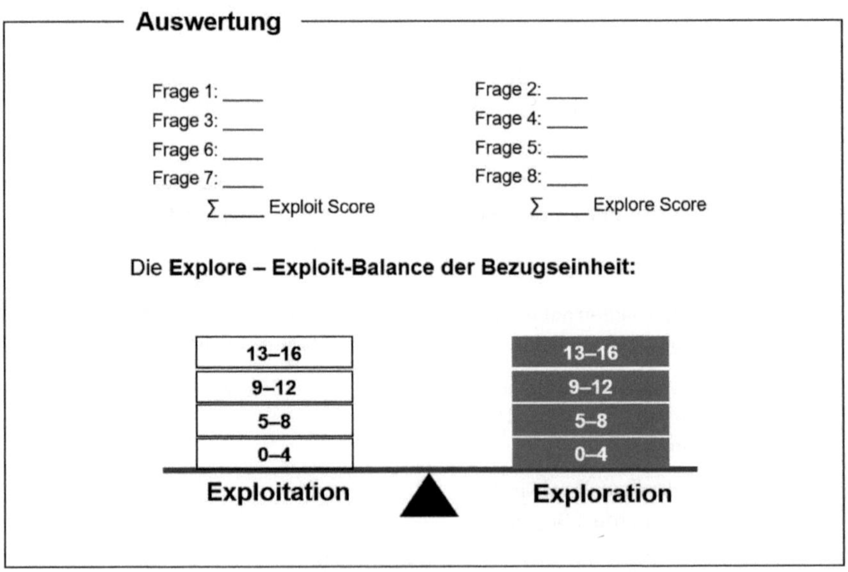

Abb. 14: Selbsttest zur Ambidextrie-Fähigkeit der Organisation[31]

Die Standortbestimmung des Teams

Wir haben die Notwendigkeit herausgestellt, die beiden Modi Exploit und Explore auszubilden und voneinander abzugrenzen. Dies wirft unmittelbar die Anschlussfrage nach der eindeutigen Zuordnung auf: *Wann sollten wir in welchem Modus aktiv sein?* Gern auch konkreter: *In welchen Modus gehören Dein Team und Dein Aufgabenfeld?*

Wir haben anhand des Innovationsportfolios bereits Differenzierungsmerkmale etabliert. In diesem Kapitel ergänzen wir einige Entscheidungs*werkzeuge* für die eigene Standortbestimmung.

Erneut Apollo 13
Kommen wir noch einmal auf die Apollo-13-Mission zurück. Stellen wir uns vor, ein Astronaut hätte in den ersten 55 Stunden des Fluges aus Langeweile den ein oder anderen Knopf ausprobiert. Oder auf Deinem nächsten Urlaubsflug finge der Pilot an, zu experimentieren. *Nein, Stopp, bitte nicht!* Da bleiben wir doch bitte bei den Checklisten und Standardabläufen. Dagegen hätte das stumpfe Befolgen der Protokolle und Routineabläufe nach der Explosion auf Apollo 13 den sicheren Tod der Crew bedeutet.

Die Frage der Zuordnung zwischen Exploit versus Explore richtet sich nach dem Kontext, den Rahmenbedingungen, dem Aufgabenprofil.

Dinnerparty
Meine Gattin ist Chilenin, was naturgemäß die ein oder andere interkulturelle Divergenz hervorbringt. Es war mal wieder so ein Abend, an dem sie mich ein wenig herausforderte: »Ich solle nicht immer so Deutsch sein,« was so viel heißen sollte wie »Sei mal etwas entspannter, nicht alles muss perfekt und durchgeplant sein, sei spontaner.« Ihr Appell erzielte die gewünschte Wirkung und ich nahm die Herausforderung an. Einige Tage später erwarteten wir Gäste zum Abendessen. Das war meine Chance. Ich konnte unter Beweis zu stellen, wie spontan und flexibel ich agieren kann. »Ein Rezept zu befolgen«, dachte ich, »ist viel zu langweilig, viel zu Exploit – ich werde improvisieren und die Zutaten verwenden, die ich am Abend in der Küche vorfinde.«

Am Ende des Abends bestellten wir Pizza. Natürlich hat das nicht funktioniert. Es war ja auch eine dumme Idee. Bei einer Dinnerparty erscheint der Exploit-Modus nicht ganz unangebracht.

Buchhaltung ist (k)ein Exploit
Nach diesem kurzen anekdotischen Ausflug zurück zum Business-Kontext. In unserer Arbeitswelt ist die Zuordnung Exploit versus Explore nicht immer so eindeutig wie bei Apollo 13 oder der Dinnerparty. Dazu ist unser Arbeitsumfeld zu vielschichtig, zu kompliziert und oft zu komplex. Es gibt durchaus Tätigkeitsbereiche mit naheliegen-

der oder offensichtlicher »Heimat«. Eine klassische Buchhaltung wird vermutlich eher im Exploit angesiedelt sein. Doch Vorsicht, ganz so einfach ist es dann doch nicht. Es ist beispielsweise möglich, dass sich eine Abteilung der Buchhaltung in einer Transformationsphase befindet. Nehmen wir an, die Buchhaltung soll neue Methoden, neue digitale Systeme und eine neue Arbeitskultur entwickeln. Die Abteilung möchte neue Wege einschlagen, Buchhaltung neu denken und revolutionieren. In dem Fall scheint das Team im Explore-Modus zu agieren, zumindest für eine absehbare Zeit. Nachdem die Arbeitsweisen, Technologie und Methoden umgestellt und implementiert sind, springt die Gruppe wieder zurück in den Exploit-Modus.

Dieses Gedankenkonstrukt bringt eine neue Dimension ins Spiel. Wir erkennen, dass neben der inhaltlich-kausalen Fragestellung auch eine zeitliche Komponente eine Rolle spielt. In Ausnahmefällen kann eine Zuordnung Exploit/Explore auch nur für eine Übergangszeit gelten.

Eigene Zuordnung
Wir sind gut beraten, die Frage nach der idealen Zuordnung sorgfältig anzugehen. Die eigene Standortbestimmung ist essenziell für alle weiteren Schritte und Stellschrauben bei der Implementierung von Ambidextrie. Um es noch komplizierter zu machen, hat die Standortbestimmung zwei Ebenen und organisatorische Zuschnitte:

1. Du und Deine Rolle: Wo bist Du zu Hause im Hinblick auf Deine Kompetenzen und Interessen? Und wo solltest Du im Hinblick auf Dein Aufgabenprofil stehen? Im Idealfall deckt sich das, aber das ist nicht zwangsläufig so. Wir gehen auf diese Ebene im Kapitel Führungs-Spagat näher ein.
2. Deine Organisationseinheit (Dein Team/Deine Abteilung/Dein Geschäftsbereich): Wo sollte meine Organisationseinheit stehen? Ich möchte im Folgenden einige Werkzeuge und Konzepte vorstellen, die uns bei der Standortbestimmung unterstützen können. Es gibt dabei kein optimales Verfahren, welches universelle Gültigkeit besitzt. Teams können diverse Ansätze ausprobieren und sich dann anschließend entscheiden, welcher Ansatz am besten funktioniert. Es ist außerdem ratsam, mehrere Ansätze anzuwenden, um eine breitere Sichtweise und mehr Datenpunkte zu erzielen. Das ist ein bisschen so wie beim Arzt, der sich bei komplizierten Krankheitsbildern nie auf ein einziges Diagnoseverfahren verlässt, sondern beispielsweise Ultraschall, Blutbild und MRT zurate zieht. Das erhöht die Trefferquote.

Self-Assessment
Ein geeigneter Einstieg ist ein Self-Assessment anhand eines Likert-Fragebogens (siehe als Beispiel Abbildung 15).

	Wie agieren ich und mein Team insgesamt?	Keiner	Einige	Teils / teils	Viele	Alle
1	Wir achten sehr auf Qualität und versuchen stets, Fehler zu vermeiden.	0	1	2	3	4
2	Wir üben Tätigkeiten aus, bei denen uns Standards, klare Vorgaben und Routinen weiterhelfen.	0	1	2	3	4
3	Wir begehen gezielt Neuland und denken Produkte, Dienstleistungen oder Prozesse von Grund auf neu.	0	1	2	3	4
4	Wir üben Tätigkeiten aus, die von uns permanent Anpassungsfähigkeit erfordern.	0	1	2	3	4
5	Wir üben Tätigkeiten aus, für die wir neue Fertigkeiten erlernen oder uns neues Wissen aneignen müssen.	0	1	2	3	4
6	Wir üben Tätigkeiten aus, die vorrangig kurzfristige Ziele bedienen.	0	1	2	3	4
7	Wir üben Tätigkeiten aus, die von Planbarkeit bestimmt sind und mit etablierten KPIs gemonitort und gesteuert werden können.	0	1	2	3	4
8	Wir machen (nicht unbedingt gewollt, aber) unvermeidbar Fehler und lernen daraus.	0	1	2	3	4
9	Wir üben Tätigkeiten aus, die auf Best Practices vorheriger Projekte / Prozesse aufbauen (können).	0	1	2	3	4
10	Wir entscheiden selbst und eigenverantwortlich über die Arbeitsweise und Lösungsfindung.	0	1	2	3	4

Auswertung

Frage 1: ____	Frage 3: ____
Frage 2: ____	Frage 4: ____
Frage 6: ____	Frage 5: ____
Frage 7: ____	Frage 8: ____
Frage 9: ____	Frage 10: ____
∑ ____ Exploit Score	∑ ____ Explore Score

Die **Explore – Exploit-Balance der Bezugseinheit:**

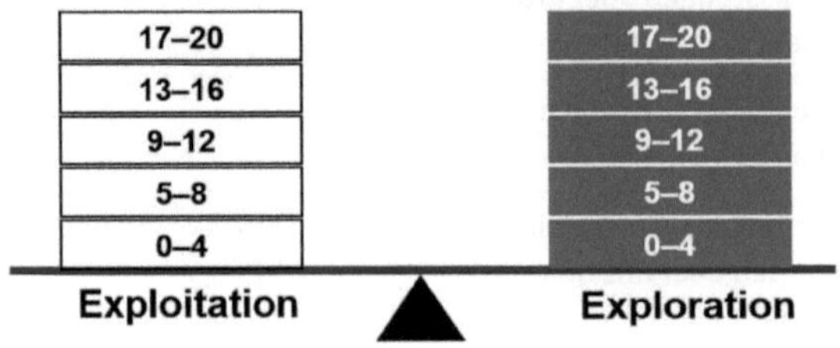

Abb. 15: Selbsttest zur Ambidextrie-Fähigkeit des Teams[32]

Auf der Kippe

Spannend wird es bei einer mittleren Punktzahl, wenn sich das Tätigkeits- und das Aufgabenprofil des Teams nicht eindeutig zuordnen lassen. Das kann in der Praxis durchaus vorkommen. In der kontextuellen Ambidextrie (siehe Kapitel 2.2) sind die Parallelität und der Wechsel zwischen den Modi bewusst etabliert. Doch auch unbewusst oder unbeabsichtigt kann diese Überlagerung stattfinden. Stellen wir uns eine Abteilung vor, die für die Qualitätssicherung einer Produktionsanlage verantwortlich ist. Das Tagesgeschäft ist zweifellos im Exploit angesiedelt. Das Aufgabenspektrum dreht sich um operative Exzellenz, um Null-Fehler-Toleranz und um kontinuierliche Verbesserungen. Gleichzeitig gibt es – als Reaktion auf den zunehmenden Wettbewerbsdruck – den Auftrag aus der Geschäftsführung, ein Durchbruchsziel hinsichtlich Geschwindigkeit und Fehlerrate zu erzielen. Mit den inkrementellen Optimierungen des bekannten Lösungsraumes ist dieser Quantensprung nicht zu erreichen. Es sind radikale Maßnahmen notwendig, ein Systemwechsel, ein echter Innovationssprung. Ein Teil des Teams nimmt sich in regelmäßigen Abständen eine Auszeit vom Tagesgeschäft, um sich dem Innovationsprojekt zu widmen. Etablierte Lösungen stehen nicht zur Verfügung, das Team muss neue Wege finden, verschiedene Ansätze kombinieren. Sie sind während dieser Tätigkeit im Explore-Umfeld.

Diese Zweigleisigkeit, das ständige Wechseln zwischen den Modi, ist nicht unkritisch zu bewerten. Gegebenenfalls empfiehlt sich eine Unterteilung der Gruppe in zwei separate Einheiten. Wir gehen im folgenden Kapitel genauer auf die verschiedenen Organisationsdesigns und ihre Vor- und Nachteile ein.

Cynefin-Framework
Beim nachfolgend aufgeführten Ansatz scheitern die meisten bereits bei der korrekten Aussprache: das Cynefin-Framework. Cynefin ist ein walisisches Wort, bedeutet »der Ort, an dem man viele Dinge hat« und wird so ausgesprochen: [Kü-NE-win]. Dabei handelt es sich um ein Raster, welches verschiedenen Aufgabentypen bestimmte Lösungswege nahelegt. Das Konzept wurde von David Snowden entwickelt.

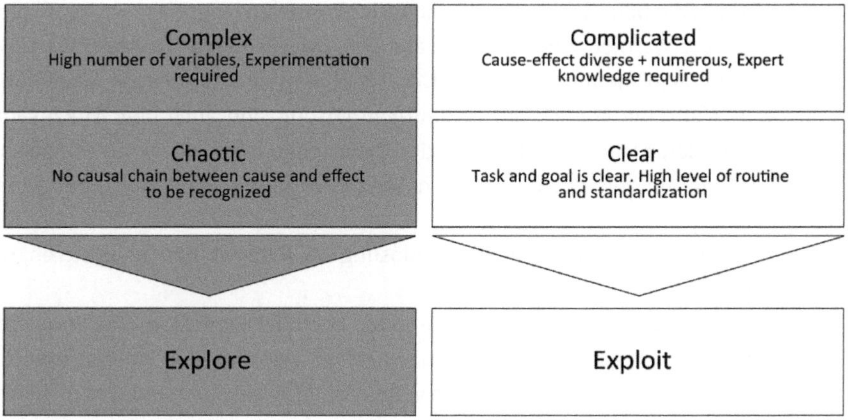

Abb. 16: Das Cynefin-Framework

Diesem Framework zufolge gibt es vier Domänen: einfach/eindeutig, kompliziert, komplex und chaotisch:

- Einfach/eindeutig liegt vor, wenn die Beziehung zwischen Ursache und Wirkung für jede vernünftige Person evident und klar ist.
- Kompliziert ist die Aufgabe, wenn die Beziehung zwischen Ursache und Wirkung zwar besteht, ihre Entdeckung jedoch Fachwissen oder eine Analyse erfordert.
- Im komplexen Umfeld ist die Anzahl der Variablen so hoch, dass die Beziehung zwischen Ursache und Wirkung nur im Nachhinein wahrgenommen werden kann, aber nicht im Voraus.
- Wenn die Situation als chaotisch eingestuft wird, besteht keine wahrnehmbare Beziehung zwischen Ursache und Wirkung.

Im Cynewin-Framework gibt es noch eine fünfte Domäne namens »Unordnung« (auf Englisch »Disorder«), die wir an dieser Stelle ignorieren, da sie für den Zweck der Ambidextrie eine untergeordnete Rolle spielt.

Zur Veranschaulichung der vier Bereiche nutze ich an dieser Stelle die uns schon vertraute Apollo-13-Mission:

- **Einfach/eindeutig:** Wir befinden uns in der normalen Flugphase vor der Explosion des Sauerstofftanks. Die Crew möchte die Geschwindigkeit des Raumschiffs

erhöhen und stellt den entsprechenden Hebel auf mehr Schubkraft. In diesem Fall ist die Aufgabenstellung verstanden, Zusammenhänge klar und Konsequenzen absehbar. Kausalzusammenhänge zwischen Ursache und Wirkung sind bekannt und eindeutig. Um die Aufgabe zu lösen, sind weder Expertenkenntnisse notwendig noch weitere Analysen.
Die empfohlene Abfolge für die Problemlösung ist: wahrnehmen, kategorisieren, reagieren.

- **Kompliziert:** Wir befinden uns weiterhin in der normalen Flugphase vor der Explosion. Eine rote Warnleuchte indiziert, dass ein Gerät eine Reparatur oder Wartung benötigt. Ein Astronaut repariert das Gerät mithilfe seiner fundierten Ausbildung und viel Erfahrung. Ähnlich der eindeutigen Lösung sind auch hier Wirkzusammenhänge klar, es bedarf allerdings der Expertenkenntnis sowie einer Analyse oder Prüfung. Mit dem entsprechenden Know-how kann das Problem aber gelöst werden.
  Die empfohlene Abfolge für die Problemlösung ist: wahrnehmen, analysieren, reagieren.
- **Komplex:** Wir befinden uns im Notfallmodus nach der Explosion. Das Steuergerät ist defekt und reagiert erratisch. Dazu stören verschiedene Einflussfaktoren die Flugrichtung, von denen nicht alle vollumfänglich bekannt sind und nicht abschließend verstanden werden. Bei jedem Steuermanöver ist der Ausgang ungewiss, die Ursache- und Wirkzusammenhänge sind unklar. Die Crew muss folglich experimentieren.
  Die empfohlene Abfolge für die Problemlösung ist: prüfen, wahrnehmen und reagieren.
- **Chaotisch:** Das Raumschiff fängt an zu trudeln. Jeglicher Versuch, das Raumschiff zu stabilisieren, verpufft ohne Wirkung. Die Crew hat den Überblick verloren. Die Beziehung zwischen Ursache und Wirkung ist weder erkennbar noch analysierbar.
  Die empfohlene Abfolge für die Problemlösung ist: handeln, wahrnehmen und reagieren.

Als erste Orientierung kann folgende Zuordnung dienen: Die eindeutigen und komplizierten Aufgaben geben Hinweise Richtung Exploit-Modus. Die komplexen und chaotischen Probleme legen den Explore-Modus nahe. Mit dieser Kategorisierung erhalten Führungskräfte eine erste Indikation hinsichtlich der Ausrichtung.

In vielen Fällen ist die Zuordnung naheliegend und eindeutig, aber es wird ebenso Grenzfälle, Grauzonen und Ausnahmesituationen geben. Dann lohnt sich ein differenzierterer Blick.

Spinnennetz
Um ein Innovationsprojekt oder eine Geschäftsmodellentwicklung zu charakterisieren und Profilschärfe zu erzeugen, habe ich folgendes Spinnennetz-Diagramm entwickelt (siehe Abbildung 17). Die vertikale Achse beschreibt die externen Einflussgrößen:

- Handelt es sich um einen neuen Markt, um eine neue Zielgruppe oder um neue Technologien?
- Wie groß ist die Ungewissheit bzw. wie gering die Planbarkeit?

Die horizontale Achse beschreibt die unternehmensinternen Faktoren:

- Wie groß ist der Gestaltungsspielraum (finanziell, politisch, Limitationen aufgrund Firmenzweck, Werte und Kultur)?
- In welchem Umfang sind neue Skills erforderlich?

Die oberen beiden Diagramme zeigen die eindeutigen Ausgangslagen: die linke für Explore, die rechte für Exploit.

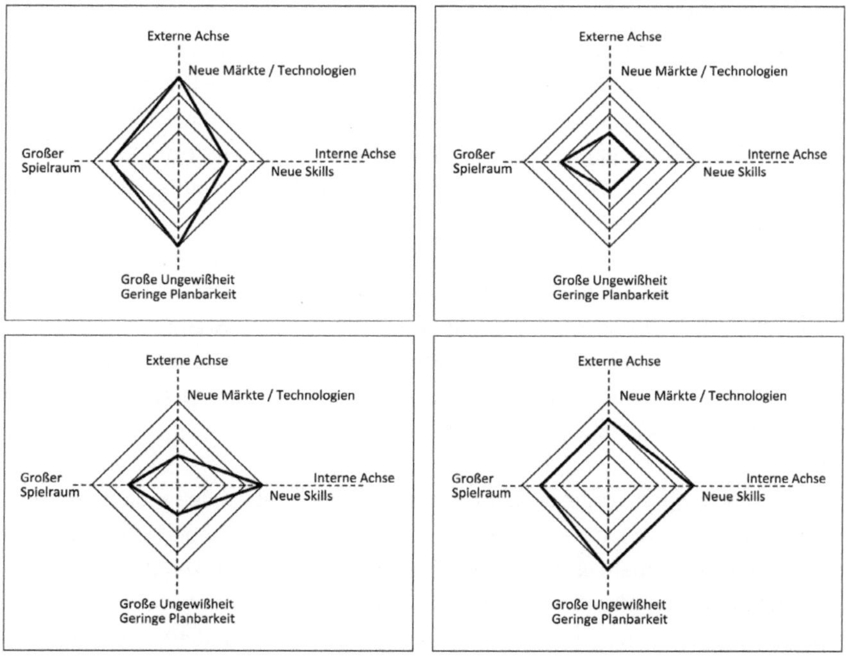

Abb. 17: Spinnennetz-Auswertung Exploit-Explore

Umso weitgefasster die Linienführung, desto deutlicher ist die Indikation Richtung Explore, und vice versa: Umso enger die Linienführung, desto klarer zeigt sich Exploit. Interessant wird es immer dann, wenn nur eine Dimension ausreißt. Die dritte Grafik zeigt einen typischen Exploit-Kontext: Die Ungewissheit ist gering, Planbarkeit hoch, der Markt bekannt und erschlossen, der Gestaltungsspielraum moderat. Es scheint sich, unternehmensübergreifend, um keine Neuheit zu handeln. Gleichzeitig fehlt der Organisation die interne Kompetenz. Welche strategische Handlungsempfehlung kann daraus abgeleitet werden? Da es sich um kein Zukunftsfeld handelt, sollte sorgfältig geprüft werden, ob sich eine Investition in Kompetenzaufbau oder -zukauf lohnt. Gegebenenfalls ist es ratsam, die beschränkt verfügbaren Ressourcen besser in Zukunftsfelder zu investieren.

Das vierte Diagramm ist deutlich im Explore angesiedelt. Es fällt weiterhin auf, dass die interne Kompetenz nicht gegeben ist. Der Vollausschlag indiziert, dass keine oder nur marginale Skills vorhanden sind. Das stellt die Organisation vor ein Dilemma: Aufgrund des Neuheitsgrads des Projekts ist eine schnelle Reaktion erforderlich. Geschwindigkeit ist essenziell im dynamischen und hochkompetitiven Neugeschäftsumfeld. Der Aufbau neuer Kompetenzen und Expertisen braucht aber Zeit, die das Unternehmen nicht hat. An dieser Stelle sind alternative Schachzüge angebracht, wie das bereits besprochene Venture Clienting oder die Akquise von Unternehmen. Die großen Tech-Player sind in der Beziehung echte Akquisitionsmaschinen. Alphabet, die Holding von unter anderem Google, hat in der kurzen Unternehmensgeschichte bereits über 250 Zukäufe getätigt. Darunter fallen Milliardeninvestitionen wie der Zukauf der Cybersecurity-Firma Mandiant für 5,5 Mrd. Dollar im Jahr 2022.[33] Als der teuerste Zukauf der Wirtschaftsgeschichte gilt Microsofts Übernahme der Gaming-Firma Blizzard für rund 70 Mrd. Dollar im Januar 2022.[34] 70 Mrd. als Zukauf – so viel wert sind nicht einmal die meisten DAX-Konzerne.

Wir können an dieser Stelle nicht alle denkbaren Konstellationen durchspielen, zudem hängt die Bewertung immer vom konkreten Kontext ab. Hiermit möchte ich nur sensibilisieren, dass sich durchaus ein differenzierterer Blick lohnen kann. Zudem möchte ich ein einfaches Werkzeug an die Hand geben, das unterstützen kann, um eine Diskussion und Entscheidungsfindung einzuleiten.

Die in diesem Kapitel vorgestellten Ansätze sind nicht abschließend, sondern nur meine persönliche »Werkzeugsammlung«. Bei der Analyse empfehlen sich zudem unterschiedliche Formate und die Einbindung verschiedener Stakeholder und Hierarchieebenen (inkl. der Mitarbeiterebene !). Einzelgespräche, Interviewformate, Workshops, anonyme Fragebögen, Online-Umfragen können zur Sondierung beitragen.

Ungewissheit

Das in meinen Augen wichtigste Entscheidungskriterium hinsichtlich der Ausrichtung zwischen Exploit und Explore ist die Frage, ob wir uns in der Ungewissheit befinden. *Die Ungewissheit gibt uns Gewissheit,* sozusagen. Ungewissheit liegt vor, wenn eine der folgenden drei Fragen verneint wird (in Anlehnung an Dark Horse Innovation[35]):

1. Können wir Kausalketten eindeutig nachvollziehen?
2. Können wir die vorliegenden Informationen verstehen und nutzen?
3. Können wir zurückliegende Erkenntnisse (u.a. aus anderen Projekten) für eine belastbare Prognose heranziehen?

Abschließend sei noch erwähnt, dass eine kontextunabhängige Objektivierung der Zuordnung Exploit/Explore nicht möglich ist. Der Grad der Ungewissheit und damit die Entscheidung für einen bestimmten Arbeitsmodus ist relativ. Was für einen Akteur komplex und unplanbar ist, mag für einen anderen nur kompliziert sein. Jede Organisation oder jedes Team wird letztlich eine eigene Zuteilung und Einsortierung finden müssen. Somit sollten wir vorsichtig sein bei Quervergleichen, die der Logik folgen: »Wenn die anderen das Thema in der agilen Exploration vorantreiben, müssen wir das wohl auch tun.«

Der Grad der Ungewissheit und somit die Zuordnung Exploit versus Explore ist immer kontextbezogen und relativ.

In den meisten Fällen wird eine Problemstellung unter verschiedenen Akteuren dennoch zu der gleichen Einschätzung kommen. Um erneut das Beispiel des autonomen Fahrens zu bemühen: Diese Technologie ist für alle mir bekannten und involvierten Unternehmen komplex und im Bereich der Ungewissheit angesiedelt.

2.2 Mehr als Kästchen schieben: Das richtige Organisationsdesign

Ich kann mich noch sehr genau daran erinnern, als ich meiner Tochter Pia Tischtennis beibringen wollte. Es war ein lauschiger Sommerabend auf einem Mallorca-Urlaub. Um meinem sportbegeisterten Sprössling zu zeigen, worum es beim Tischtennis geht, spielten meine Gattin und ich uns ein paar Bälle hin und her. Es dauerte nur fünf Sekunden, da brüllte Pia bereits dazwischen: »Ich will, ich auch, ich will auch endlich spielen!« Natürlich hatte sie sehr schnell verstanden, worum es geht. Zudem sieht es so einfach aus, wenn die Beteiligten das Spiel beherrschen. Die Schlussfolgerung in dem Kindergehirn ist dann folgende Kausalkette:
1. Ich habe verstanden, worum es geht.
2. Das sieht einfach aus.
3. Als Synthese aus 1. und 2. folgt dann: Das kann ich auch!

Du erahnst, was dann passierte. Entweder traf sie den Ball gar nicht oder er sauste geradewegs ins Aus. Das Verständnis »Worum es geht« und die operative Beherrschung sind zwei verschiedene Angelegenheiten. Warum erwähne ich das? An dieser Stelle des Buches haben wir ein Grundverständnis der Zusammenhänge erlangt und geschärft.

Wir wissen also, worum es geht. Bei meinen Vorträgen und Workshops entsteht an diesem Zeitpunkt eine gewisse Erleichterung, eine Portion Selbstzufriedenheit. Das einschüchternde und imposante »Unwort« *Ambidextrie* wird ein Stück weit entzaubert. In der Tat sind das Prinzip der Ambidextrie und die Unterscheidung der beiden Modi Exploit und Explore keine Raketenwissenschaft. Doch wie beim Tischtennis wird es erst so richtig interessant, wenn es an die Umsetzung geht, wenn die kleinen Fallstricke, die versteckten Stolperfallen und die vielen Varianten aufwarten. Meine Tochter musste erfahren, wie jede noch so kleine Abweichung des Schlägerwinkels, der Schlaggeschwindigkeit und Schlagkurve den Unterschied ausmachen, ob der Ball erfolgreich platziert wird oder ins Netz oder über die Platte fliegt.

Damit es uns nicht so ergeht wie meiner Tochter, der Handwerkzeug und Umsetzungskompetenz fehlten, widmen wir uns nachfolgend der Implementierung der Ambidextrie und deren Voraussetzungen. Wir starten in diesem Kapitel mit der Fragestellung:

Wie sieht die ideale Organisationsstruktur aus?

Dabei konzentrieren wir uns auf die Ausbildung der Explore-Tätigkeit. Wenn wir große Organisationen und etablierte Mittelständler betrachten, ist der Exploit-Modus etabliert und über Jahre und meist Jahrzehnte optimiert, perfektioniert und in seinen Wirkweisen verstanden. Wenn wir beidhändiges Organisationsdesign untersuchen, straucheln die meisten Organisationen bei der konsequenten und wirksamen Gestaltung der Explore-Units. Ich spezifiziere daher die Fragestellung:

Wie sieht die ideale Organisationsstruktur der Explore-Tätigkeit aus?

Strukturelle Ambidextrie als Spin-off

Abb. 18: Die berühmteste Garage der Welt?[36]

Auf meinen Keynotes zeige ich gern das Foto der abgebildeten Garage und frage dann das Publikum, ob sie diese kennen und wer dort sein Geschäft startete? Um den Druck zu erhöhen, schiebe ich schnell hinterher, dass es sich um die berühmteste Garage der Welt handelt. Das kann ich zwar nicht formalrechtlich belegen, stimmt vermutlich trotzdem. Die Antworten sind so unterschiedlich wie das Leben selbst: Manche Teams schießen die richtige Antwort wie aus der Pistole geschossen, andere tappen völlig im Dunkeln. Ich hatte Antworten in der Bandbreite von ALF, über Frau Merkel bis Taylor Swift. Nun, nicht auszuschließen, dass der ein oder die andere sich aus der Unwissenheit heraus ein Späßchen erlaubt.

Nun, die Garage gehört zu Steve Jobs Elternhaus und beheimatete quasi den ersten Firmensitz von Apple. Die Garage als romantischer, wie auch pragmatischer Startpunkt für neue Tech-Unternehmen machte Schule: Auch Bill Gates und Paul Allen starteten ihr Microsoft-Imperium in einer Garage, ebenso die Google-Gründer Larry Page und Sergey Brin wie die Herren Hewlett und Packard. Die Liste ließe sich leicht fortsetzten und endet nicht bei den »Computer-Nerds«. Auch Harley Davidson und Walt Disney begannen ihre Unternehmen in Garagen. Aus diesen Erfolgsgeschichten ist ein regelrechter Mythos entstanden. Es erhärtete sich der Eindruck, im digitalen und modernen Zeitalter hat nur Erfolg, wer auf der ersten Firmenadresse »Garage« angab. »Angab« kann man in dem Kontext durchaus zweideutig verstehen.

Der Garagen-Hype

Aus diesem Hype um Garagen, Start-ups und das Silicon Valley entwickelte sich eine Schlussfolgerung: *Echte Innovation entsteht nur in einer Garage!* Dabei ging es nicht um das wortwörtliche Bauwerk, sondern um die losgelöste, kleine Einheit, in der ungestört und frei gewerkelt und getestet werden darf. Und genau das hat man versucht, in der Organisationsstruktur nachzubilden. Die Explore-Einheit wird dann als *Spin-off*, also als separate und eigenständige Einheit ausgebildet. Dieses Modell ist eine Ausprägung der *strukturellen Ambidextrie.*

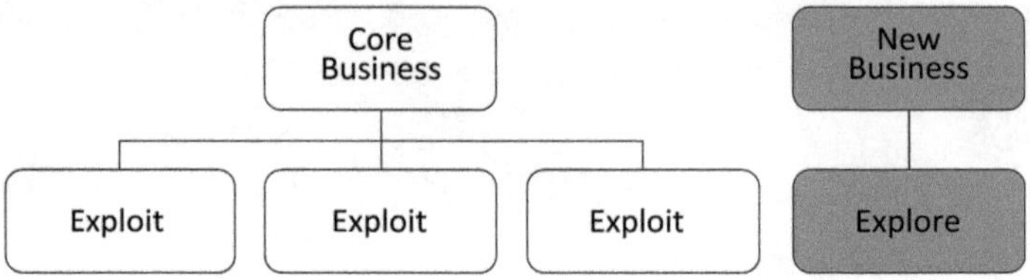

Abb. 19: Organigramm strukturelle Ambidextrie als Spin-off

Ein Spin-off kann sinnvoll sein, wenn das Neugeschäft keine signifikante Hebelwirkung aus dem Kerngeschäft nutzen kann und die strategische Bedeutung für das Unternehmen gering bis moderat ausfällt. Fehlende Hebelwirkung heißt, das Kerngeschäft bietet keine nennenswerte Expertise oder nutzbaren Ressourcen. Ist das Neugeschäft zu weit vom Stammgeschäft entfernt, sind Kompetenzen und technische Kapazitäten nicht ausreichend vorhanden. Es mag auch Situationen geben, wo entsprechende Expertise und Ressourcen zwar vorhanden sind, diese aber aufgrund von politischen, monetären oder taktischen Einschränkungen nicht zur Verfügung stehen.

Die strategische Bedeutung des Neugeschäfts kann gering ausfallen, weil die Geschäftsentwicklung der Explore-Initiative außerhalb der Unternehmensstrategie bzw. außerhalb der »Hunting Zones« (vgl. Kapitel 1.3) angesiedelt ist.

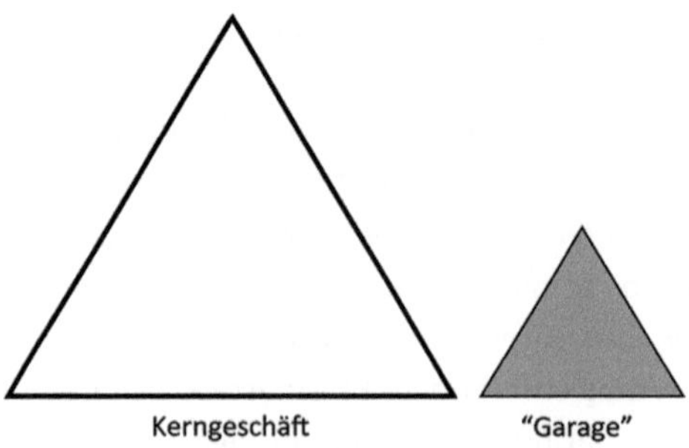

Abb. 20: Organisationsform der »Garage«

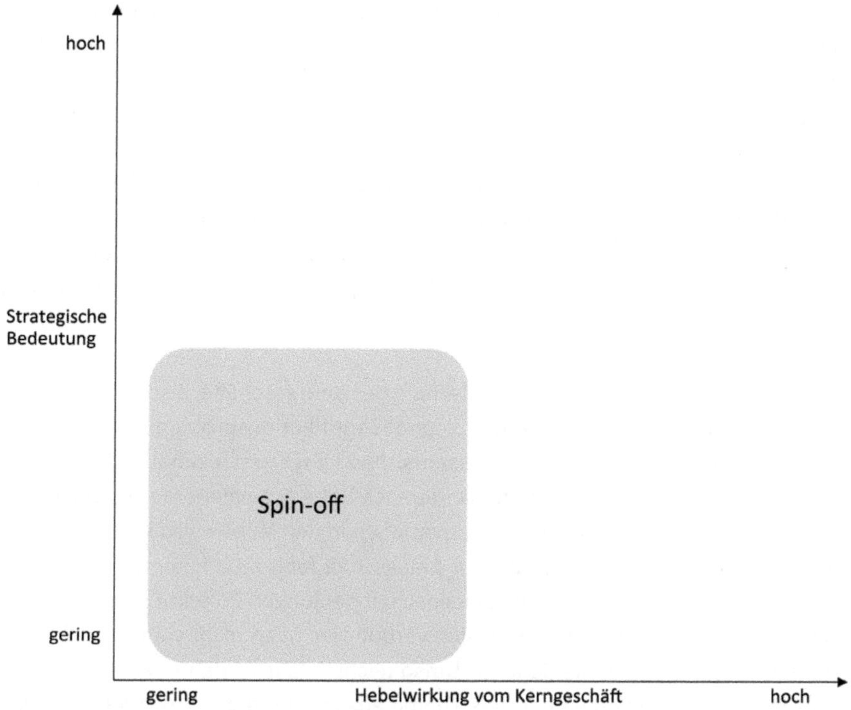

Abb. 21: Wann kann ein Spin-off sinnvoll sein?

Deckt sich die Innovation und Geschäftsentwicklung mit der Unternehmensstrategie und den Hunting Zones, wird es in der Regel auch wirksame Expertise und verwertbare Ressourcen aus dem Kerngeschäft geben. Sind beide Voraussetzungen erfüllt – strategische Übereinstimmung und Nutzbarkeit von Ressourcen aus dem Kerngeschäft – ist vom Spin-off eher abzuraten. Das hat insbesondere zwei Gründe, die im weiteren behandelt werden.

Karl Valentin

Eins meiner Lieblingszitate stammt von Karl Valentin: »Es ist schon alles gesagt, nur noch nicht von allen.« Wie oft habe ich mir das schon gedacht, wenn eine Besprechung mal wieder zu lange dauerte. Hinter diesem Phänomen steckt das menschliche Bedürfnis, Anerkennung zu finden. Jeder möchte sich einbringen, gehört werden. Jeder möchte Verfasser der Idee sein. Im Nachhinein, wenn eine Idee erfolgreich ist, gibt es immer ganz viele Urheber. In der Maslow'schen Bedürfnispyramide findet man diese Phänomene in den obersten beiden Ebenen, als Individualbedürfnis und Selbstverwirklichung.

Diese urtypischen Eigenschaften sind ein grundlegender Erfolgsfaktor des Homo sapiens, bilden sie doch die Antriebsfeder und den Motivationsmotor für unser Handeln, für Karriere und Leistung. Vor dem Hintergrund der Spin-offs ist diese Ausprägung allerdings kontraproduktiv.

Reift eine Geschäftsidee im Spin-off heran und übersteht die Incubation-Phase, kommt der Zeitpunkt, an dem diese in das »Mutterunternehmen« integriert werden soll. Das neue Geschäftspotenzial soll schließlich auf die Bilanzierung und die Ertragsgrößen des »Mutterschiffs« einzahlen. Zudem sorgt das Kerngeschäft für die nötigen Skalierungshebel.

Was passiert, wenn eine Innovation außerhalb des Kerngeschäfts, also »von anderen« entwickelt wurde? Es gibt ein Akzeptanz- und Identifikationsproblem. »Not invented here« heißt das als Fachbegriffsanglizismus. Das klingt erst einmal nicht tragisch, kann aber zu einem echten Problem werden. Ich habe aus eigener Erfahrung erlebt, wie viele sehr erfolgsversprechende Innovationen in den Mühlen großer Organisationen untergehen, weil die Akzeptanz der Belegschaft fehlte. Da kommt den Kritikern und Verhinderern eine grundlegende Eigenschaft der jungen Projekte entgegen: Neue Entwicklungen sind stets mit mehr Risiko verbunden, noch nicht vollumfänglich abgesichert, eine Wette auf die Zukunft. Umso leichter fällt es den internen Gegnern, daraus »Kapital« zu schlagen und das Thema abzumoderieren. »Zu riskant«, »Rechnet sich nie«, »Wird nicht funktionieren«, »Dafür haben wir grad keine Kapa«, heißt es dann. Innovationsvorhaben in der frühen Phase sind leichte Beute für alle Gegenspieler. Das erinnert an die Tierwelt. Der Nachwuchs muss gesondert geschützt werden, um nicht Raubtieren zum Opfer zu fallen. Daher ist elterliche Fürsorge (Unterstützer aus dem Senior Management), sowie ein geschützter Aufzuchtort (Nest, Höhle etc.) unabdingbar. Wie der »geschützte Aufzuchtort« in das Organisationsdesign übersetzt wird, klären wir in Kürze.

Mankos der Start-ups

Neun von zehn Start-ups scheitern.[37] Das mag viele Gründe haben und dennoch spielt ein Aspekt eine wesentliche Rolle: Start-ups verfügen nicht über die Erfahrungswerte, die Ressourcen, Kapazitäten und Kompetenzen der großen Mitspieler. Diese Herausforderung kann sich bereits in der Incubation-Phase zeigen, wenn beispielsweise der Kundenzugang für die kundennahen Versuche noch nicht ausreichend etabliert ist. Teilweise fehlen Expertise und Mittel, die Versuchsphase adäquat zu gestalten und auszuwerten. Wenn es an die Skalierung geht, verschärft sich der Mangel an Ressourcen weiter.

Ein Spin-off, als eigenständig geführte Geschäftseinheit, mit eigener Gewinn-und-Verlust-Rechnung, ohne direkten Zugang zu den Kapazitäten des Mutterunternehmens, stellt im Grunde genommen ein Start-up da, mit all den skizzierten Nachteilen.

Kontextuelle Ambidextrie

Wäre es aus den genannten Gründen nicht zielführender, die Explore-Tätigkeit in das Kerngeschäft zu integrieren, damit der Zugang zu Expertise und Ressourcen gesichert wird und das »Not invented here«-Problem umgangen wird?

Genau das geschieht im Rahmen der sogenannten *kontextuellen Ambidextrie*. Teams wechseln situativ zwischen den beiden Modi. Das kann spontan je nach Bedarf oder nach definierten Spielregeln erfolgen.

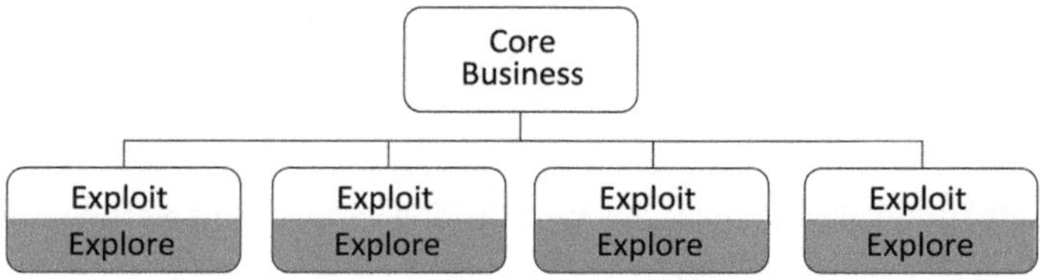

Abb. 22: Organigramm der kontextuellen Ambidextrie

Die bekannteste Ausprägung dieses Modells ist womöglich Googles 80-20-Regel. Danach durften Mitarbeitende 20 Prozent ihrer Arbeitszeit für kreative Nebenprojekte verwenden. Auch wenn daraus erfolgreiche Projekte entstanden wie Streetview, AdSense und gmail – mittlerweile hat Google diese Regelung abgeschafft. Das ist durchaus nachvollziehbar, denn mittel- und langfristig stößt dieses Modell an seine Grenzen.

Eierlegende Wollmilchsau

Das situative und damit meist kurzzyklische Wechseln zwischen den beiden Modi Exploit und Explore ist höchst anspruchsvoll. Um es überspitzt zu konkretisieren: Stellen wir uns vor, eine Mitarbeiterin arbeitet von 8:00 bis 10:00 im Exploit-Modus, um eine Aufgabe des Kerngeschäfts abzuarbeiten. Hier sind Routine, Null-Fehler-Toleranz und die Einhaltung der Standards gefragt. Um 10:00 holt sie sich einen Kaffee, rollt ihre Hemdsärmel nach oben und »startet den Explore-Modus«: Sie möchte ein bahnbrechendes Werkzeug entwickeln, das manuelle Tätigkeiten digitalisiert. Dazu muss sie die geltenden Standards verlassen, neue Prozesse erdenken und Risiken in Kauf nehmen. Wie schnell wird sie von dem einen Arbeitsmodus in den entgegengesetzten Modus wechseln können? Vielleicht hat die Mitarbeiterin einen guten Tag, findet schnell in den neuen Arbeitsmodus und kann die Arbeitsweise des Morgens zügig abschütteln. Aber wie oft gelingt ihr das über Monate und Jahre hinweg, immer wieder, jede Woche? Das Risiko ist hoch, dass Mitarbeitende nicht konsequent in den anderen Modus finden und dann nur halbherzig und wenig wirksam agieren.

Im Zeitalter der zunehmenden Burn-out-Fälle und wachsender Veränderungsdynamik dürfen wir die Frage stellen, ob diese Belastung und potenzielle Überforderung angemessen und zielführend ist. Das Gleiche gilt übrigens auch für Führungskräfte, die genauso von dem kurzzyklischen Wechsel überbeansprucht werden (können).

Die Frage nach der Leistbarkeit erstreckt sich ebenso auf das Kompetenzprofil. Die situative Bearbeitung beider Modi verlangt zwangsläufig, dass alle alles können. Wir brauchen dann die »eierlegenden Wollmilchsäue«. Die Mitarbeitenden wie Führungskräfte müssen in der Welt der operativen Exzellenz genauso talentiert und interessiert sein wie im kreativen ergebnisoffenen Tätigkeitsfeld. Noch einmal – über eine Kurzstrecke und in Ausnahmefällen mag das funktionieren. Als Dauerzustand und fest etablierte Erwartungshaltung wird das kurzzyklische Hin- und Herschalten die Effektivität des Explore beeinträchtigen.

Beidhändigkeit darf nicht mit Multitasking verwechselt werden. Und Exploration ist kein Nebenjob!

Fallbeispiel SAP

Wie schwierig der situative Ansatz bei mangelnder Separierung der Innovationsteams ist, zeigt das Fallbeispiel von SAP. Als der Aktienkurs von SAP im Jahre 2006 stagnierte und Analysten mangelnde Wachstumschancen ausmachten, entwickelte das Unternehmen eine neue Strategie. Bislang bediente SAP lediglich Großkunden in Form von technisch aufwendigen und maßgeschneiderten Lösungen. Als neue Marktchance wurden KMUs ausgemacht, für die ein neues Geschäftsmodell entwickelt wurde. Die Umsetzung erfolgte im situativen Ansatz über crossfunktionale Teams, die in das Kerngeschäft integriert wurden. Damit wurde die neue Produktentwicklung den Gesetzmäßigkeiten, Ansprüchen und den Kulturprägungen des Kerngeschäfts unterworfen. Das neue Business-Vorhaben wurde als Ablenkung und Konkurrenz zum bestehenden Geschäftsmodell gesehen. Die Gestaltungsfreiheit und Ressourcen-Ausstattung waren entsprechend gering. Zudem passte die Belegschaft nicht zum neuen Aufgabenprofil des KMU-Geschäfts. Die Konsequenz? Das Vorhaben scheiterte und wurde eingestellt.

Innovation im Zeitfenster

Wie schaffen wir die optimalen Rahmenbedingungen, um Innovationskraft zu fördern? Glauben wir tatsächlich, dass definierte Zeitfenster für Innovation den besten Output erzielen? Innovation entsteht oft durch zufällige Entdeckungen, durch Serendipität. Die überraschende Idee »unter der Dusche« steht als Sinnbild für die Spontanität der Kreativität, aber auch für eine gewisse unbedarfte Lockerheit, Entspanntheit ohne Druck. Mit einem vorgegebenen Raster im Sinne »Freitag von 14:00 bis 16:00 machen wir Innovation« berauben wir uns vieler Potenziale. Innovation ist eher ein organischer Nebeneffekt, der Freiraum, Zeit, Muße und Spontanität erfordert. Diese

Rahmenbedingungen einzuräumen, wird aber schwer, wenn das Kerngeschäft als Hauptaufgabe ständig »im Nacken sitzt« und auch den Hauptteil des Zeitkontingents einnimmt.

Exploit eats Explore for Breakfast

Der wichtigste Kritikpunkt gegen die situative Ausprägung (kontextuelle Ambidextrie) ist meiner Ansicht nach der unfaire Konkurrenzkampf zwischen Exploit und Explore. Ressourcen sind immer endlich. Das gilt für die monetäre Verfügbarkeit, die Zuteilung der Kapazitäten, den Fokus der Aufmerksamkeit. Sind Exploit und Explore zu eng vermischt und in einer Organisationseinheit zugeordnet, stellen sich beide Modi zwangsläufig dem internen Wettbewerb um Ressourcen – ein unfaires Spiel, David gegen Goliath. Treffen Exploit und Explore aufeinander, wird im Regelfall Exploit die Oberhand behalten. Die Gründe haben wir vorab schon skizziert: Exploit ist die Komfortzone, ist planbar, zahlt auf die entscheidenden Messgrößen ein, sorgt für den aktuellen Gewinn. Das Explore-Projekt ist dagegen riskant, fehleranfällig und zahlt auf keine relevanten KPIs ein. Die Führungskraft, die nicht »Karriere-Suizid« begehen möchte, wird sich immer für die sichere Variante aus dem Exploit entscheiden. Um eins klarzustellen: Das geschieht nicht böswillig. Es ist nicht die »Schuld« der Führungskraft, sondern der Organisationsform. Es ist ein Systemfehler. Um es überspitzt zu formulieren: Wir machen es dem Management fast unmöglich, anders zu entscheiden. Anstatt also auf kurzsichtige, egozentrische und karrierefixierte Führungskräfte zu schimpfen, sollten wir die Organisationsstruktur überdenken.

Es ist ein Dilemma: Umso erfolgreicher und größer die Unternehmenseinheiten des Stammgeschäfts sind, desto schwieriger wird es für das Neugeschäft, sich gegen die performanten Platzhirsche zu behaupten. Die Messlatten wie Umsatzanteil und Rendite sind dann für die neue Geschäftseinheit unüberwindbar. Bei fehlender Separierung des Explore muss sich das Neugeschäft unweigerlich diesen Leistungsträgern stellen. Das kann und wird nie gut ausgehen. Explore braucht eine Form der »geschützten Aufzucht«.

Wir erkennen, dass die kontextuelle Ambidextrie ihre Schwächen hat. Vielleicht ist es nicht zielführend (und fair?), beide Modi zu vermischen und jegliche Aussteuerung zwischen den beiden Modi dem unteren und mittleren Management »über den Zaun zu werfen«. Vielleicht gibt es noch eine andere, geeignetere Organisationsform für die Ausgestaltung der Explore-Tätigkeit?

Corporate Start-up

Yin und Yang

Yin und Yang waren seit jeher meine Inspirationsquelle. Ich bin ein Yin-und-Yang-Fan. Bereits in meinem ersten Buch »Speed-Dating mit der Arbeit von morgen« habe ich Yin und Yang herangezogen, um die beiden Haupttrends der Zukunftsjobs zu beschreiben. Und auch an dieser Stelle verraten sie uns womöglich die Lösung für unser Organisationsdilemma: Zu viel Separierung von Explore zum Kerngeschäft erscheint nicht zielführend (strukturelle Ambidextrie als Spin-off), und zu viel Verzahnung zum Kerngeschäft auch nur in Ausnahmefällen (kontextuelle Ambidextrie).

Gibt es eine Art Mittelweg, ein Sowohl-als-auch, ein »Sowohl separiert als auch verzahnt«? Was verraten uns Yin und Yang?

Abb. 23: Yin & Yang

Das Yin-und-Yang-Motiv besteht aus zwei sehr deutlich abgegrenzten und gegensätzlichen Bereichen, die trotzdem Teil eines Ganzen sind. Wenn wir das in ein Organigramm übersetzten, könnte das folgende Struktur ausbilden, die in Abbildung 24 skizziert ist.

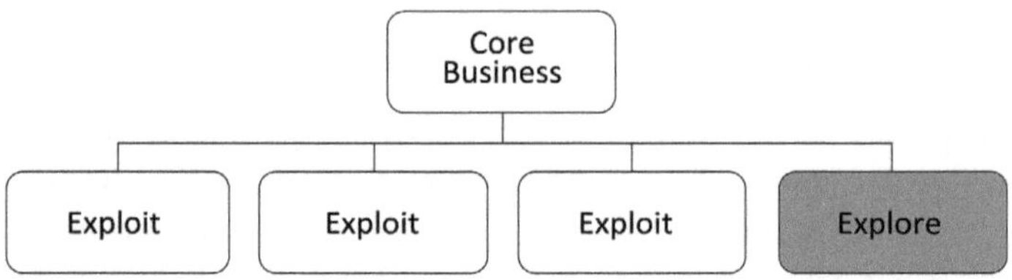

Abb. 24: Organigramm als Corporate Start-up

Dieses Modell wird auch als »eingebettetes Unternehmerteam« bezeichnet. Ich nenne es das *Corporate Start-up*. Diese Bezeichnung finde ich am treffendsten, da sie die Verbindung der beiden Welten beschreibt, den Start-up-Charakter der eigenständigen, agilen Einheit sowie die Anbindung in das Corporate-Kerngeschäft.

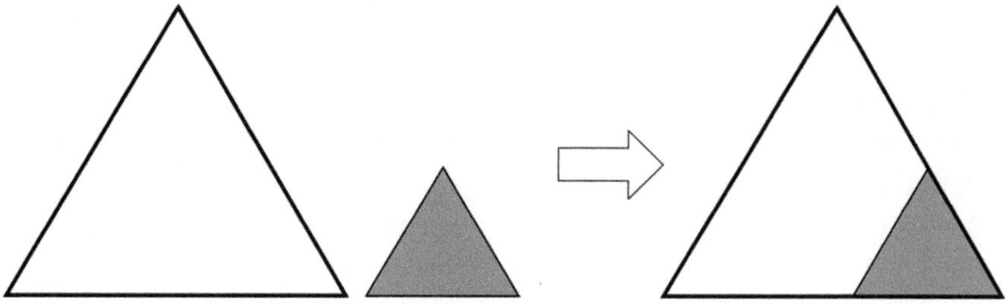

Abb. 25: Explore wird in das Unternehmen geholt

Zugegebenermaßen sieht das zunächst nicht sonderlich spektakulär aus, fast banal. Da steckt aber mehr dahinter, als auf den ersten Blick ersichtlich. Wir erkennen, dass die Explore-Aktivität als eigenständige Organisationseinheit ausgebildet ist. Das zugehörige Team verschreibt und konzentriert sich folglich auf die Innovations- und Veränderungstätigkeiten.

Die Mitarbeitenden und betroffenen Führungskräfte müssen also nicht – wie in der kontextuellen Ambidextrie – ständig zwischen den gegensätzlichen Arbeitsmodi wechseln. Jeder Modus entwickelt seine volle Stärke und Wirkkraft, wenn er konsequent und unverwässert gelebt wird. Der Explore-Modus verlangt nach ganz anderen Arbeitsweisen wie das Kerngeschäft. Damit diese entstehen können, braucht es einen abgegrenzten Bereich. Ohne diese Distanz kann sich das Team der Anziehungskraft der Normen und Erwartungen aus dem Stammgeschäft nicht entziehen.

Explore als Corporate Start-up soll den eigenen Weg in die Zukunft von den Gravitationskräften der Vergangenheit befreien.

In einem klassischen Unternehmenskontext bist Du als Querdenker im karriere- oder jobgefährdenden Hochrisiko. Daher brauchen wir ein Arbeitsumfeld, wo diese Freigeister, Anstifter und Pioniere zur Entfaltung kommen können, ohne von den bürokratischen und auf Absicherung und Normeinhaltung bedachten Unternehmenskräften eingefangen und abgestraft zu werden. Das Explore-Team als eigene Einheit kann sich emanzipieren, tatsächlich agil arbeiten und neue Wege einschlagen. Mitarbeitende der Corporate Start-ups sollten auch eine neue Jobbezeichnung erhalten, als *Corporate Entrepreneur*. Inoffiziell würde ich sie als *Übermorgenmacher* bezeichnen.

Gib jedem Modus (Team) das, was es zur optimalen Entfaltung braucht.

Kunden haben immer recht?

Bei der Exploration eines Neugeschäft mit disruptivem Potenzial wird naturgemäß eine neue Zielgruppe angesprochen. Das neue Produkt oder die neue Dienstleistung ist in dem frühen Entwicklungsstadium in der Regel unattraktiv für die bestehende Stammkundschaft. Das kann mehrere Gründe aufweisen:

- Die Technologie ist noch nicht ausgereift und besitzt noch »Kinderkrankheiten«.
- Das Produkt/der Service ist anfänglich noch zu teuer, da die Skaleneffekte und Optimierungsschleifen fehlen.
- Der Benefit der Innovation wird noch nicht verstanden, es herrscht Skepsis.
- Der Großteil der Kundschaft gehört, statistisch gesehen, zur sogenannten *Early und Late Majority* und benötigt erst die Rückversicherung der Pioniere, dass die Neuheit tatsächlich funktioniert.
- Die Innovation (z. B. damals der MP3-Player) adressiert nicht den aktuellen Bedarf (z. B. meinen CD-Spieler zu füttern).

Etablierte Unternehmen dürfen im Explore nicht zu Geißel der eigenen Kunden werden. Um das zu verhindern, hilft die Separierung der Explore-Tätigkeit. Die eigenständige Explore-Einheit ist nicht dem gleichen Einfluss der Stammkunden ausgesetzt wie das Kerngeschäft. Diese kann dann die potenzielle Neukundschaft, meist *Innovators* und *Early Adopters*, gezielt ansprechen. Andernfalls läuft das neue Projekt Gefahr, Kundenfeedback und Marktdaten vom bestehenden Kundenstamm, also von der »falschen« Zielgruppe abzugreifen. Das kann nur scheitern. Zudem weckt das die Gegenwehr der Kernbelegschaft, die eine Stammkundschaft nicht mit den fremdartigen und radikalen Ideen verunsichern, belästigen oder verschrecken will.

> **Zu bestimmten Zeiten ist es vorteilhafter, nicht auf die bestehende Stammkundschaft zu hören.**

Stärken stärken

Durch die eindeutige Differenzierung der beiden Modi schaffe ich zwei Spielfelder, also zwei verschiedene Arbeitsumgebungen. Das eröffnet die Chance, Mitarbeitende kompetenz- und neigungsbasiert einzusetzen. Anstatt von der Belegschaft zu verlangen, dass alle alles gut beherrschen (situativer Ansatz), bieten wir Mitarbeitende eine Auswahlmöglichkeit. Es wird immer Menschen geben, die sich in einem verlässlichen, planbaren und routinierten Umfeld zu Hause fühlen. Und es wird immer Menschen geben, die den Reiz des Neuen und den Gestaltungsspielraum suchen. Wir können so die Stärken der Mitarbeitenden stärken, anstatt sie mit einem universellen *All-in*-Anforderungsprofil zu überfordern.

Neue Chance für Change

In meinen Augen gibt es einen weiteren Aspekt, der einen signifikanten Vorteil der Corporate Start-ups als abgegrenzten Bereich ausmacht:

Change-Management ist in den letzten Jahren ein wenig in Verruf geraten. Es kursieren Studien, die Misserfolgsquoten um die 70 Prozent ausweisen.[38] Auch wenn viele Kollegen und Kolleginnen der »Change-Community« die Ergebnisse anzweifeln, die Anzahl und repräsentative Auswahl der Befragten kritisieren und sich fragen, wie das eigentlich so präzise gemessen wurde – geben die Studien eine Indikation, die ich in der Praxis durchaus so erlebe. Dabei geht es gar nicht um die genaue Prozentzahl, ob nun 64 Prozent oder 73, sondern um die empirische Erkenntnis, dass viel zu wenig Veränderungsinitiativen den gewünschten Erfolg bringen. Dies kann verschiedene Gründe haben, darunter die fehlende Einbindung der Mitarbeitenden und mangelnde Kommunikation. Ein wesentlicher Stolperstein beruht meiner Ansicht nach auf der überhöhten Erwartungshaltung. Wie oft heißt es, »das ganze Unternehmen muss sich so und so verändern«? Oder auch: »Die Firma muss jetzt endlich agil werden.« Das ist viel zu groß angesetzt, unverdaulich, viel zu riskant und nicht resonanzfähig für die Gesamtorganisation.

In den Augen traditioneller Manager erscheinen viele Transformationsvorhaben verrückt, idealistisch, unternehmensgefährdend und unrealistisch – und damit haben sie zunächst recht. In großen Organisationen, in denen Hunderte oder gar Zehntausende Mitarbeitende geführt und organisiert werden müssen, erscheinen viele Ansätze und Forderungen nicht tragfähig. Keine Organisation der Welt – es sei denn es handelt sich um ein Start-up oder eine Kleinstfirma – verträgt und stemmt eine gesamtheitliche Transformation an einem Stück. Eine unternehmensweite Veränderung ist zudem selten nötig. Mit Sicherheit müssen nicht alle Bereiche agil werden, weil viele Teams im Exploit-Modus effizient ihren Dienst verrichten. In den wenigsten Fällen betrifft ein Veränderungsvorhaben alle Organisationsteile gleichermaßen. Die Differenzierung in Exploit und Explore eröffnet uns die Möglichkeit, unterschiedliche Ausprägungen und Schattierungen umzusetzen, anstatt »mit der Gießkanne« daherzukommen. Das verhindert eine vorschnelle und pauschale Abkündigung der neuen Ideen und Maßnahmen. Es ist kein *Entweder-oder*, sondern ein *Sowohl-als-auch* – sowohl Stabilität und traditionelle Arbeitsweisen im Kerngeschäft als auch die gezielte Einführung neuer Ansätze im Neugeschäft. Dadurch erhöht sich die Wahrscheinlichkeit, dass neue und radikalere Ansätze Anschluss und Resonanz finden. Die Differenzierung in Exploit und Explore ermöglicht, Neuerungen behutsam und zielgerichtet zu verproben und einzuführen, ohne das gesamte Unternehmen und Kerngeschäft einem unnötigen Risiko auszusetzen. Im Hinblick auf aktionärsrechtliche, personalpolitische und gesellschaftliche Unternehmensverantwortung geht das auch gar nicht anders.

Eine fehlende Differenzierung schwächt jede Change-Maßnahme. Wenn ein Veränderungsvorhaben für alle oder ein Großteil der Organisationseinheiten gelten muss, verwässert das jede Idee. Die Maßnahme muss schließlich für alle funktionieren, für alle tragbar und politisch anschlussfähig sein. Das kann übrigens auch dazu führen, dass viele Veränderungen gar nicht erst initiiert werden. Das Risiko, der Aufwand und die politische Mobilisierung sind viel zu groß, als dass sie seriös in Erwägung gezogen werden.

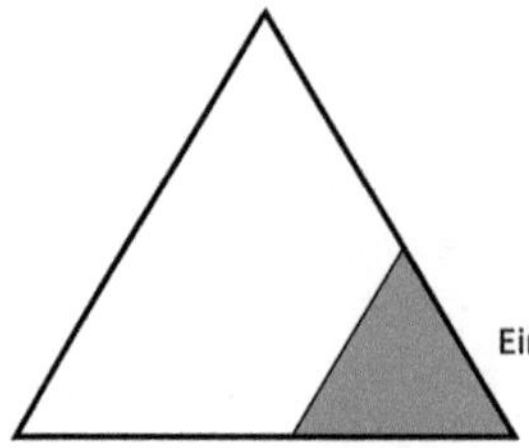

Abb. 26: Eingrenzung Change

Eine Pizza für alle

Das erinnert mich an folgende Anekdote: Eine kleine Gruppe möchte eine Riesen-Pizza zubereiten, eine große Pizza für alle. Zu Beginn verkünden die Freunde ihre jeweiligen Vorlieben: Gast 1 meldet an, er sei Vegetarier. Gast 2 verweist auf seine Tomatenallergie. Gast 3 mag keinen Käse und Gast 4 sagt, er habe eine Hefe-Intoleranz. Die Pizza, die dabei entsteht, möchte ich nicht sehen, geschweige denn essen. Da bestelle ich mir doch lieber meine eigene Version. Und genau das bilden wir mit der separaten Explore-Einheit nach. Da können wir eine eigene, maßgeschneiderte Pizza backen, ohne das Kerngeschäft zu beaufschlagen. Wir können folglich Change-Initiativen wie beispielsweise eine »Agilitätsstärkung« punktgenau, zielgerichtet und in einem abgegrenzten Bereich testen und implementieren. In Ableitung des MVP (Minimal Viable Product) könnten wir dies als *Minimal Viable Change* betrachten.

So müssen wir nicht das gesamte Unternehmen belasten und das Kerngeschäft gefährden. Ein Veränderungsvorhaben findet auf diese Weise viel schneller und leichter den Zuspruch des Senior-Managements, weil Risiko und Umgriff überschaubar bleiben.

Jede Eigenständigkeit hat Grenzen

Die Eigenständigkeit der Explore-Teams ist essenziell, hat aber natürlich ihre Grenzen. Es wird immer gesamtunternehmerische Regelungen, Compliance-Vorgaben, Betriebsvereinbarungen und Systemlandschaften geben, die für alle Unternehmensteile und Mitarbeitenden gelten. Wir müssen folglich sehr genau prüfen, welche Vorgaben und Einschränkungen für eine maximale Flexibilität und Kreativität wegfallen können.

Das führt uns zum nächsten Aspekt: der Anbindung an das »Mutterschiff«.

Anbindung Mutterschiff
Das Orga-Chart der *Corporate Start-ups* zeigt die Anbindung der Explore-Einheiten an die Mutterorganisation. Die Explore-Teams stehen unter einer gemeinsamen Geschäftsleitung, zum anderen sind sie Kollegen der Exploit-Teams. Somit besteht ein Zugang zu der Expertise, den Kompetenzen und Ressourcen des Kerngeschäfts. Diese Hebelwirkung kann viele Anknüpfpunkte finden: Für die kundennahe Verprobung im Rahmen der Incubation kann der etablierte Kundenzugang des Kerngeschäfts genutzt werden, wenn sich die Zielgruppe des Neugeschäfts ausreichend mit dem Kundenstamm deckt. Querschnittsfunktionen, die für die Wertschöpfung der Explore-Projekte nicht unmittelbar und ständig benötigt werden, wie zum Beispiel HR, Rechtsabteilung oder Einkauf, können über die Exploit-Linienfunktionen bereitgestellt werden.

Ich möchte die Bedeutung dieser Konstellation hervorheben: Corporates stehen immer stärker in Konkurrenz zu neuen Wettbewerbern und Start-ups. Diese neuen Mitspieler haben vielerlei Vorteile gegenüber den etablierten Platzhirschen: Sie sind klein und schlagkräftig und daher viel agiler, sie bestehen aus hoch motivierten Gründern und Gleichgesinnten, die mit Leidenschaft »für ihre Sache brennen«. Als neues Unternehmen starten sie gewöhnlich in einer Nische, in einem bestimmten Segment der Wertschöpfungskette. Dadurch können sie all ihre Konzentration darauf richten. Konzerne und etablierte Mittelständler decken in der Regel eine viel breitere Wertschöpfungskette ab, was Konzentration und Fokus im Vergleich verwässert. Viele Start-ups sind mittlerweile so gut finanziert, dass nicht mal Corporates mithalten können und mit weniger Budget für das einzelne Innovationsvorhaben auskommen müssen.

Es liegt also nahe, dass etablierte Player andere Vorzüge einbringen müssen – als Kompensationsmaßnahme oder gar Wettbewerbsvorteil. Schließlich verfügen die Etablierten über zahlreiche Assets. Das kann von weltweiten Kundensupport-Systemen, Distributionsnetzwerken, erstklassigem Finanzmarktzugang, einer etablierten Marke, Partnerschaften und Lieferanten-Netzwerken, treuen Stammkunden bis zu potentem Cashflow reichen. Von all dem können Start-ups und die »New Kids on the Block« nur träumen.

Abkehr des Innovator's Dilemma
Wenn es die etablierten Organisationen schaffen,

- die Explore-Einheiten eigenständig auszubilden, um die erforderlichen Arbeitsweisen zu entwickeln, und *gleichzeitig*
- die Vorteile der Kerngeschäfts-Assets ausnutzen,

können sie sich im Wettbewerbsvergleich vor die neuen Tech-Player und Start-ups schieben. Das ist eine bahnbrechende und überraschende Erkenntnis. Im Rahmen der Analyse aus dem Kontext von »The Innovator's Dilemma« wurde postuliert, dass große und etablierte Organisationen mittelfristig kaum eine Chance haben, mit der Innovationskraft der jungen Mitspieler mitzuhalten. Wie haben jedoch soeben eine Formel herausgearbeitet, die aufzeigt, mit welchen Maßnahmen das »Innovator's Dilemma« abgewendet werden kann.

> **Es ist möglich, Organisationen zu gestalten, die sowohl groß, stabil, effizient sind und gleichzeitig schnell, unternehmerisch und wendig. Das ist die Umkehr des *Innovator's Dilemma* in eine *Innovator's Opportunity*.**

Der Champion der Corporate Start-ups

Bei dieser Erkenntnis handelt es sich nicht um eine theoretische Fingerübung aus dem Elfenbeinturm. Die Zunahme der Innovationsstärke der Corporates ist tatsächlich in der Praxis spürbar: In der Zeit von 1950 bis 1980 wurde disruptive Innovation weitgehendst von Start-ups geleistet. Sie machten rund 85 Prozent der Gamechanger-Entwicklungen aus.[39] Große Corporates waren bei diesem Spiel nur Randfiguren. Seit 2000 holen die großen Unternehmen auf. Sie kommen heute auf rund 40 Prozent an disruptiven Innovationen. Meine Trendeinschätzung ist: Diese Entwicklung wird weiter gehen. Umso mehr Unternehmen Ambidextrie verstehen und zum Leben erwecken, desto mehr Innovationspower werden sie erlangen. Dann stehen die großen Player den Start-ups nicht mehr nach in Sachen Kreativität und Schaffenskraft.

Dass das in der Praxis tatsächlich funktioniert und erfolgreich ist, demonstriert der »Ambidextrie-Weltmeister« Amazon. Kurzer Disclaimer vorab: Ich möchte mich hier nicht als uneingeschränkter Amazon-Verehrer darstellen. Der Konzern ist oft genug in der Kritik, beispielsweise hinsichtlich der Arbeitsbedingungen in der Logistik. Wenn es um Ambidextrie geht, muss man jedoch die Qualitäten anerkennen. Die spannende Frage ist, was wir von diesen Qualitäten lernen können. Oder spezifischer:

Wie organisiert und gestaltet Amazon seine Explore-Teams?

Innovation und neue Geschäftsideen werden in kleinen, interdisziplinären Teams organisiert, die das Mandat haben, eigene Arbeitsweisen zu entwickeln. Bezos begründet das wie folgt: »Ich denke, dass diese Art der Dezentralisierung wichtig für die Innovation ist, weil man so näher an den Knöpfen dessen ist, was man zu bauen versucht.«[40] Die meisten Neugeschäftseinheiten sind zudem geografisch separiert, um die Eigenständigkeit zu stärken. Als Beispiel dient das Lab126 in Cupertino, Kalifornien, das Endkunden-Produkte wie Alexa und Echo entwickelt. Trotz der Separierung laufen diese Teams unter dem Dach von Amazon, können somit auf die Expertise und die performanten Ressourcen des Mutterkonzerns zugreifen. Amazon hat die Balance zwischen Exploit und Explore und die Ausbildung der *Corporate Start-ups* perfektioniert. Das ist ein wesentlicher Grund, warum Jeff Bezos' Imperium so erfolgreich ist.

Manchmal höre ich den Einwand, dass Amazon kein repräsentatives Fallbeispiel darstellt. Wer kann sich schon mit diesem Giganten messen. Ich sehe das anders: Umso größer die Organisation, desto schwerfälliger, träger und veränderungsmüder ist diese prinzipiell. Größe ist hinsichtlich Agilität, Innovationskraft und Anpassungsfähigkeit eher ein Handicap. Umso erstaunlicher finde ich, dass ein Unternehmen dieser Größenordnung eine solche Wandelbarkeit und Innovationspotenz zeigt. Amazon ist im Vergleich zu den hiesigen Konzernen ein junger Mitspieler, wurde erst 1994 als Online-Buchhändler gegründet. Heute handelt der Retailer nicht nur jegliches Produkt, sondern diversifiziert sein Portfolio permanent weiter. Die neueren Vorstöße reichen vom Food-Sektor über das Gesundheitswesen zu Automotive. Was ich damit sagen will: Wenn ein Riese wie Amazon es schafft, durch Ambidextrie seine Anpassungsfähigkeit und Innovationskraft zu erhöhen, dann schaffen es kleinere Organisationen erst recht. Oder noch schärfer formuliert:

Was ist Deine Ausrede, es nicht anzugehen?

Erfolgreiche Umsetzungsbeispiele aus der Praxis finden wir nicht nur bei den »Tech-Supermächten« jenseits des Atlantiks. Auch hierzulande gibt es spannende Erfolgsgeschichten.

PERI

Im August 2021 wurde das erste 3-D-gedruckte Haus in Deutschland fertiggestellt. Das zweistöckige Einfamilienhaus ist 160 Quadratmeter groß und steht in Beckum in Nordrhein-Westfalen. Das Projekt ist ein disruptiver Technologiesprung, da es die konventionellen Bauweisen ablöst. Wo sonst diverse Gewerke von verschiedenen Firmen mithilfe von mühseliger Handarbeit und viel Maschinerie Wände und Baustrukturen erreichten, übernimmt der 3-D-Drucker vollautomatisiert den gesamten Herstellungsprozess. Kein Wunder, dass seit der Fertigstellung zahlreiche Preise und Ehrungen gewonnen wurden.

Doch wie kam es dazu? Welche Rahmenbedingungen ermöglichten und förderten dieses Innovationsprojekt? Ein Blick hinter die Kulissen:

Hinter dem 3-D-Druck steckt der Schalungs- und Gerüstsystemhersteller *PERI*, ein mittelständisches Familienunternehmen mit über 9000 Mitarbeitenden. Über Jahrzehnte bedeutete Innovation die inkrementelle und evolutionäre Weiterentwicklung des bestehenden Kerngeschäfts, sprich der klassischen Gerüst- und Schalungssysteme. Vor einigen Jahren entschied sich die Geschäftsführung, das eingefahrene Innovationsmanagement neu zu beleben. Die inkrementelle Produktentwicklung sollte zwar weitergeführt, aber um radikale Innovationsprojekte ergänzt werden. Man suchte »größere Sprünge« mit disruptivem Potenzial. Zu diesem Zweck wurde eine neue Rolle als *Head of Innovation* ausgeschrieben. Es wurde bewusst auf Vorgaben zur Ausgestaltung der neuen Funktion verzichtet. Die internen wie externen Bewerber sollten ihre eigenen Ideen entwickeln und vorstellen: »Erzähl uns doch mal, was Du machen würdest, wenn Du die Stelle besetzt?« Ein cleverer Schachzug – der offene Lösungsraum fördert maximales Kreativpotenzial.

Einer dieser Bewerber für den *Head of Innovation* war Frank Ilg. Seine Ideen waren derart radikal und konsequent, dass er sich nach dem Gespräch nur über eins sicher war: den Job *nicht* zu erhalten. Doch der frische und kompromisslose Pioniergeist traf den Nerv der Geschäftsführung. Frank Ilg bekam den Job. Er überzeugte mit seiner Idee für eine radikale Innovation: den 3-D-Hausdruck. Mehr Disruption geht nicht. Der 3-D-Druck hat das Potenzial, Schalungen– also das Kerngeschäft PERIs – obsolet zu machen.

Das berühmte Beispiel von Kodaks Untergang hat uns alle gelehrt: Augen verschließen vor neuen Technologien, hilft nicht. »Lieber wir entwickeln diese neue Technologie, bevor es ein anderer tut,« so Frank Ilg.[41]

Den Entscheidern bei PERI war sofort klar, dass das neue Innovationsteam in einem geschützten und separierten Spielfeld agieren muss. Der 3-D-Druck wurde im Kerngeschäft als geschäftsschädigend betrachtet und löste interne Widerstände aus. Das Innovationsteam wurde folglich vom Kerngeschäft und vielen Prozessen entkoppelt. Eine geografische Separierung sollte die Eigenständigkeit weiter stärken. Das Team fand eine neue Heimat 30 Minuten vom Hauptsitz entfernt. Eine Lagerhalle diente als Arbeitsfläche für den *Hands-on*-Ansatz: Anstatt Powerpoint-Folien zu produzieren, geht es vielmehr um die praktische Umsetzung von Prototypen und MVPs. Bei aller Eigenständigkeit fungiert das Team aktuell aber nicht als autarkes Spin-off, sondern ist an das Mutterunternehmen angebunden. Damit die Unterstützung aus dem Kerngeschäft gewahrt bleibt, fungiert der CEO der Gruppe als Mentor und Sponsor. Er hält eine schützende Hand über die junge Einheit und sorgt für die Vernetzung in das Stammgeschäft.

Das Team von Frank Ilg ist ein klassisches *Corporate Start-up* (bzw. eingebettetes Unternehmerteam) und als solches sehr erfolgreich. Ein Beispiel wie dieses machen Mut und hoffentlich Schule. Wir brauchen viel mehr solch konsequente Vorstöße. Dann können wir noch viel öfter Innovationen und Fortschritt feiern – so wie das erste 3-D-gedruckte Haus in Deutschland.

Abweichungen von der Idealstruktur

Auch wenn die *Corporate Start-ups* den idealtypischen und empfohlenen Ausgangspunkt darstellen, können nicht alle Unternehmen diese ausbilden. Kleinere

Unternehmen können beispielsweise nicht die Kapazität und Personaldecke aufbringen, um eigenständige Explore-Teams auszubilden. In dem Fall kann auch die kontextuelle Ambidextrie, also die situative Bearbeitung von Exploit und Explore innerhalb eines Teams funktionieren. Die Explore-Tätigkeit sollte dennoch maximal separiert werden, also nicht zu kurzzyklisch mit Exploit wechseln. Vormittags ein wenig Exploit und dann nach der Kaffeepause eine Stunde Explore wird nicht funktionieren. Explore wird nur funktionieren, wenn wir es ernst meinen, ansonsten folgt das der Redewendung »Wasch mich, aber mach mich nicht nass.«

Sequenzielle Ambidextrie

Explore kann auch in der kontextuellen Form freigestellt werden, indem zum Beispiel ein Zeitraum für die Innovationsarbeit reserviert wird, als *sequenzielle Ambidextrie*. Diese Zeitspanne sollte lang genug sein, dass sich das Team in den neuen, anderen Arbeitsmodus »einschwingen« kann und diese »Sub-Kultur« Wirkung entfalten kann. Ich denke da als Mindestmaß einer ununterbrochenen Explore-Zeiteinheit eher in Monaten als in Stunden. Als Faustregel gilt: Je mehr Separierung von Exploit und je mehr Zeit im Explore desto besser.

Hybride Ambidextrie

Es gibt eine Mischform aus kontextueller Ambidextrie und Corporate Start-ups – die *hybride Ambidextrie*. Dabei finden Exploit und Explore innerhalb einer disziplinarischen Einheit unter einer Führungskraft statt, die Aufgaben werden aber Mitarbeitenden fest zugeteilt. Also ein Teammitglied bearbeitet entweder Exploit *oder* Explore. Wenn das Explore-Projekt so klein ist, dass es ohne weitere Hilfe aus anderen Teams erarbeitet werden kann, kann das Modell funktionieren. Die Herausforderung liegt dann in dem gegenseitigen Verständnis und der Toleranz unter den Teammitgliedern, da innerhalb eins Teams sehr unterschiedlich gearbeitet wird. Das betrifft Erwartungshaltungen. Beurteilungskriterien, Vorgaben und vieles mehr. Diese Heterogenität führt schnell zu Spannungen. Ebenso anspruchsvoll ist die Aufgabe der Führungskraft, die beide Welten aussteuern und beherrschen muss.

Sind die Explorer nur disziplinarisch in der Gruppe aufgehängt, arbeiten aber in einem eigenständigen, interdisziplinären Explore-Team, stellt sich die Frage, warum man nicht den konsequenten Weg geht und Corporate Start-ups ausbildet.

Dynamische Ambidextrie

Viele Organisationen arbeiten mit Mischformen der beschriebenen Ambidextrie-Varianten. Einige Teams folgen dem kontextuellen Ansatz, andere sind als Corporate Start-ups ausgebildet, und dann gibt es noch Spin-offs. Sind Mischformen der Ambidextrie-Ausprägungen in einer Organisation vorhanden, spricht man auch von *dynamischer Ambidextrie*.

Eine Seeschlacht
Sind die Grundprinzipien und Wirkweisen des beidhändigen Organisationsdesigns verstanden, können eigene Ableitungen entwickelt werden. Dabei kann man durchaus kreativ werden. Anbei ein Beispiel einer eigenen Spielart der Organisationsarchitektur, die durch eine berühmte Seeschlacht inspiriert wurde. Gestatten wir uns einen kurzen Ausflug in die Geschichte:

Nachdem Napoleon Bonaparte große Teile Europas wie im Sturm erobert hatte, wollte er seinen Triumphzug auf die britischen Inseln ausweiten. Für diesen Zweck hatte er 160.000 Soldaten bei Boulogne-sur-Mer am Ärmelkanal zusammengezogen. Selbst den Engländern war klar: Würde Napoleons Streitmacht britisches Festland betreten, wäre England verloren – zu überlegen erschien die französische Armee. Die Überfahrt von Napoleons Armee musste aus englischer Sicht unter allen Umständen verhindert werden. Londons Antwort auf diese Herausforderung war Horatio Nelson als Oberbefehlshaber der englischen Flotte, ein 47 Jahre alter Autodidakt, ein Querkopf aus unbedeutendem Hause mit nur einem Arm, der Probleme nicht nach dem Lehrbuch, sondern auf seine eigene pragmatische Weise löste. Am 21. Oktober 1805 war es dann soweit, 27 britische Schiffe trafen auf eine Übermacht von 33 gegnerischen Booten. Die alles entscheidende Seeschlacht nahm ihren Lauf. Mit der damals etablierten Taktik griffen sich die Gegner in gegenüberliegenden, geschlossenen Keilformationen an. Nelson wusste, dass seine kleinere Flotte so keine Chance hatte. Wenn beide Flotten mit gleicher Taktik und Formation aufeinanderträfen, würde letztlich die Zahl der Schiffe den Sieger bestimmen. Als eigenwilliger Autodidakt fühlte er sich, im Gegensatz zu den anderen Flottenkommandanten seiner Zeit, weder dem Lehrbuch noch der Tradition verpflichtet. Er entwickelte einen völlig neuartigen Schlachtplan, der weder zuvor erprobt noch durch Militärexperten abgesichert war: Er unterteilte seine Flotte in zwei Verbände, die rechtwinklig auf die französischen Schiffe trafen. Dadurch gab Nelson die zentrale Befehlsgewalt auf, da er nicht mehr alle Boote durch Signale erreichen und kommandieren konnte. Da er seinen Kapitänen vertraute, nahm er das in Kauf. Als seine Boote die französischen Linien durchbrachen, schuf er an diesen Stellen eine Überzahl. Die gegnerischen Schiffe konnten nicht mehr schnell genug wenden, um in das Kampfgeschehen einzugreifen. Nelsons Taktik war überraschend, mutig, unkonventionell und vor allem: Sie funktionierte! Insgesamt versenkten seine Flotte 22 der 33 gegnerischen Boote. Die Engländer verloren kein einziges Schiff und hatten weniger als ein Zehntel der Verluste zu beklagen. Was waren die Erfolgsfaktoren Nelsons? Er brach ein traditionelles Muster auf und teilte die große Flotte in kleinere flexiblere Verbände. Und er vertraute seiner Mannschaft, übertrug Verantwortung auf seine Kapitäne und förderte damit die Agilität. Damit löste er die damals fest zementierte zentrale Entscheidungsgewalt auf.

Nelsons historische Errungenschaft als Inspiration für agile Strukturen und Denkweisen formt die Einleitung des Buchs »FLEAT – Vom Unternehmen zur agilen Flotte«[42].

Ähnlich wie Nelson brach auch das Schweizer Unternehmen Haufe-Umantis Explore-Tätigkeiten in kleinere, agilere Einheiten. Die Schweizer nennen ihre Organisationsform: FLEAT. Als Akronym steht das für »Fluid Enterprise Agility Transformation«, im übertragenen Sinne ist durchaus die Flotte gemeint. Unterschiedlich fortschrittliche Wasserfahrzeuge – Flöße, Ruderboote, Dampf- und Kreuzfahrtschiffe – repräsentieren den Reifegrad der einzelnen Projekte und Geschäftsfelder. Jedes »Boot« steuert dabei selbstständig und möglichst autonom in einem Flottenverband. Ordnen wir die FLEAT-Bausteine der Innovationsphasen zu, ergibt sich folgende Aufteilung:

- Träume und Startrampe gehören zur Ideation,
- Floß und Ruderboot zur Incubation,
- Dampfschiff zum Scaling,
- das Kreuzfahrtschiff ist das etablierte Kerngeschäft in der Cashcowphase.

Dieses Modell darf gerne als Anregung verstanden werden, seine eigene maßgeschneiderte wie kreative Struktur zu finden.

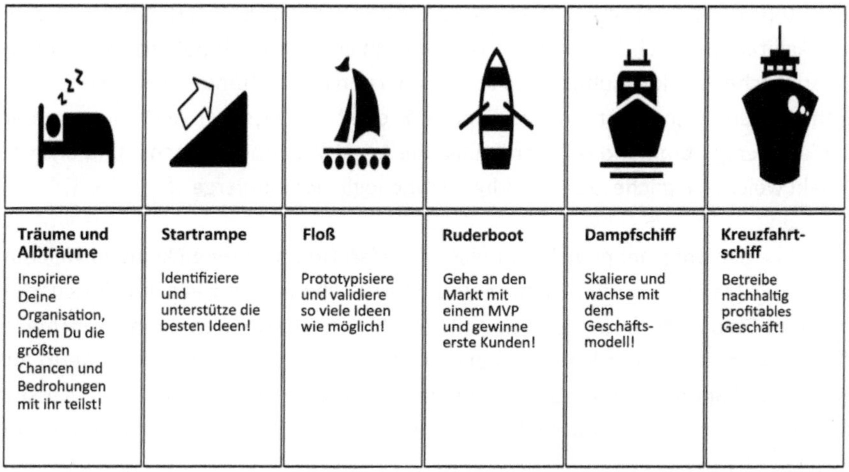

Abb. 27: FLEAT-Konzept[43]

Balance aus Eigenständigkeit und Anbindung

Das Erfolgsrezept für wirksame Explore-Einheiten ist die fein austarierte Balance zwischen der Eigenständigkeit und Separation bei gleichzeitigem Zugang zu den Ressourcen des Kerngeschäfts. Auch hier gilt das Sowohl-als-auch: nicht *entweder* Separation *oder* Anbindung, sondern *sowohl als auch.*

Mich erinnert das ein wenig an meine pubertierende Tochter. Sie geht mehr und mehr ihren eigenen Weg, entwickelt eigene Sichtweisen und erledigt Dinge auf ihre eigene Art und Weise. Aber zu wem kommt sie, wenn sie Taschengeld benötigt? Und unter welchem Dach wohnt sie? Ich finde das eine sehr treffende Analogie zu den Corporate Start-ups. Es geht darum, die Eigenständigkeit zu fördern bei gleichzeitiger Integration in das »Muttersystem«.

Diese Ambiguität und das Aufeinandertreffen der beiden Systeme Exploit und Explore führen zu Spannungen und Reibungspunkten. Auf diese Herausforderung und deren Lösungsansätze gehe ich im Folgekapitel ein.

Explore stärken

Corporate Start-ups sind meinen Beobachtungen zufolge im DACH-Raum nicht sonderlich verbreitet oder etabliert. Wenn wir über Explore sprechen (nicht über klassische inkrementelle Entwicklung), dann ist die kontextuelle Ambidextrie nach wie vor eine verbreitete Variante. Und wenn es Ansätze als eigenständige Explore-Einheiten gibt, dann sind diese halbherzig ausgebildet. Oft startet man hoch motiviert mit guten Absichten und etabliert eine agile Methodik wie Scrum. Alle Beteiligten sind sich einig, dass Agilität unverzichtbar ist. Doch letztendlich erweisen sich Beharrungskräfte der tayloristischen Exploit-Kultur als zu stark. Nach und nach diffundieren die klassischen Methoden und Denkmuster in das Explore-Projekt. Ein bisschen Mikromanagement hier, ein wenig Command & Control dort, die Angst vor Fehlern wächst und aus dem Projekt weichen jegliche Eigenständigkeit und jeglicher Pioniergeist.

Die »DNA« der Unternehmenskultur lässt in vielen Organisationen keine Abweichungen zu. Die Manager sind noch ganz auf tayloristische Drilleffizienz, auf Gleichschaltung und Standardisierung gepolt. Agile Prinzipien verkommen dann zu formellen Alibi-Accessoires. Es werden dann agile Artefakte wie die *Review* und die *Retro* ausgeführt, und *Sprints* gibt es auch, ansonsten unterliegt das Team der Risikoaversion, »Planwirtschaft« und Hierarchieträgheit des Kerngeschäfts. Damit sind wir wieder beim *Agile Washing.*

> **Explore-Einheiten helfen uns nur weiter, wenn sie konsequent gelebt werden.**

Das erfordert ein Loslassen des Managements, ein Mandat für Ideation und Incubation und die *Licence to Explore*.

Zwei S-Kurven

Warum ist es unabdingbar, dass die Explore-Teams tatsächlich in den eigenständigen, agilen Modus kommen? Bemühen wir dazu das Schaubild der zwei S-Kurven, siehe Abbildung 28. Das Kerngeschäft befindet sich auf der unteren Kurve. Die technische Reife ist hoch, das Geschäftsmodell profitabel. Es läuft alles sehr erfolgreich. Und genau darin liegt die größte Gefahr. In diesem selbstzufriedenen Umfeld fällt es schwer, für Veränderung zu mobilisieren. Innovation und Kreativität entstehen leichter im Zustand des Mangels, wenn der Handlungsdruck groß und Improvisationsgeist gefragt ist. Bereits Aristoteles sagte: »Wen die Götter vernichten wollen, dem schicken sie 40 Jahre Erfolg.«

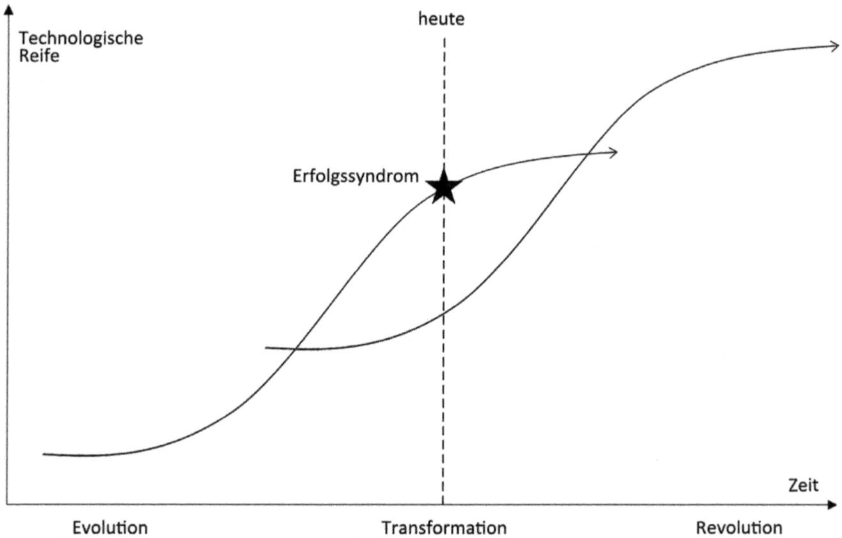

Abb. 28: Die zwei S-Kurven des Fortschritts

Zeitgemäßes Leadership heißt auch, die Organisation nicht in den selbstgefälligen, selbstzufriedenen Trott fallen zu lassen. »Never change a winning team«, mag für den Fußball gelten, nicht aber für die Geschäftswelt im 21. Jahrhundert.

Die zweite Kurve beschreibt die Entwicklung neuer Technologien und Geschäftsfelder. Das ist das Spielfeld der Start-ups, neuen Wettbewerber und neuen Tech-Firmen. Das Tückische: Wenn sich der Etablierte noch im Erfolgssyndrom des profitablen Kerngeschäfts sonnt, sind die neuen Wettbewerber noch nicht »auf dem Radar« oder werden nicht ernst genommen. Die neuen Konkurrenten formieren sich quasi im Windschatten und drängen dann umso erfolgreicher und schneller in den Markt. Wenn die etablierten Unternehmen im direkten Wettbewerb mit den Start-ups und neuen Tech-Playern stehen, brauchen sie »Waffengleichheit«. Das heißt, die etablierten Organisationen müssen mindestens genauso agil, dynamisch, effektiv und forciert Innovationsentwicklung vorantreiben. Deshalb ist es so wichtig, Explore-Einheiten konsequent auszugestalten. Es geht um Augenhöhe, um Konkurrenzfähigkeit. Wenn andere mit dem Formel-1-Wagen anrücken, fährst Du nicht mit der Kutsche vor.

Im Innovationsgeschäft muss man nicht immer der Erfinder oder der *First Mover* sein. Das kann auch Nachteile haben, wie das Initial-Investment der Entwicklung. Wir kommen später auf die Fragestellung zurück, in welchem Kontext First Mover sinnvoll ist und wann nicht. Doch auch bei einem »Aufspringen« auf neue Entwicklungen braucht die Organisation die Geschwindigkeit, die Anpassungsfähigkeit und Innovationskompetenz, sprich die entsprechenden Explore-Qualitäten.

IBM als Musterbeispiel

Folgendes Fallbeispiel zeigt, wie die unterschiedliche Ausgestaltung der Ambidextrie zum Scheitern oder zum Erfolg führt. In den 90er-Jahren versäumte IBM trotz zahlreicher Technologie-Entwicklungen und Geschäftsideen die Kommerzialisierung der eigenen Innovationen. IBM entwickelte den ersten kommerziellen Router. Doch die Marktdominanz übernahm Cisco. Das erinnert an Kodak, die die digitale Kamera-Technologie selbst entwickelten, dann aber die Kommerzialisierung verpassten. Das Muster wiederholt sich: Sind die Ideation- und Incubation-Phasen nicht ausreichend vom Kerngeschäft separiert, können sich neue Ideen schwer entfalten. Bei IBM wurden vorrangig kurzfristige Erfolge belohnt. Die langfristigen Ziele und unsicheren Prognosen der neuen Geschäftsfelder wurden vom Management nur marginal unterstützt. Die Aufbaufelder des Neugeschäfts unterlagen den gleichen Ansprüchen und Erwartungshaltungen, die dem Kerngeschäft auferlegt werden. Das Management war hinsichtlich unternehmerischer Führungsqualitäten weder ausreichend trainiert noch erfahren genug, um Aufbaufelder ausreichend zu unterstützen. Es fehlte das Ambidextrie-Verständnis.

IBM erkannte diesen Missstand und initiierte im Jahr 2000 eine Initiative namens »Emerging Business Opportunity« (EBO). Neue Geschäftsfelder wurden fortan im Format der Corporate Start-ups geführt. Die Vorgehensweise zahlte sich aus. Aus dem Programm entstanden zahlreiche Geschäftszweige, die allein in den ersten fünf Jahren ein Umsatzwachstum von mehr als 15 Milliarden Dollar erwirtschafteten.[44] Folgende Maßnahmen zeigten Wirkung: Voraussetzung zum Start der eigenständigen EBO-Einheiten war die aktive Unterstützung aus dem Senior Management sowie die Sicherstellung ausreichender finanzieller wie inhaltlicher Unterstützung. Um die Anbindung des EBOs an die Mutterorganisation nachhaltig zu stärken, wurden gezielte Prozesse der Quervernetzung vereinbart. Ergänzt wurde die EBO-Initiative durch maßgeschneiderte Führungskräfte-Trainings, wie die »Strategic Leadership Forums«: dreieinhalb-tägige Veranstaltungen, die Schulung, externe Impulse und Hands-on-Workshops verbinden.

Das ideale Explore-Team

Bei Effizienz-Altmeister Frederick Taylor haben sich Arbeiter noch auf die eine Sache konzentrieren können, wie den einen Fertigungsschritt am Fließband. Doch irgendwann haben Manager eine Steigerung der Effizienz entdeckt: eine Wunderwaffe, die in fast allen Organisationen zum Standard gehört – die Multiprojektlandschaft. Mitarbeitende arbeiten seitdem nicht mehr an einem Projekt, sondern an vielen verschiedenen. Das steigert die Auslastung und Arbeitsdichte. Somit hat jedes Projekt eine andere Teamzusammenstellung. Mit diesem Schachzug kann noch mehr Arbeitslast Richtung Mitarbeitende gedrückt werden. Zudem eröffnet das die Möglichkeit, die Aufgabenlast immer leicht über dem normalen Pensum zu legen, als Ansporn sozusagen. Das stellt die maximale Auslastung der Humanressourcen sicher. Auch so eine Weisheit dieser Effizienzmaxime: *Ein bisschen mehr geht immer.* Auch wenn sich die Tayloristen und Betriebswirte gegenseitig beglückwünschen: Diese Multiprojektlandschaft hat uns in eine Sackgasse geführt. Die Multiprojekt-Bearbeitung mag für bestimmte Tätigkeiten funktionieren, für die Projektarbeit in der komplexen Entwicklungsarbeit, insbesondere im Kontext der Exploration und agilen Arbeitsweisen, ist sie jedoch ein Spagat-Killer.

Glauben wir wirklich, dass Teams am besten funktionieren, wenn Mitarbeitende stundenweise von Projekt zu Projekt hecheln? Ein Team ist ein Team. Das ist Singular, nicht Plural. Eine Person kann nur in einem Team aufgehen und Höchstleitungen bringen. Das Team als eingeschworene Gemeinschaft, in dem psychologische Sicherheit (Vertrauen) herrscht, in dem alle an einem Strang ziehen, in dem alle konzentriert und fokussiert an der einen gemeinsamen Sache arbeiten, wird nie in der Multiprojektlandschaft entstehen. Explorative Projektarbeit und insbesondere agiles Arbeiten braucht diese Konzentration. Und agiles Arbeiten braucht den Rhythmus, den Takt aus den Sprints und Ritualien. Wie soll das Team aber im Takt »schwingen«, wenn die einzelnen Mitglieder von Projekt zu Projekt springen, in unterschiedlichste Zeitpläne, Vorgaben und Anforderungen verstrickt?

Spagat-Killer:

Multiprojektlandschaft mit Splitterkapazitäten verhindern echte Projektarbeit und agile Arbeitsweisen.

Immer mehr Unternehmen wachen langsam auf und erkennen, dass die Multiprojektarbeit eine Sackgasse ist, aus der man lieber ganz schnell umdreht. Durch das »Wimmelszenario« der Multiprojekte verlieren Führungskräfte mehr und mehr den Überblick. *Wo befinden sich meine Schützlinge? Was passiert gerade an welcher Stelle?* Das führt dann zu mehr Bürokratie durch zusätzliches Reporting, Freigabeinstanzen und Statusabfragen, was dann wiederum einen Teufelskreis auslöst und alles noch langsamer, träger und ineffektiver macht.

Ein Fallbeispiel als Augenöffner:

Frankenstein-Teams

Neulich auf einer Konferenz für agiles Arbeiten durfte ich dem Vortrag von Bas Engel und Eelco Rustenburg beiwohnen, zwei Manager der Philipps-Tochter *ASML*, ein Zulieferer für die Halbleiterindustrie. Im Jahr 1985 hatte das junge Unternehmen noch rund 100 Mitarbeitende. Doch das Wachstum erfolgte im Fahrwasser der explodierenden Halbleiterbranche rasant. Heute arbeiten rund 40.000 für ASML. Um das Wachstum zu stemmen und die Transformation vom Start-up zum Grown-up zu meistern, wurde an der Effizienzschraube gedreht und es wurden Multiprojektlandschaften eingeführt. Die einzelnen Teams bestanden fortan aus Splitterkapazitäten. Ein Team setzte sich zum Beispiel zusammen aus (FTE = Full-Time Equivalent)

- Controller 0,1 FTE,
- Projektleiter 0,2 FTE,
- Ingenieur 0,1 FTE,
- Software-Entwickler 0,2 FTE,
- Vertriebler 0,15 FTE.

Bei ASML schlich sich eine Unzufriedenheit ein. In den Anfangsjahren, als Teams noch echte Teams waren (also ohne Splitterkapazität), entstand nicht nur mehr Leidenschaft und Dedikation, sondern auch ein höherer messbarer Output. Die Verantwortlichen erkannten schnell: Diese Splitterteams wurden zur Belastung. Bei ASML heißen diese »Frankenstein-Teams«. Es gab genug externe Bedrohungen, man wollte nicht noch interne Belastungen schaffen. Eine Veränderung musste her.

Die Führungsmannschaft und Organisationsentwickler bei ASML machten einen rigorosen Schnitt. Heute arbeiten Projektteams mit »Vollzeit-Mitarbeitenden«, das heißt, jedes Teammitglied arbeitet nur in dem einen Team. Verrückt, oder? Der Erfolg scheint den Holländern recht zu geben. ASML ist heute Weltmarktführer für die sehr komplexe Technologie der Lithografiesysteme. Fast alle Chiphersteller sind mittlerweile Kunden von ASML. Der weltweite Marktanteil betrug im Jahre 2020 62 Prozent.[45]

Schlagkräftige Teams – insbesondere im Explore, in der komplexen Projektarbeit und im agilen Arbeitsmodus – brauchen den Fokus und keine Splitterkapazität.

> **Fortschrittliche Organisationen sind auf den Weg, Multiprojektteams rückgängig zu machen und verstärkt auf »echte« Teams zu setzen.**

Die richtige Teamgröße

In einem Vortrag berichtete Sebastian Thrun, der u. a. Googles Forschungsabteilung GoogleX aufgebaut hat, wie er mit einem Team von nur zehn Ingenieuren eine Challenge für selbstfahrende Autos meisterte, die ein großer Automobilkonzern mit 150

Ingenieuren und großem Budget nicht geschafft hatte. War das Zufall? Ein glücklicher Einzelfall? *Das blinde Huhn findet auch mal ein Korn?*

Quantität im Sinne Mannschaftsgröße und riesiger Budgets ist kein Erfolgsgarant. Im Gegenteil, für Explore ist das meist eine Erfolgsbremse. In der Literatur zur agilen Arbeitsweise gibt es viele Herleitungen für die perfekte Größe schlagkräftiger, innovativer Teams. Die Beispiele sind mannigfaltig:

Viele Trainer berufen sich auf die *Miller'sche Zahl* an, die sich aus der Annahme ableitet, dass der Mensch in der Regel nicht mehr als sieben Dinge im Kurzzeitgedächtnis speichern kann. Andere führen historische Beispiele an, die bis zur römischen Armee zurückreichen, wo militärische Teams etwa acht Soldaten umfassten. Und selbst im Tierreich finden wir Orientierung: Bonobos, einer der engsten genetischen Verwandten des Homo sapiens, gehen oft in Gruppen von sechs bis sieben auf Nahrungssuche.

Die Software-Experten Lawrence Putnam und Ware Myers haben versucht, diese Fragestellung etwas fundierter zu analysieren. In einer Studie[46] von 491 Projekten Hunderter Unternehmen unterteilten sie die Innovationsprojekte nach der Teamgröße. Sehr schnell entdeckten sie ein Muster: Sobald die Teams über acht Personen hinausgingen, benötigten sie signifikant mehr Zeit. Teams bis sieben Personen brauchten nur ein Viertel des Aufwandes von Gruppen mit neun bis zwanzig Teilnehmern. Das ist drastisch.

Auch Jeff Sutherland, einer der Gurus der agilen Szene und Gründer der Scrum-Methode, fordert: »Wir sollten nicht Noah spielen und zwei von allem in ein Team werfen. Die Gruppendynamik funktioniert nur in kleinen Teams. Die klassische Formel ist sieben, plus oder minus zwei.«[47]

Ein konkretes Beispiel aus der Praxis: Das Technologieunternehmen W.L. Gore & Associates gilt als »Innovationsmaschine«, die konstant neue Technologien erschließt und Erfindungen zur Marktreife führt. Das berühmte Material Gore-Tex ist beispielsweise eine Entdeckung des Hauses. Die Innovationssparte der US-Amerikaner besteht aus jeweils acht bis neun Mitarbeitenden. Damit entspricht es der bereits dargelegten idealen Teamgröße. Diese Teams dürfen 100 Prozent ihrer Zeit für die Innovationsarbeit nutzen. Damit möchte ich sagen: Die hier beschriebenen Prinzipien und Leitgedanken finden sich tatsächlich in der Praxis wieder, zumindest dort, wo erfolgreich innoviert wird.

Explore-Teams sollen zwar interdisziplinär, aber nicht zu groß sein. Wie reden hier von der Zusammenstellung des Kernteams, das tagtäglich sehr eng zusammenarbeitet. Unterstützende Funktionen, die nicht in der täglichen Wertschöpfung anfallen, können nach Bedarf als *Center of Competence* (CoC) eingebunden werden. Das Explore-

Kernteam ist keine Hochzeitsgesellschaft, bei der ja niemand auf der Gästeliste fehlen darf, sondern ein abgegrenzter, geschützter Raum.

Geschützter Raum

Die Bedeutung des *geschützten Raumes* in der Organisationsentwicklung wurde spätestens durch die Arbeit von Amy Edmondson aufgezeigt. Im Zusammenhang damit hat sich der Begriff der *psychologischen Sicherheit* durchgesetzt. Diese beschreibt das Vertrauen einer Person, dass Risiken innerhalb eines Teams oder innerhalb einer Organisation ohne negative Konsequenzen eingegangen werden können. Dieses Vertrauens und diese Fehlerkultur gelten im Exploit in der Regel nicht. Im Exploit, und damit im überwiegenden Teil des Unternehmens, sind Fehler verachtet, werden sanktioniert und sind somit karrieregefährdend. Sicher fühlen können sich diejenigen, die nicht unangenehm auffallen, nicht zu kritisch oder eigensinnig agieren. Das entspricht alles dem Zeitgeist eines Frederick Taylor. So wundert es auch nicht, dass HR-Abteilungen bislang, dem Ähnlichkeitsprinzip folgend, auf homogene Teams setzten.

> **Wir sollten uns immer wieder selbstkritisch hinterfragen, ob die Priorität auf Innovation oder Fehlervermeidung liegt.**

So wundert es auch nicht, dass viele Mitarbeitende beim Einstempeln ihre »Maske« aufsetzen, ihre Persönlichkeit vor dem Büro parken, in ihre angepasste Business-Rolle schlüpfen und sich dann als vorsichtig agierender Industrieschauspieler durch den Tag schleppen. Menschen treffen jeden Tag eine Entscheidung: Bringe ich mich in der Arbeit voll und ganz ein, mit all meinen Träumen, meinen Ideen, meiner Leidenschaft und Verletzlichkeit? All das macht sie verwundbar, bieten eine Angriffsfläche. Laut der Gallup-Studie von 2019 machen 87 Prozent der Beschäftigten nur Dienst nach Vorschrift. Mit anderen Worten heißt das, in den meisten Fällen lautet die Antwort auf die obige Fragestellung: Nein, ich bringe mich nicht voll ein. Im besten Fall: Vielleicht, ab und zu. Mit psychologischer Sicherheit – die Diversität und Kreativität, und damit auch das ganze Potenzial der Menschen fördert – hat das wenig zu tun.

Diese Ausgangslage ist die *Default*-Einstellung der etablierten Organisationen. Darüber müssen wir uns im Klaren sein. Dadurch bleibt eine Unmenge an internem Kapital ungenutzt. Corporates initiieren millionenschwere Programme zur Effizienzoptimierung, um eine Kommastelle in der Ergebnisverbesserung zu erwirken. Dass da ein menschliches Vermögen ungenutzt bleibt, interessiert anscheinend keinen. Ein kleines Rechenbeispiel:

Der Volkswagen-Konzern hat weltweit rund 670.000 Mitarbeitende. Wenn die besagten 87 Prozent nur 10 Prozent mehr Output bringen würden, wäre das bei einem angenommenen Durchschnittgehalt von 70.000 Euro vier Milliarden Euro Mehrwert. Über den kaum quantifizierbaren Impakt echter Kreativität und wahren Engagements spreche ich hier nicht einmal. Ich denke, es lohnt sich, über diesen Hebel nachzudenken. Komisch, dass das in den Unternehmen kaum eine Rolle spielt.

Psychologische Sicherheit stellt (noch) einen Ausnahmefall dar, der explizit und gezielt aufgebaut werden muss. Auch deswegen sind die Separierung und überschaubare Gruppengröße der Explore-Teams wichtig. Dieser geschützte Rahmen ist notwendig, um die psychologische Sicherheit aufzubauen, auch gegen den Mainstream der Exploit-lastigen Mutterorganisation. Wir müssen den Rahmen schaffen, sodass Mitarbeitende ihr ganzes Potenzial einbringen können, dürfen und wollen. Das ist kein *Nice-to-have*, sondern unabdingbare Voraussetzung. Wie sonst wollen wir neue Pfade finden, verrückte Ideen testen und uns aus der Komfortzone wagen?

Command & Control wurde entwickelt, um Fehler zu vermeiden. In der Transformation und Innovation sind aber Fehler nicht das größte Risiko.

> **Das größte Risiko besteht darin, keine neuen Entdeckungen zu machen oder zu langsam auf die Marktdynamik zu reagieren.**

Ich erlebe immer noch, wie der geschützte Raum missverstanden wird, indem er als Wohlfühlzone interpretiert wird. Der geschützte Raum ist keine »Krabbelgruppe« für Erwachsene. Kreativität entsteht nicht im Gefühl der Sicherheit, nicht im Sättigungszustand, in der Selbstzufriedenheit, im Überfluss oder in der Entspanntheit. Kreativität entsteht im Mangelzustand. Der geschützte Raum bezieht sich auf die psychologische Sicherheit und auf eine gewisse Abgrenzung von der Exploit-Arbeitsweise. Ansonsten darf durchaus ein wenig Druck und Spannung aufkommen. Ich bin fest davon überzeugt:

> **Der ideale Nährboden für Kreativität und Pioniergeist besteht aus einem *Mangelzustand im gestalterischen Freiraum.***

Empowerment

Es gibt wenig Fabeln oder Kurzgeschichten aus meiner Kindheit, die bei mir einen bleibenden Eindruck hinterließen. Ein Gleichnis jedoch beeindruckte mich schon als Kind – anbei frei nacherzählt:

Ein König hatte zwei Söhne und wollte einen von beiden zu seinem Nachfolger bestimmen. Da er sich zwischen den beiden nicht entscheiden konnte, stellte er ihnen eine Aufgabe: Er gab jedem fünf Silberstücke und forderte: »Ihr sollt für dieses Geld die Halle in unserem Schloss bis zum Abend füllen. Womit, das ist eure Sache.«

Der älteste Sohn brach unmittelbar auf und kam an einem Feld vorbei, an dem Zuckerrohr geerntet wurde. Er entdeckte große Mengen von ausgepresstem Zuckerrohr, das er den Bauern abkaufte und in die Halle schleppen ließ. Daraufhin eilte der Sohn zu seinem Vater und vermeldete, er habe die Aufgabe als Erstes erfüllt. Der Vater solle nicht auf den jüngeren Bruder warten und ihm zum Nachfolger krönen. Der König ging darauf nicht ein und wollte bis zum Abend warten. Nach einer Weile tauchte der jüngere Sohn auf und bat, das Zuckerrohr aus der Halle entfernen zu lassen, was auch geschah. Der ältere Sohn lächelte nur spöttisch und siegessicher, schließlich kam der Bruder ohne jegliches Füllmaterial. Anscheinend war er nicht fündig geworden und bluffte. Nachdem die Halle wieder freigeräumt war, griff der Jüngste in seine Tasche und holte eine Kerze heraus, stellte diese auf den Tisch und zündete sie an. Blitzartig durchflutete ein helles, warmes Licht jeden Winkel der Halle. Der König verkündete: »Du sollst mein Nachfolger sein. Dein Bruder hat alle Münzen ausgegeben für eine nutzlose Materie. Du aber hast nicht einmal ein Silberstück benötigt und hast die Halle mit etwas Wunderbarem gefüllt, was alle Menschen brauchen: Licht und Wärme.«

Ich schätze diese Geschichte sehr. Sie ist so einfach und gleichzeitig so erfrischend und pointiert. Auf die Idee mit der Kerze musst Du erst einmal kommen! Auf den ersten Blick gehört jeglicher Ruhm dem jüngeren Bruder. Für mich hat der Vater allerdings einen erheblichen Anteil an diesem erfolgreichen Geniestreich. Er hat eine klare Aufgabenstellung und Zielsetzung definiert, aber die Art und Weise der Ausführung offen gelassen. Er hat seine Söhne ermächtigt, frei und eigenständig nach Lösungen zu suchen. Nur dieses *Empowerment* hat den jüngeren Sohn in die Lage versetzt, *Licht* als Füllmaterie in Erwägung zu ziehen.

Stellen wir uns den Vorgang in einem Exploit-Modus vor:

Der königliche Chef-Einkäufer war sehr auf die Materialqualität bedacht, und forderte umgehend, dass alle Materialien auf dem landwirtschaftlichen Markt bezogen werden, wo Getreide, Zuckerrohr und Obst gehandelt wird. Der königliche Stratege warf ein, es wäre schlau, wenn das Material nach der Füllung der Halle weiterverwendet werden kann. Somit lautete eine weitere Vorgabe: Das Füllmaterial muss an die Tiere verfüttert werden können.

Wir erkennen das Manko dieser Vorgehensweise. Alle Beteiligten meinen es gut und geben ihre Vorgaben im besten Sinne. Doch all diese Vorgaben engen das Spielfeld ein und schmälern die Chance, geniale und erfolgversprechende Lösungen (wie die Kerze) zu entdecken. Und so polemisch pointiert diese Geschichte ist, sehr ähnlich verhält es sich tagtäglich in unseren Organisationen.

> **»Die Kerze« wird zu selten entdeckt, weil zu viele Vorgaben und zu viel Absicherung im Wege stehen.**

Im Explore ist Empowerment gefragt. Das entspricht den Grundprinzipien agiler Arbeitsweisen, nach denen Aufgaben und Ziele definiert werden, das *Wie,* also die Art der Umsetzung, aber dem Team überlassen wird. Explore-Teams entscheiden selbst, wie eine Aufgabe erledigt wird. Es gilt: Hartnäckig in der Vision, aber flexibel in den Details. Da heißt es für Führungskräfte: zurückhalten, vertrauen, befähigen. Netflix hat seinerzeit viel Aufmerksamkeit erregt mit dem Verzicht auf Regeln. Stattdessen geben Prinzipien den Rahmen vor: *Principles over Rules.* Den Mitarbeitenden ist die genaue Umsetzung dann selbst überlassen, solange sie die Grundprinzipien einhalten. Das erhöht Flexibilität, Motivation und Engagement.

Eine Airline macht es vor

Ich war vor einiger Zeit geschäftlich in den USA unterwegs und hatte einen Inlandsflug mit Southwest Airlines gebucht. Mir fiel sofort der freundliche, professionelle und unbeschwerte Umgang des Servicepersonals auf. In Zeiten, in denen Kunden am Flughafenterminal wie ein lästiger Kostenfaktor behandelt werden, fällt jede positive Abweichung sofort auf. Als wir dann noch nach erstaunlich kurzer Boarding-Zeit und pünktlich abgeflogen sind, wurde ich neugierig. Ich recherchierte ein wenig und entdeckte Erstaunliches:

Southwest Airlines ist die mit Abstand profitabelste Fluglinie in den USA. Der wesentliche KPI der Fluglinien ist der sogenannte *Turnover,* das heißt die Länge der Standzeit am Gate. Je kürzer, desto besser, da die »abrechenbare« Flugzeit maximiert wird. Southwest hat mit durchschnittlich 35 Minuten die mit Abstand kürzeste Standzeit, und das, obwohl viel weniger Personal eingesetzt wird als bei den Konkurrenten. Wie kommt die Fluglinie auf diese erstaunliche Höchstleistung, die Branchen-Benchmark ist? Haben sie bessere Flugzeuge? Natürlich nicht. Haben sie mehr Personal? Nein, wie bereits erwähnt, haben sie sogar weniger. Haben sie eine bahnbrechende Technologie im Einsatz, über die der Wettbewerb nicht verfügt? Nein, auch das nicht.

Der Erfolgsfaktor ist nicht die Hardware, sondern »Human Software«: Teams bei Southwest sind echte(!) Teams. Die Standzeit am Gate und der perfekte Kundenservice werden als gemeinsame (!) Teamaufgabe angesehen – unabhängig von dem Titel, dem Rang oder der Funktionsbeschreibung. Und so sieht man bei Southwest den Piloten Müll aufsammeln, wenn es zum schnelleren Abflug führt, oder den Techniker der Bodencrew Gepäck verladen, wenn er seinen Job erledigt hat. Jedes Team bei Southwest verfügt über etwas, dass man nicht kaufen oder anordnen kann: Loyalität, gegenseitiges Vertrauen, ein gemeinsames Ziel und eine Leidenschaft für den Job. Die Teams von Southwest werden nicht erdrückt von einengenden Funktions- und Verfahrensanweisungen, in denen jeder nur im Silo denkt. Teams sind ermächtigt, je nach Kontext und Einzelfall eigenmächtige Entscheidungen zu treffen. Es wird eine gemeinsame Verantwortung übernommen. Und genau dieses Empowerment und dieser echte Teamspirit machen den Unterschied aus, ob ein Flugzeug in Rekordzeit von 35 Minuten abgefertigt wird, oder doppelt so lange am Gate steht, wie bei der Konkurrenz.

Fazit: Schlagkräftige (Innovations-)Teams sind:

1. kein »Frankenstein-Team« (keine Splitterkapazitäten),
2. klein (bis neun Personen),
3. crossfunktional und
4. empowered.

2.3 Taylors Erbe überwinden – wie Ambiguitätstoleranz Brücken baut

Ein Maschinenbau-Ingenieur, der jedes Detail auf Perfektion trimmt, trifft auf einen Software-Entwickler, der kein Problem damit hat, halbfertige Produkte (MVPs) auf den Markt zu werfen. Wie gut verstehen sich die beiden? Sprechen sie eine Sprache? Haben sie dieselben Bilder, Ziele und Werte im Kopf?

Zwischen Exploit und Explore prallen Welten aufeinander: Kurzzeit- trifft auf Langzeit-Horizont, bekannte auf unbekannte Märkte, Null-Fehler auf Experimentieren, First-Time-Right auf Iteration. Die eigentliche Herausforderung dabei ist, dass beide Welten nicht unabhängig agieren, sondern kooperieren müssen. Der Maschinenbau-Ingenieur und der Software-Entwickler arbeiten womöglich als Kollegen an demselben Projekt.

Ein Explore-Team wird immer die Unterstützung von Exploit-Fachbereichen benötigen. Darunter fallen zum Beispiel die Einbindung von Querschnittsfunktionen wie IT, Einkaufs- oder Rechtsabteilung. Aber auch in der direkten Wertschöpfung kann es Anknüpfpunkte geben.

Audi Production Lab

Bei Audi wurde eine eigenständige Explore-Einheit namens *Audi Production Lab* gegründet mit dem Ziel, Technologietrends zu identifizieren und dann in die Serienfertigung zu bringen. Anbei ein Auszug aus einem Artikel des verantwortlichen AUDI-Managers André Sagodi. Der Original-Artikel kann unter https://link.springer.com/article/10.1365/s40702-023-00960-6 heruntergeladen werden:

> *»Hierzu erarbeitet das P-Lab zusammen mit seinen Schnittstellenpartner_innen sowohl geschäfts- als auch technologiegetriebene Anwendungsfälle und ordnet diese in den größeren strategischen Kontext des Unternehmens ein. Ziel ist es neue Technologien zu identifizieren und diese dann in Form von Innovationen serientauglich in die produktiven Produktionsprozesse zu überführen (Audi*

2022). Das P-Lab ist bei Audi eine Unterabteilung in der Technologieentwicklung im Bereich der Produktion und Logistik und beschäftigt sich mit neuen Trends und Technologien, die noch keine organisatorische Heimat haben. Durch die organisationale Nähe zum internen Kunden, also der Produktion, bekommen das Technologie- und Innovationsmanagement sowie damit einhergehende Investitionsentscheidungen bereits in einer sehr frühen Phase einen festen Platz auf der Agenda der Audi-Entscheidungsträger_innen. Dies fördert die frühzeitige Auseinandersetzung mit neuen Technologien sowie die Entwicklung und Erprobung von produktionsrelevanten Use Cases. Das P-Lab arbeitet weltweit eng verzahnt mit Produktionsexpert_innen zusammen und unterstützt damit den übergreifenden Innovationsaustausch über alle Audi Produktionsstandorte. Außerdem arbeitet das P-Lab mit zahlreichen externen Anbietern, Start-ups und Universitäten zusammen, um das Screening und Scouting neuer Technologien sowie den Wissensaustausch über die Unternehmensgrenzen hinweg zu fördern. So steigt die Zahl der heute rund 30 festen Mitarbeiter_innen im P-Lab durch Einbindung temporärer Nutzer_innen und Projektbeteiligter um ein Vielfaches.«[48]

Das Team ist als eigene organisatorische Einheit ausgebildet, mit einer eigenen Arbeitsmentalität als »Start-up-Kultur«. Somit grenzt sich die Einheit deutlich vom Exploit-lastigen Umfeld der Produktion ab. Gleichzeitig arbeitet das *Production Lab* sehr verzahnt mit den Kollegen der Fertigung zusammen, um Bedarfe aus der Produktion besser zu verstehen und neue Technologien zu verproben. Durch die frühe Einbindung der internen Kunden (Fertigung) können Erkenntnisse zu prozessualen Anforderungen an eine potenzielle Serienlösung identifiziert werden.

Explore und Exploit sollten nie als isolierte, autarke Inseln bestehen, sondern in einem verflochtenen Netzwerk der Kooperation koexistieren. Es geht darum, miteinander zu wirken, sich gegenseitig zu unterstützen und voneinander zu lernen.

Harmonische Pubertät?

Im vorherigen Kapitel hatte ich die Analogie der Pubertät bemüht, um die Balance zwischen der Eigenständigkeit der Explore-Units versus der Systemintegration und dem Ressourcenzugang zum Kerngeschäft zu beschreiben. Wie ist das eigentlich bei mir zu Hause mit zwei pubertierenden Töchtern? Ich kann verraten: Es ist immer harmonisch, von gegenseitigem Verständnis und Respekt geprägt. Es gibt nie Streit, Reibung oder Meinungsverschiedenheiten. Es ist das friedliche Paradies auf Erden.

Natürlich nicht.

Wenn zwei verschiedene »Systeme« wie pubertierender Nachwuchs und Elternhaus aufeinandertreffen, führt das automatisch zu Spannung und Unverständnis. Und genau das passiert auch in unseren Organisationen, die beidhändig arbeiten. Die Ausgangsformel lautet:

Exploit + Explore = Spannung, Irritation, Widerstand.

Abb. 29: Typische Konflikte bei fehlender Ambiguitätstoleranz

Warum tun wir uns im Arbeitsumfeld eigentlich so schwer mit Diversität, Widersprüchen und Mehrdeutigkeit? Warum werden abweichende Ansichten und Arbeitsweisen nicht geduldet? Warum verursacht Vielfalt Irritation und Gegenwehr?

Um das zu beantworten, erlaube ich mir einen kurzen thematischen Ausflug.

Vereinheitlichung der Welt

Von rund 20.000 Apfelsorten, wie viele sehen wir im Supermarkt? Sechs. *Wie viele Bananensorten können wir im normalen Supermarkt kaufen?* Bananen sind das womöglich beliebteste und meist gegessene Obst der Welt. Da erwartet man eine enorme Vielfalt und Auswahl. Die Antwort: eine Sorte, die Cavendish-Banane.

Ein anderes Beispiel: Wie erlebten Menschen vor Hunderten Jahren eine Reise entlang der Seidenstraße? Ich bin mir sicher, sie waren Zeugen wahrhaftiger Diversität. All die unterschiedlichen Kulturen, Kleider, Bräuche, Glaubenssätze! Wenn ich heute irgendwo auf der Welt ankomme, sieht es überall identisch aus. Wenn mich jemand mit verbundenen Augen in ein Flugzeug setzte, und ich mich nach Ankunft umschauen würde, hätte ich keine Ahnung, wo ich gelandet bin. Ob in München, Melbourne, Miami, Minsk oder Mumbai – ich sehe überall die gleichen Geschäfte, Brands und Logos. Aus den Lautsprechern dröhnt überall Ed Sheeran oder die Rolling Stones. Alle sprechen (auch) Englisch und bezahlt wird mit der Mastercard.

Diese Angleichung und Standardisierung sind in erster Linie eine Errungenschaft. All die praktischen und ökonomischen Vorteile sind offensichtlich. Wir sollten uns nur dieses Phänomens bewusst sein. Thomas Bauer sagt dazu in seinem gleichnamigen Buch: »Die Vereindeutigung der Welt.[49]«

Globalisierung und Industrialisierung streben nach Standardisierung und Eindeutigkeit.

Viel entscheidender als die offensichtliche, materielle Vereinheitlichung (wie die Varianz der Bananen) ist die arbeitskulturelle Dimension: die Vereinheitlichung der Arbeitsweisen. Abweichungen von der Norm oder Sonderlösungen sind in der tayloristischen Effizienzmaxime der Industrialisierung nicht vorgesehen und werden als Versagen des Managements angesehen. *Wie kam es eigentlich dazu?*

Wo sind die Pioniere und Gestalter?

Die Gründungsphasen unserer heutigen Konzerne und etablierten Mittelständler waren durch Neuanfang, Umbruch und Pionierarbeit geprägt und statt Standardisierung herrschten eher Experiment und Chaos. Die Gründung von BAYER, um ein Beispiel herauszugreifen, basierte auf der Männerfreundschaft von Friedrich Bayer und Johann Friedrich Weskott. Waren das Manager, die nach betriebswirtschaftlichem Lehrbuch und Best Practice agierten? Natürlich nicht. Es waren Visionäre, Erfinder und Unternehmer, die auf ihren zwei Küchenherden industrielle Farbstoffe entwickelten. So oder ähnlich haben sie alle angefangen: Siemens, Mercedes, ... *you name it.* All die großen Weltkonzerne waren früher auch einmal »Start-ups«, nur hieß das damals anders (und die Rahmenbedingungen waren ein wenig anders).

Nach der Pionier- und Aufbauphase übergaben die Gründer das Zepter an die Manager, die das Geschäft weiterführen sollten. Es folgte die Phase der Stabilisierung. Manager sollten auf Grundlage des bestehenden Geschäftsmodells Einnahmen sichern und Profite steigern. Also waren Absicherung und Optimierung gefragt, die kontinuierliche Verbesserung, die Vermeidung von Fehlern. All das fand seinen Höhepunkt in Toyotas Produktionssystem, in dem die permanente Perfektionierung optimal ausgestaltet wurde.

Früher wurden Unternehmen geführt, heute nur noch gesteuert.

Wo sind aber die Erfinder, die Gestalter, die Weltverbesserer und Veränderer geblieben? Über Jahrzehnte war Deutschland das Land der Erfinder. Der Buchdruck, das Auto, das Telefon, die Aspirin-Tablette, der erste Computer (von Konrad Zuse) – die Liste ist sehr lang, aber ebenso alt. All diese Errungenschaften sind rund 80 bis 100 Jahre alt oder gar älter. Seit dieser Innovationswelle ist nicht mehr viel Bahnbrechendes im Industriesektor passiert. Vor rund 50 Jahren veröffentlichte Milton Friedman seinen berühmten Aufsatz »The Social Responsibility of Business Is To Increase its Profits«. Er sagte ebenso: »The business of business is business.« Damit prägte er die Management-Ausrichtung der letzten Jahrzehnte. Die heutigen C-Level-Etagen bestehen entsprechend aus Zahlenmenschen, Effizienzingenieuren und Juristen.

Historiker mögen mir den vereinfachten Kurzabriss verzeihen. An der Sache ändert das nichts: All das hat die Kultur unserer Unternehmen über Jahrzehnte geformt und geprägt. Und das spüren wir noch heute. Deshalb fällt es uns in unseren Unternehmen so schwer, mit unterschiedlichen Arbeitsweisen und Sichtweisen umzugehen oder agile Methoden einzuführen, weil sie den etablierten Arbeitsweisen zuwiderlaufen.

Wir dürfen nicht mit all unseren Möglichkeiten und Ressourcen in die Optimierungsfalle tappen. Zumindest ein Teil des Unternehmens und Managements darf gern wieder Wagemut, Unternehmertum, Erfindergeist und Gestaltungswille entwickeln. Kurzum, wir sind gut beraten, zielgerichtet aus der Vereindeutigung und Gleichschaltung auszubrechen.

Umschalten erfordert

Als Führungskräfte und Organisationsgestalter müssen wir uns dieser Zusammenhänge bewusst sein. Wir müssen erlernen, in unseren Organisationen wieder mehr Vielfalt und Mehrdeutigkeit zuzulassen und zu fördern. Das impliziert nicht zwangsläufig, im Exploit Standardisierung, Perfektion und Routine abzukündigen. Es geht mehr darum, daneben etwas anderes (den Explore-Modus) zuzulassen. Es geht darum, mit Gleichschaltung nicht die gesamte Organisation einzufangen, sondern Freiraum für Transformation und radikale Innovation zuzulassen. Es geht um die Einsicht, dass es mehr als den einen Weg gibt. Wir müssen wiederentdecken, was die eigentliche Aufgabe von Unternehmen ist: durch geschickte Kombination von Ressourcen Neues entwickeln für den bestmöglichen Kundennutzen und dadurch dann (auch) Profit zu generieren. Wir sollten uns fragen, ob der immer flacher werdende Flachbildschirm oder die immer bessere Handykamera uns als Menschheit tatsächlich weiterbringen. Wir haben genug gravierende Herausforderungen auf unserem Planeten, die dringend neue Lösungen benötigen.

Führung heißt in diesem Kontext, mit gutem Beispiel voranzugehen. Anders wird die parallele und zeitgleiche Existenz von Exploit und Explore unter dem Dach einer Organisation nicht funktionieren.

> **Eine allumfassende Gleichschaltung verhindert Beidhändigkeit. Damit Exploit und Explore zusammen wirken können, ist eine Veränderung der Unternehmenskultur gefragt: Weg vom »Sakrament« der Gleichschaltung, hin zur Akzeptanz und Förderung unterschiedlicher Arbeitsmodi.**

Wir kommen aus einer Welt der Eindeutigkeit, Gleichschaltung und Standardisierung.

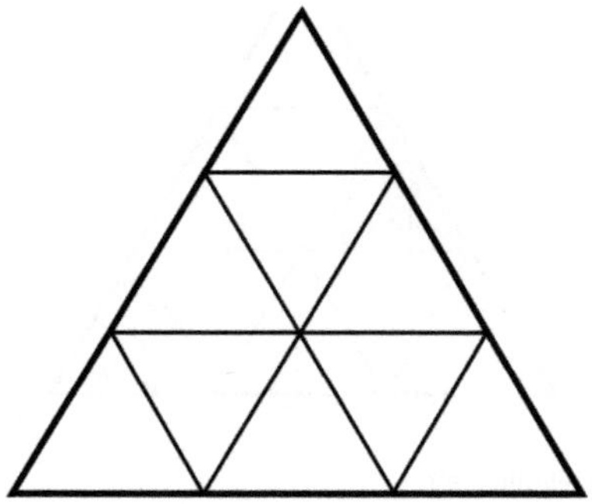

Abb. 30: Die Organisation ist auf Gleichschaltung ausgelegt

Alle an Bord

Die Gleichschaltung aller Organisationsmitglieder nach dem Prinzip »alle an Bord« ist verlockend: Alle rudern im Gleichklang in dieselbe Richtung, sodass wir schneller und effizienter ans Ziel kommen. In unserer VUKA-Welt stellt sich die Frage, ob wir immer so genau wissen, ob die Richtung die richtige ist und ob wir nur in die eine Richtung rudern sollten oder besser verschiedene Routen probieren. In einem Umfeld der Ungewissheit müssen Unternehmen eine Vielfalt von Sichtweisen zulassen und das Aufeinandertreffen eben dieser nicht als Problem ansehen, sondern die kreative Kraft der Kombinatorik nutzen. Die Strategie ist nicht mehr ein einziger, unveränderlicher Fahrplan, sondern vielmehr ein Portfolio von Möglichkeiten.

Wir sollten uns eingestehen, dass Business, Management und Führung – in einem zeitgemäßen und zukunftsorientierten Sinn – von Dynamik und Widersprüchen geprägt sind.

Wenn in der Industrialisierung das Ziel des Managements die Eindeutigkeit und Konvergenz war, dann ist zeitgemäße Führung die Aussteuerung von Gegenpolen, die durch konstantes Nachjustieren im Gleichgewicht gehalten werden.

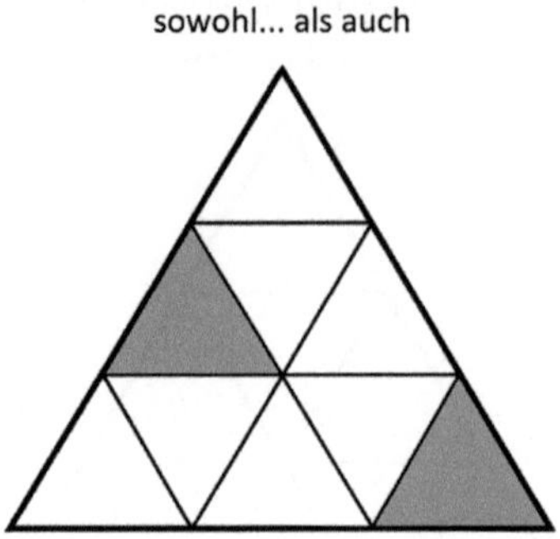

Abb. 31: Zulassen von Unterschiedlichkeit

Ambiguitätstoleranz

Nach dem gewöhnungsbedürftigen Begriff »Ambidextrie« möchte ich den nächsten Zungenbrecher einführen, der auch mit »A« beginnt: die *Ambiguitätstoleranz*. Darunter versteht man die Fähigkeit, unsichere, widersprüchliche und mehrdeutige Situationen zu ertragen und positiv zu deuten.

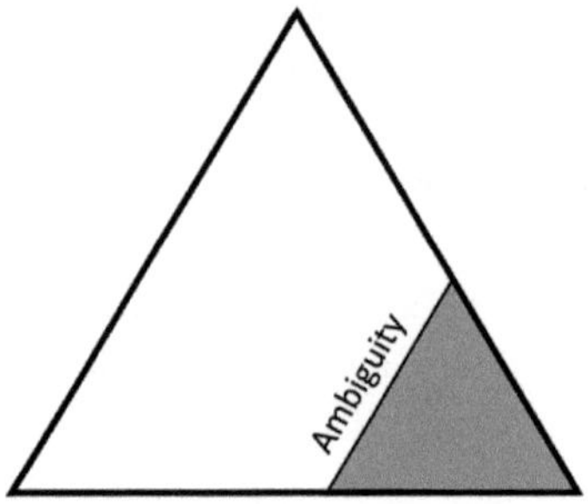

Abb. 32: Ambiguitätstoleranz an der Schnittstelle zwischen Exploit und Explore

Um sich dieser Fähigkeit anzunähern, empfehle ich als Startpunkt einen Selbsttest, der die eigene oder teambasierte Ambiguitätstoleranz ermittelt. Dadurch werden wir für das Thema sensibilisiert und können bei Bedarf Handlungsfelder ableiten. Die Fähigkeit, Widersprüche und Mehrdeutigkeit zu verarbeiten, hat eine unternehmensweite wie auch persönliche Ebene. Ambiguitätstoleranz muss eine Komponente des Wertesystems, der Unternehmenskultur werden. Parallel liegt es an jedem Einzelnen, diese Fähigkeit zu entwickeln.

Der QR-Code anbei führt zu einem Selbsttest, den ich dringend empfehle.

Im Kontext der Ambidextrie sind das gegenseitige Verständnis und die wechselseitige Akzeptanz zwischen Exploit-Mitarbeitenden und Explore-Teams essenziell. Es darf zu keinen Irritationen kommen, wenn bestimmte Kollegen und Kolleginnen anders arbeiten als man selbst. Es darf zu keinem Argwohn kommen, wenn andere Teams ein unterschiedliches Mindset zeigen und abweichende Arbeitsmethoden pflegen (z.B. agile Arbeitsweisen versus Wasserfall-Modell). Die Ambiguitätstoleranz – als Fähigkeit, ebendiese Widersprüche auszuhalten – bildet die notwendige Grundvoraussetzung für ein kooperatives Miteinander zwischen Exploit und Explore. Ohne diese Fähigkeit werden die gegensätzlichen Arbeitsweisen nicht nur missverstanden, sondern bekämpft. Die im vorherigen Kapitel eingeforderte Vielfalt und Diversität als neue notwendige »Gegenbewegung« zur industriellen Gleichschaltung wird nur möglich, wenn die daraus zwangsläufig entstehenden Widersprüche und Mehrdeutigkeiten ausgehalten werden. Kurzum, ohne Ambiguitätstoleranz keine Ambidextrie.

Im Zielbild sehen wir Exploit und Explore nicht als Gegensätze, sondern als Pole einer Einheit.

Kein Pol ist wichtiger, wertvoller oder besser. Die Mannschaft muss verstehen, dass beide Arbeitsmodi essenziell für den Unternehmenserfolg und den Unternehmenszweck sind. Am Ende des Tages arbeiten alle an und für dieselbe Sache, unabhängig von der Art und Weise. Es geht darum, parallel und zum Teil miteinander an den verschiedenen Fronten zu arbeiten und nicht gegeneinander.

Die zukunftsorientierte Ausrichtung der Explore-Teams bringt das Risiko mit sich, dass Mitarbeitende diese Einheiten als fortschrittlicher, zukunftssicherer, »cooler« ansehen. Exploit-Teams dürfen sich nicht abgehängt oder zweitklassig fühlen. Auch hier sind empathische Führung und Kommunikation gefragt, um Missgunst und Neid vorzubeugen. Exploit und Explore dürfen sich auf keinen Fall als konkurrierende oder misstrauische Fronten gegenüberstehen. Explore braucht den Zugang zu den Ressourcen und der Expertise des Kerngeschäfts. Und auch Exploit profitiert von den Kompetenzen und Erfahrungen der Explore-Kollegen. Es gilt, den Informationsfluss zwischen den beiden Polen aufrechtzuerhalten. Beide »Welten« können und sollen voneinander profitieren, voneinander lernen, sich gegenseitig antreiben.

Der verbindende Kleber

Um die Ambiguitätstoleranz zu stärken, um ihr einen kommunalen Rahmen zu geben und die Gegensätzlichkeit der Exploit- und Explore-Teams aufzufangen, braucht es eine verbindende Komponente, eine Art »Kleber« und eine gemeinsame Plattform. Hier kommt Simon Sineks *Golden Circle* ins Spiel.[50]

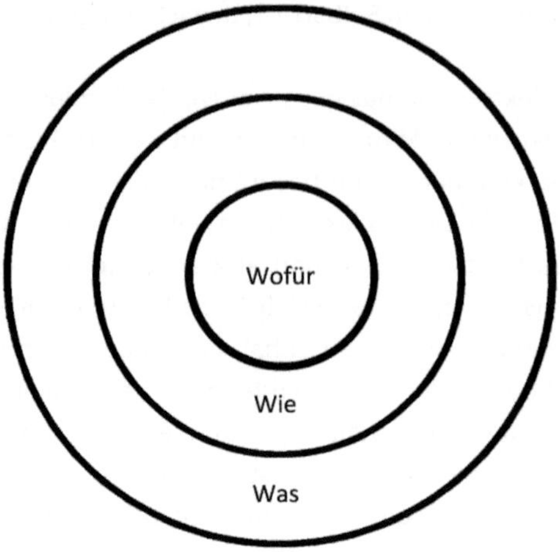

Abb. 33: Golden Circle von Simon Sinek[51]

Dieses Modell differenziert drei elementare Fragestellungen: Der äußere Kreis bezieht sich auf die Frage, *was* ein Unternehmen produziert. Es geht also um die Ergebnisse und Produkte. Der mittlere Kreis referiert darauf, *wie* ein Unternehmen vorgeht. Das ist die Art und Weise der Umsetzung, die Prozesse, die Unternehmenskultur. Der innere Kreis, und damit der Kern des Unternehmens wie auch der Ausgangspunkt für jegliches Schaffen, ist das *Warum*, also der Unternehmenszweck, der Beweggrund, der Glaube, der *Purpose.* Manche bevorzugen das Fragewort *Wofür,* weil es zukunftsgerichtet ist, während *Warum* eher die Vergangenheit rechtfertigt.

Das *Was* mag sich in den Zwischenergebnissen unterscheiden. So ist die Exploit-Einheit vielleicht für die Hardware-Absicherung verantwortlich, während ein Explore-Team im agilen Modus eine neue Softwarekomponente entwickelt. Ebenso unterschiedlich ist das *Wie*, da die Arbeitsweisen und Subkulturen zwischen dem Exploit- und Explore-Team abweichen werden. Beim *Wofür,* dem Purpose und Zweck der Organisation, sollte Übereinstimmung herrschen. Vielleicht soll das Endprodukt einen positiven Beitrag zum Kampf gegen den Klimawandel leisten oder Krebs besiegen, die Welt zu einem sichereren Ort machen oder Chancengleichheit der Geschlechter herstellen. Diese Sinnstiftung sollte alle Unternehmensteile einen. Da ist es erst einmal irrelevant, ob die einen agil und risikofreudig agieren, und die anderen nach Checkliste und 0-Fehler-Kultur. Jedes Mittel ist recht, solange es dem übergeordneten Zweck dient. Eine Top-Fußball-Mannschaft wird nie erfolgreich sein, wenn das Team nur aus Messis und Ronaldos besteht. Der Mix aus unterschiedlichen Charakteren und Spielerqualitäten macht den Erfolg aus. Der robuste, routinierte Verteidiger ist ebenso erfolgsentscheidend, wie der freigeistige und quirlige Angreifer. Alle Spieler eint dennoch das gleiche Ziel: Meister zu werden, den Pokal zu gewinnen oder aufzusteigen. Es gibt den gemeinsamen Glauben an die eine Sache, die verbindende Antriebsfeder.

John F. Kennedy soll während eines Besuchs der NASA in Cape Canaveral einen Putzmann gefragt haben, was er da gerade mache. Seine Antwort: »Herr Präsident, ich helfe dabei, einen Mann auf den Mond zu bringen.« So jemand agiert und interagiert anders als einer, der nur »sauber macht.«

Das Themenfeld *Unternehmens-Purpose* hat in den letzten Jahren enorm an Stellenwert und Aufmerksamkeit gewonnen. Im Kontext der Ambidextriefähigkeit des Unternehmens erfährt *Purpose* einen weiteren Schub.

Im Hamsterrad des Tagesgeschäfts, mit dem engen Blickwinkel des eigenen Aufgabengebiets, vergessen wir schnell das *Wofür.* Wir sind also gut beraten, es immer und immer wieder ins Bewusstsein zu rücken. Und einmal mehr: Es sind Führung und Kommunikation gefragt, um dem Thema Stellenwert und Platz einzuräumen. Der unternehmensübergreifende *Purpose* kann uns im Kontext der Separierung von Exploit und Explore enorm weiterhelfen. Dieses Potenzial sollten wir nicht ungenutzt lassen.

Transformationsmarketing

Wenn wir als Führungskräfte, Personal- und Organisationsentwickler unsere Ambiguitätstoleranz stärken wollen, ist Kommunikation gefragt. Ausgehend von der Definition und Zielsetzung des klassischen Marketings, definiere ich Transformationsmarketing – ein Begriff, den ich in einem Artikel im Magazin *Chagement*[52] eingeführt habe – wie folgt:

Prinzipiell geht es im Transformationsmarketing darum, die Transformationsziele und Change-Initiativen einer Organisation in der Belegschaft zu etablieren und diese zu vermarkten, um so die Unterstützung und das Engagement zu erhöhen.

Um die Ambiguitätstoleranz in der Unternehmenskultur zu stärken, müssen wir genau das tun: Diese bekannt machen, Verständnis schärfen, Vorteile aufzeigen (»vermarkten«) und die Unterstützung erwirken. Dabei geht es nicht um Manipulation oder ein »Überreden«, sondern um ein ehrliches und effektives Überzeugen. In dem oben zitieren Artikel führe ich sechs Schritte für eine erfolgreiche Kommunikation auf:

1. Nutzen klarmachen
   Da geht es auch und insbesondere um die Frage: *What's in for me?* Was habe ich davon? Warum brauchen wir das?
1. Orchestrierung
   Botschaften, die zentral ausgespielt werden, müssen sich inhaltlich mit den Aussagen der einzelnen Führungskräfte decken. Sonst entstehen Verwirrung und Unglaubwürdigkeit, die Botschaften erodieren und verwässern.
2. Intensive und vielfältige Kommunikation
   Kommunikation in Veränderungsprozessen erfordert Wiederholung. Wer glaubt, eine einmalige Kommunikation reicht aus, wird enttäuscht werden. Der Einsatz unterschiedlicher Formate steigert die Wirkung.

3. Emotionalität
   Das Narrativ von Change-Vorhaben wird zu oft von den Controllern bestimmt. Es geht dann um Effizienzen, Kosteneinsparungen und Kennzahlen. Damit werden wir die Menschen nicht gewinnen. Wir sollten wieder mehr Geschichten erzählen und Emotionen wecken. Spätestens seit Daniel Kahnemanns Weltbestseller »Schnelles Denken, langsames Denken« wissen wir um die Kraft des *Limbischen Systems*, das durch Emotionen angesprochen wird, und nicht durch Zahlen, Daten, Fakten.
4. Chancenorientiert
   Um Mitarbeitende für Veränderungen zu aktivieren, wird oft mit Druck und Angst gearbeitet. Neue Erkenntnisse der Change-Forschung verraten, dass Angst den sogenannten *Survive-Modus* triggert. Dieser ist evolutionsbedingt auf das kurzfristige Überleben ausgerichtet. Wir sind dann nicht empfänglich für neue Ideen und Veränderung. Empfehlenswert ist dagegen der *Thrive-Modus,* der chancenorientiert funktioniert. Dieser setzt Begeisterung und Energie frei.
5. Early Adopters
   Im Marketing arbeitet man mit Zielgruppen und das Prinzip gilt auch für das Transformationsmarketing. Veränderungen resonieren unter den Beteiligten nie gleich. Jeder Mensch reagiert anders. Das klingt nach einer banalen Feststellung, doch genau hier werden die meisten Fehler begangen, deshalb möchte ich diesem Aspekt ausführlicher besprechen:
   Die meisten Change-Initiativen werden zentral und auf Führungsebene ausgearbeitet und danach den Mitarbeitenden vorgestellt und zur Umsetzung beauftragt. »Über den Zaun schmeißen« ist eine umgangssprachliche, aber treffende Formulierung. Das geht in den meisten Fällen schief, da Verständnis, Motivation und Sinnstiftung fehlen bzw. nicht ausreichend vermittelt werden. Auf diese Art wird ein enormer Aufwand erzeugt, viel Verunsicherung und Ablenkung produziert, an der Sache an sich verändert sich jedoch nichts. Die Veränderungsinitiative verpufft ohne die erhoffte Wirkung.

Wie geht das besser?

Zuerst sollten wir ein besseres Verständnis von der Bandbreite der Veränderungsbereitschaft (die verschiedenen »Zielgruppen«) entwickeln. Um die Unterschiedlichkeit etwas greifbarer zu machen, empfiehlt sich das Modell des Wirtschaftswissenschaftlers Dietmar Vahs, der sieben Haltungen von Mitarbeitenden in Veränderungsprozessen typisiert.[53] In Abbildung 34 habe ich diese zu fünf Typen zusammengefasst. Diese Darstellung erscheint mir übersichtlicher und fokussiert sich auf die wesentlichen Ausprägungen. Die Verteilung folgt der Gauß'schen Normalverteilung. Wir werden immer auf eine kleine Gruppe treffen, die Neuerungen und Veränderungen sehr positiv gegenüberstehen. Das sind die sogenannten Innovators und Early Adopters, sie machen durchschnittlich 15 Prozent der Belegschaft aus. Das sind die Leute, die beim

Apple-Store frühmorgens (oder über Nacht) Schlange stehen, um das Neuprodukt als Erstes in den Händen zu halten.

Early Adopters sind neugierig, aufgeschlossen und teilweise mutig. Sie sind Vorreiter, Pioniere, Gestalter und Veränderer. Diese Eigenschaften sollten wir nutzen. Wenn wir Veränderungen initiieren, sind wir gut beraten, diese Gruppe als Erstes (!) einzubinden, um dann deren Enthusiasmus als Multiplikatoren-Wirkung für den Rest der Belegschaft zu nutzen. Die Mehrheit – die sogenannte Early & Late Majority – gehen in »unbekanntem Terrain« ungern voran. Sie benötigen die Gewissheit, dass Neuerungen bereits verprobt wurden.

Ich kenne Change-Initiativen, die diese Wirkweisen sehr konsequent nutzen. Neulich hörte ich von einem Fallbeispiel, bei der eine Neuerung in einem kleinen Townhall-Meeting präsentiert wurde. Die Zulassung für die begrenze Teilnehmerzahl erfolgte per Anmeldung und Fragebogen außerhalb der Arbeitszeit. *Warum das?* Durch diese Eintrittshürden wird die Wahrscheinlichkeit erhöht, dass nur die Early Adopters, die wirklich Interessierten, teilnehmen. Diese schwirren nach der Townhall aus und berichten mit glänzenden Augen von den Verbesserungen und spannenden Chancen. Das erzeugt Begehrlichkeiten, Vertrauen und besänftigt die Early & Late Majority.

Diese gestaffelte Informationsverteilung wird nicht für alle Veränderungsvorhaben angebracht sein. Wenn zum Beispiel eine Umorganisation der Abteilung besprochen wird, wäre es kontraproduktiv, die Kommunikation mit einer »exklusiven«, anmeldebasierten Erst-Info zu starten. Es gibt jedoch eine Vielzahl an Veränderungen und Neuerungen, bei denen das beschriebene Vorhaben funktioniert. Kommunikation und Austausch hinsichtlich der beidhändigen Arbeitsweise oder der Ambiguitätstoleranz können dazugehören.

Um Ambidextrie und Ambiguitätstoleranz verständlich zu machen, die Notwendigkeit und Vorzüge aufzuzeigen und auch ein wenig Begeisterung zu wecken, können wir uns einer großen Bandbreite an Formaten bedienen. Dem Gestaltungsrahmen sind wenig Grenzen gesetzt: Impulse (wie Keynotes), Podcasts, Austauschrunden, Trainings usw.

Die folgenden Aspekte sollten bei der Ausgestaltung berücksichtigt werden:

- *Urgency* wecken: Wofür brauchen wir das?
- *Chancen* aufzeigen: Was ist für mich drin? Auch Ängste nehmen.
- *Erfolgsbeispiele* aus der Praxis (»Das funktioniert! Andere arbeiten schon lange erfolgreich damit.«).
- Spürbar machen, wie sich die Unterschiedlichkeit (Exploit versus Explore) anfühlt, z. B. indem spielerisch zwei verschiedene Aufgaben gelöst werden, bei denen die Teilnehmer und Teilnehmerinnen selbst realisieren, dass die eine Aufgabe nur im Exploit funktioniert, die andere besser im Explore.

- Die verbindenden Aspekte schärfen (*Purpose*, gemeinsame Ziele und Visionen).

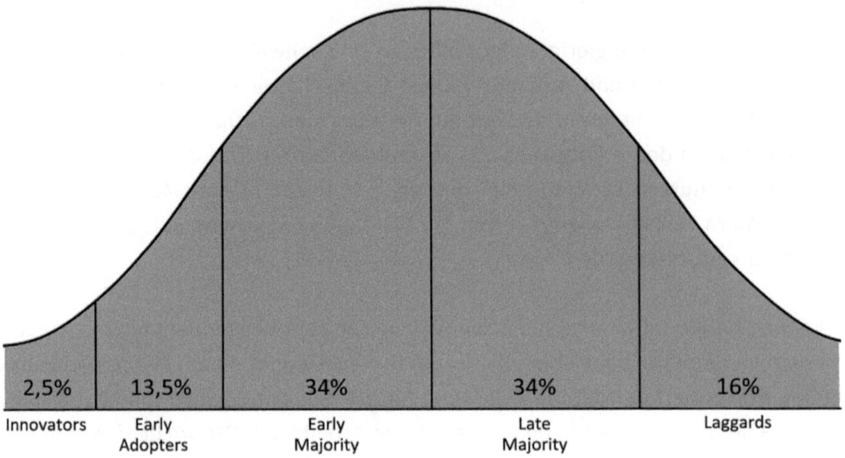

Abb. 34: Charaktertypen in Veränderungsprozessen[54]

Ein römischer Gott als Vorbild

Zum Abschluss dieses Kapitels ein kurzes Wrap-up: Nachdem wir von den Denkmustern und Glaubenssätzen der Industrialisierung und des Taylorismus zivilisiert wurden, müssen wir wieder lernen, mit Mehrdeutigkeit und Diversität umzugehen. Wir müssen unsere Ambiguitätstoleranz stärken. Eigentlich sollte uns das nicht allzu schwer fallen oder zu fremdartig erscheinen: Das Leben selbst ist ein einziges Wechselspiel aus Gegenpolen: kalt – heiß, flüssig – fest, Tag – Nacht. Das Gesetz der Polarität besagt, dass alles auf dieser Welt zwei Pole hat:

Nichts kann hell sein, wenn es keine Dunkelheit gibt.

Auch die menschliche Kultur kennt Gegensätze seit Menschengedenken: Der römische Gott *Janus* war der Herrscher des Anfangs und des Endes. Abbildungen zeigen ihn mit einem Doppelgesicht. Er konnte gleichzeitig nach vorne und nach hinten blicken, was ihn damit zu einem geeigneten Symbol für Ambidextrie macht. Auch der Taoismus ist vom Dualismus geprägt, in dem Spannungsfelder und Gegensätze in einem harmonischen Ganzen gehalten werden. Symbolisiert wird dieses Verhältnis durch das berühmte Yin und Yang.

Dabei müssen wir gar nicht die großen Kulturen bemühen. Es genügt ein Blick in unseren Alltag. Da gehen wir permanent mit Widersprüchen und Dilemmas um. *Soll ich meine Arbeit unterbrechen, da ich mich gestresst fühle, und ein wenig Sport machen? Aber dann kreiere ich noch mehr Zeitdruck, weil die Arbeit liegen bleibt, was wieder zu mehr Stress führt.* Jeder von uns könnte Hunderte solcher Beispiele aufzählen.

Auch Vielfalt und Diversität sind allgegenwärtig: Verschiedene Geschlechteridentitäten, spezielle Ernährungsvorlieben, verrückte Hobbys – das alles ist heutzutage eher der Normalzustand. Wir müssen eingestehen, dass unser Lebensumfeld abseits der Arbeitswelt von Widersprüchen und Vielfalt geprägt ist.

Wir müssen die Ambiguitätstoleranz, die wir außerhalb der Businesswelt kennen und leben, in die Businesswelt überführen.

3 Der Organisations-Spagat: Voraussetzungen für Dualitäten schaffen

Im Organisations-Spagat geht es insbesondere um den Überbau, aus der gesamtunternehmerischen Perspektive. Nicht alle Aspekte und Parameter werden unmittelbar beeinflussbar sein. Es wird dennoch Stellschrauben geben. Jeder und jede Einzelne muss den eigenen Wirkradius nutzen, um die Organisation mit jedem Schritt in Richtung Beidhändigkeit zu entwickeln.

3.1 The Magic Triangle – das Leitmodell für beidhändige Organisationen

Im Laufe der vorigen Kapitel haben wir die geometrische Figur des Dreiecks verwendet, um die *Organisation* in abstrakter Form darzustellen. Diese Dreiecksfigur möchte ich um die vorab beschriebenen Grundprinzipien der Ambidextrie ergänzen, sodass wir die Voraussetzungen des Organisationsdesigns und der Unternehmenskultur in einem abstrakten Modell zusammenfassen. Wir starten mit dem Dreieck im Dreieck wie in Abbildung 35 skizziert.

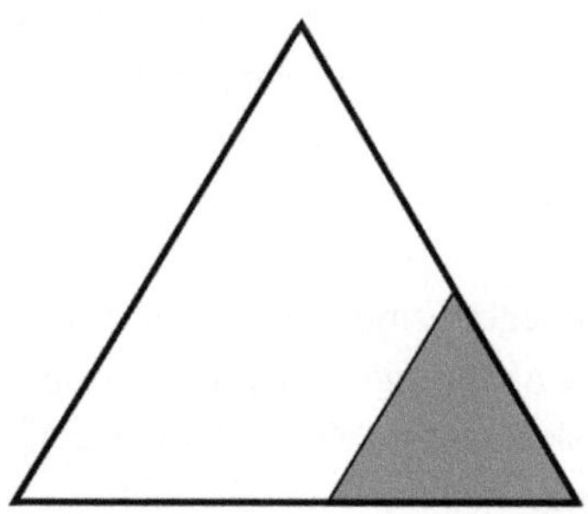

Abb. 35: Die Gesamtorganisation als Kerngeschäft mit integriertem Explore

Das große Dreieck stellt die Gesamtorganisation dar, die in erster Linie vom Kerngeschäft (Exploit) geprägt ist. Innerhalb des großen Dreiecks ist ein kleineres Dreieck platziert: die Explore-Einheit(en) oder bei kontextueller Ambidextrie die Explore-Tätigkeiten. Diese Explore-Projekte sind eigenständig organisiert (deshalb als eigenständiges Dreieck abgebildet), aber dennoch eingebettet als Teil des Gesamtsystems.

Die drei Ecken des Dreiecks spielen jeweils eine bedeutende Rolle: Sie sind mit drei essenziellen Voraussetzungen wirksamer Beidhändigkeit belegt: *Ambition*, *Autonomy* und *Assets*.

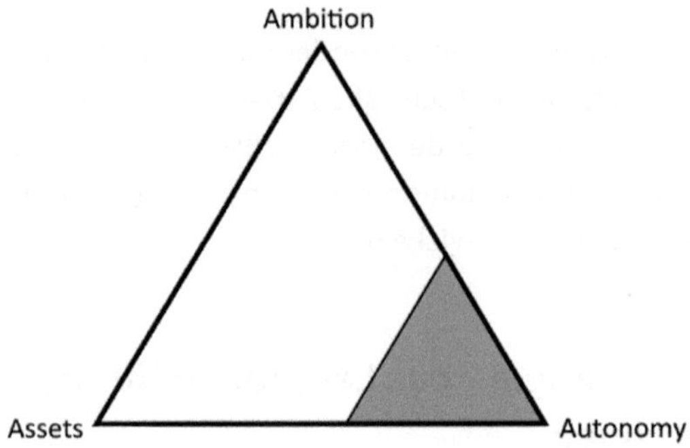

Abb. 36: Die drei »A« als essenzielle Stellschrauben der Beidhändigkeit

Ambition

Jedes Vorhaben, jede Veränderung, jede Reise startet mit einem Ziel. So auch der Weg in die Beidhändigkeit. Es geht um das gemeinsame Verständnis, um die Erkenntnis der Notwendigkeit und um eine Vision. Kurzum, wir brauchen eine gemeinsame *Ambition* zur Ambidextrie. Diese sollte abgeglichen werden: Teilen die relevanten Stakeholder eine gemeinsame Zielsetzung? Haben die Beteiligten die gleichen (Vor-)Kenntnisse zur Ambidextrie?

Diese Ausrichtung sollte zu Beginn eines Veränderungsprozesses stattfinden. Sie bildet den Ausgangspunkt, die Absprungbasis. Diese Phase sollte nicht überstürzt werden. Ein Verdrängen von Diskrepanzen, ein überstürztes Abwickeln dieser Phase rächt sich später in der Umsetzung.

Ambition steht nicht zufällig an der Spitze des Dreiecks. Analog zur hierarchischen Pyramide beschreibt der höchste Punkt die Rolle der Unternehmensleitung. An dieser Stelle ist es irrelevant, ob es sich um einen großen Konzern mit einem Vorstand oder ein KMU mit einem Gründer handelt. *Ambition* an der Spitze des Dreiecks beschreibt die Motivation, den Auftrag, das Commitment der Unternehmensleitung für die beidhändige Ausrichtung der Organisation.

Während der Q&A-Sessions nach einer Keynote werde ich oft gefragt, ob wirksame Ambidextrie auch ohne die Unterstützung der Firmenleitung möglich ist. Diese Frage wird für meinen Geschmack viel zu oft gestellt, denn sie zeugt vom fehlenden Support der Top-Führung. Bei vorhandener Unterstützung wäre die Frage irrelevant und uninteressant. Warum fehlt die Rückendeckung überhaupt?

Drei Gründe könnten dazu beitragen:

1. Unwissenheit
   Es ist so banal wie erschreckend: Ambidextrie ist in vielen Organisationen schlichtweg noch nicht angekommen. Ich weiß aus eigener Erfahrung, wie wenig Top-Führungskräfte das Konzept der Ambidextrie tatsächlich durchdrungen haben.
2. Bewusste Vermeidung
   In manchen Fällen verschanzen sich die Unternehmenslenker zu sehr in der Komfortzone der tayloristischen Effizienzkultur, dem Exploit und Kerngeschäft und vermeiden Ambidextrie bewusst.
3. Fehlende Skills der Beidhändigkeit
   Beidhändigkeit funktioniert nur, wenn Entscheider beidhändig agieren. Das Management muss die Wechsel zwischen Exploit- und Explore-Mindset bewerkstelligen. Die Entscheidungskriterien und Ermessungsspielräume sind jeweils unterschiedlich. Wenn das Explore-Projekt mit den gleichen KPIs, Erwartungshaltungen, Risikoaversionen und Planungssicherheiten beansprucht wird wie das Kerngeschäft, kann Explore nicht funktionieren. Die Ambition für Ambidextrie seitens des Top-Managements mag vorhanden sein, mangelnde Fähigkeiten in der beidhändigen Führung können die Unterstützung für Explore unabsichtlich verwehren.

Und nun?

Wie gehen wir mit diesen Aspekten um? Was können wir tun, um die C-Level-Ambition zu stärken?

Problemstellung 1 (Unbekanntheit) kann schnell behoben werden. Aus eigener Erfahrung weiß ich, dass bereits eine einzelne Keynote bei der Top-Führung den alles entscheidenden Unterschied ausmachen kann. Ich habe selbst erlebt, wie Bereichsleiter und Vorstände skeptisch in eine Führungskräfte-Veranstaltung gehen und nach der Keynote eine neue Sichtweise entwickeln. Die Grundlogik der Ambidextrie ist so eingängig, gewinnend und zwingend logisch, dass sich niemand dagegen verwehren kann. Ich habe zumindest noch nie Widerspruch gehört. Hinsichtlich der Details der Operationalisierung gibt es durchaus Meinungsverschiedenheiten, bei den Grundprinzipien dagegen nicht.

Punkt 3 (Fehlende Beidhändigkeit der Führung) wird in Kapitel Führungs-Spagat ausführlicher beleuchtet. Problemstellung 2, die bewusste Vermeidung durch die Unternehmensleitung, ist dagegen eine echte Herausforderung.

Was sagst Du dem Kettenraucher, der wissentlich vor dem Infarkt steht, aber dennoch weiter raucht? Er weiß es ja. Und handelt trotzdem nicht.

Wenn mittleres Management, HR, Organisationsentwickler und/oder Strategen die Grundprinzipien und Notwendigkeiten der Beidhändigkeit kennen, aber die C-Level-Etage nicht mitzieht, dann wird zwangsläufig die Frage gestellt: *Können wir es auch ohne deren Support schaffen?*

Meine erste Reaktion auf die Frage ist: Ich würde alle Hebel und Möglichkeiten in Bewegung setzten, die Geschäftsführung für das Thema zu gewinnen. Wenn das partout nicht möglich ist, dann rate ich trotzdem, im eigenen Wirkkreis das Beste rauszuholen. Eine abgespeckte Ambidextrie ist immer noch besser als gar keine. Es mag immer Graswurzel-Initiativen oder Überraschungserfolge einzelner Abteilungen geben. In einer mittel- und langfristigen Perspektive, die über Einzelerfolge hinausgeht und Einfluss auf die Zukunftsfähigkeit der Gesamtorganisation hat, braucht es aber mehr. Daher muss ich an dieser Stelle den Spielverderber spielen und Illusionen ausräumen: Ohne die Top-Führung wird es keine nachhaltige Ambidextrie geben. Auf die Gründe dafür gehe ich im Folgenden ein.

Aussteuerung der beiden Welten

Im idealtypischen Modell trennen wir die beiden Modi Exploit und Explore. Wie bereits geschildert, tun sich die Mitarbeitenden und Führungskräfte viel leichter in der operativen Umsetzung, wenn sie sich auf einen Modus konzentrieren können. Zudem benötigen wir die jeweilige Eigenständigkeit für die unterschiedliche Ausprägung der Subkultur und Arbeitsweise. Da Ressourcen immer endlich sind, muss es irgendwo in der Organisation zu einer Aussteuerung der beiden Welten kommen. *Investiere ich in die Optimierung des Exploits oder wage ich die riskante Investition in das Explore-Projekt?*

Die Aussteuerung zwischen der Gegenwart (Exploit) und der Zukunft (Explore) sollte »so weit oben« wie möglich stattfinden, und ist im Idealfall Chefsache. Die Geschäftsleitung ist nicht so stark in den operativen Zwängen des Kerngeschäfts gefangen und hat (hoffentlich) die strategische Weitsicht, neben dem Tagesgeschäft die langfristige Geschäftsentwicklung voranzutreiben.

Alleinkämpfer

Ohnehin wird es schwer bis unmöglich, eigenständige und funktionierende Explore-Einheiten auszubilden, ohne die Unterstützung der oberen Führungsebenen und ohne eine gesamtorganisatorische Anschlussfähigkeit. Als Alleinkämpfer ist man da (fast) chancenlos. Die Hebelwirkung liegt nun mal in dem Zugriff der Explore-Teams auf die Expertise und Ressourcen der Gesamtorganisation. Die enge Zusammenarbeit bedingt die gegenseitige Akzeptanz, Wertschätzung und Kooperation über die verschiedenen Hierarchieebenen hinweg. Von Investitions- und Personalentscheidungen, die bei bestimmten Größenordnungen immer durch die Entscheidungswege der Oberen Führungskräfte laufen, ganz zu schweigen.

Licence to Explore

Die erste Voraussetzung für wirksame Ambidextrie, symbolisiert durch die Spitze des Dreiecks, ist die *Ambition* der Unternehmensleitung. Wir brauchen diese Ambition, den Auftrag zur Ambidextrie und die *Licence to Explore*. Explore bedarf neuer Tugenden (einer positiven Fehlerkultur, Risikobereitschaft, Experimentfreudigkeit) sowie anderer KPIs. All das muss von der Unternehmensführung unterstützt und eingefordert werden. Irrtümer im Rahmen von sich nicht bestätigter Annahmen in der Incubation-Phase beispielsweise, dürfen nicht sanktioniert und geächtet werden. Ohne das aufrichtige Interesse und Engagement des Senior-Leadership-Teams wird Explore immer nur als Ablenkung gesehen, das kurzfristige Zielgrößen gefährdet. Explore ist dann nur eine Verschwendung von kostbaren Ressourcen. Es braucht die Strahlkraft, Vorbildfunktion und die Erwartungshaltung der oberen Führungskräfte, um Explore zum Leben zu erwecken.

Vom Primus lernen

Der »Ambidextrie-Champion« Amazon lebt das vor. Jeff Bezos und sein Führungsteam haben diese Zusammenhänge verinnerlicht. Sie können zwischen den beiden Modi unterscheiden, nehmen die Aussteuerung der beiden Welten an und passen ihre Bewertungsmaßstäbe entsprechend an. Entscheidungen richten sich vor allem nach der Kundenzentrizität und der langfristigen Perspektive. Jeff Bezos geht so weit und behauptet von sich, er lebe im Business permanent in der Zukunft. Er denkt immer an die langfristigen Folgen und fokussiert sich auf Exploration, auf die zukünftigen Geschäftsmodelle. Amazon hat es wie nur wenige verstanden, aus der kurzfristigen Renditefalle und den Quartalszahlen auszubrechen. Bezos dazu: »Wenn wir immer in den ersten zwei oder drei Jahren signifikante finanzielle Ergebnisse hätten sehen müssen, dann hätten wir einige der sinnvollsten Dinge, die wir getan haben, wie Kindle, Amazon Web Services, Amazon Prime, nie begonnen.«[55]

> **Die erfolgreichen beidhändigen Unternehmen haben Senior-Leadership-Teams, die nicht alle Spannungen zwischen den verschiedenen, oft gegensätzlichen Interessen aus dem Kerngeschäft und Exploration nach unten in die Belegschaft weiterreichen.**

Die erfolgreichen Top-Führungskreise halten die Spannungen aus, stellen sich der Aufgabe, und kommen zu einer Lösung bzw. Entscheidung. Entscheidungsfindung ist übrigens eine Kernaufgabe der Top-Führung, das scheinen wir manchmal zu vergessen. In der Praxis werden Problemfälle so lange in die Arbeitsebene delegiert und dann durch Kompromisse verwässert und politisch entschärft, dass die Entscheidung im Top-Führungskreis eigentlich keine mehr ist. Die Entscheidungsvorlage ist dann so »durchoptimiert«, dass es nur noch ein formales Abnicken bedarf.

Um das Wertesystem und diese strategische Ausrichtung von Amazon im »Alltag« und auf allen Hierarchieebenen zu verankern und zu stärken, hat der US-Konzern einige interessante Werkzeuge und Prozessvorgaben eingeführt, wie weiter ausgeführt.

Wenn Du als Führungskraft eine Idee vorträgst, solltest Du auf Powerpoint verzichten. Das ist nämlich verboten. Stattdessen werden narrative Memos angefertigt, auf sechs Seiten zusammengefasste Textvorlagen zu einem Thema, in ganzen Sätzen formuliert. Auf den ersten Blick mag das eigenartig erscheinen. Aus meiner Erfahrung als Autor heraus bestätige ich diese Vorgehensweise jedoch: Etwas aufzuschreiben, kurz prägnant und für alle verständlich, ist anspruchsvoller, als einen Sachverhalt verbal oder in einer Powerpoint-Präsentation zu beschreiben. Das Ausformulieren zwingt den Verfasser zu einem tieferen Verständnis, zum intensiveren Nachdenken – und das fällt ins Gewicht. Noch ein Aspekt: Das narrative Format soll inspirieren, »die Köpfe zu öffnen« und Bilder zu erzeugen. Das schaffen die sachlichen Business-Präsentationen mit Bulletpoints nicht. Das Credo: *Bullets don't inspire. Stories do.*

Ein weiterer Blick in Amazons »Werkzeugkiste« zeigt: Die Amerikaner unterscheiden sogenannte *One-Way Doors* und *Two-Way Doors*[56]: Erstere sind Entscheidungen, die so offensichtlich sind und die Umsetzung so planbar, dass kein Weg zurück vorgehalten wird. Two-Way Doors werden benötigt, wenn die Entscheidungslage und der Umsetzungsweg unklar sind. In dem Fall ist Ausprobieren, Lernen, Umorientieren und auch eine Rückkehr (Projekt abkündigen) erlaubt.

In beidhändigen Firmen ist Exploration immer (auch) Chefsache. Der CEO ist dann in erster Linie der *Chief Exploration Officer*. Innovation erhält dadurch Macht und einen höheren Stellenwert. Damit Exploration im dominanten Kerngeschäft nicht untergeht, muss Exploration beim CEO oder beim Co-CEO oder zumindest einer direkt dem CEO berichtenden Top-Führungskraft verankert sein. Zu oft ist die Leitung des Innovationsgeschäfts zwei oder drei Stufen unter dem C-Level angesiedelt.

Es mag viele Kritiker der Praktiken, Arbeitsbedingungen und Verdrängungseffekte von Amazon geben, auch ich sehe einiges kritisch. Der wirtschaftliche Erfolg und die Innovationskraft von Amazon dürften dagegen unstrittig sein. Ich finde es erstaunlich, nein – ich finde es befremdlich und grob fahrlässig, dass kaum jemand den wahren Motor dieses Erfolgsmodells kennt. Die allerwenigsten wissen, dass Ambidextrie, Ambiguitätstoleranz und die entsprechende beidhändige Ambition der Top-Führung hinter der Innovationskraft und Diversifikationsstärke Amazons stehen. Das konsequente Ausgestalten der eigenständigen aber eingebetteten Explore-Einheiten macht die Stärke des US-Konzerns aus.

Praxis-Tipp
Wenn die Unternehmensführung für die Aussteuerung der beiden Welten verantwortlich ist, heißt das nicht, Exploit und Explore wild zu vermischen. Auch hier gilt das Leitprinzip: So viel Separierung wie möglich. Bei der Agenda-Steuerung von Gremien sollten Explore und Exploit möglichst getrennt werden. Exploit wird in den standardmäßigen Boardmeetings behandelt. Da geht es dann beispielsweise um Cent-Beträge in der Materialbeschaffung und um Effizienzmaßnahmen in der Produktion. Explore-Themen für neue Innovationsprojekte, in denen ein anderes Mindset und andere Bewertungsmaßstäbe gelten, funktionieren besser in einem eigenständigen Format, zum Beispiel im Rahmen eines Workshops an einer anderen Location. Das ist nur ein Beispiel, wie wir Entlastung und Unterstützung für die Top-Entscheider aus dem C-Level erwirken können. Die Zerreißprobe zwischen Gegenwart und Zukunft wird nur stemmbar, wenn wir bestmögliche Rahmenbedingungen für alle schaffen – auch für das C-Level.

Autonomy

Die rechte untere Ecke des Dreiecks steht für die Autonomie der Explore-Tätigkeit. Warum die Separierung und Eigenständigkeit der Explore-Tätigkeit so entscheidend sind, haben wir im vorherigen Kapitel beleuchtet. Dabei ging es maßgeblich um das *Warum* und *Wofür*: *Warum ist das wichtig und vorteilhaft? Wofür ist das gut?* In diesem Kapitel geht es um die gesamtorganisatorischen Voraussetzungen. Dabei fokussieren wir uns auf die Ausbildung eigenständiger Teams (Corporate Start-ups) und weniger auf den kontextuellen Ansatz. Es geht um die Frage: *Wie setze ich Corporate Start-ups um?* Die konkrete Ausgestaltung und der Prozess der Umsetzung werden von Kontext zu Kontext, von Organisation zu Organisation sehr unterschiedlich sein. Es gibt dafür weder eine Blaupause noch ein Patentrezept. Dennoch wird es immer ähnliche Grundvoraussetzungen geben: Das Etablieren von Explore-Einheiten geschieht nicht auf der grünen Wiese, denn sie sind Bestandteil der Mutterorganisation und benötigen daher die Einbindung und Unterstützung von verschiedenen internen Stakeholdern. Die meisten Großorganisationen besitzen eine Abteilung für Organisationsentwicklung, die die Implementierung nicht nur umsetzen darf, sondern idealerweise auch mit Überzeugung mitträgt. Ähnliches gilt für die Personal- und Strategieabteilungen.

Die Wirksamkeit der Explore-Einheit kann sich nur entfalten, wenn das Controlling eingebunden ist und eigenständige Bewertungsmaßstäbe und KPIs für Explore unterstützt. Auf die Bedeutung des Controllings gehen wir im Folgekapitel noch ein. All das verdeutlicht: Die Einbindung und Unterstützung der verschiedenen Abteilungen sind einfacher, wenn der Auftrag und das Mandat von der Unternehmensleitung kommen. Wie sollte eine einzelne Abteilung oder ein Bereich im Alleingang all die Stakeholder überzeugen? All die Fachabteilungen werden ihre Grundsätze und Methoden nicht ändern, nur weil ein Bereich eine »Extrawurst« einfordert. Für die Differenzierung in Exploit und Explore und die damit einhergehende unterschiedliche Vorgehensweise braucht es ein unternehmensweites Verständnis, eine gemeinsame Motivation und ein fachbereichsübergreifendes Mandat. Das Unternehmen muss sich geschlossen auf den Weg machen, inspiriert und überzeugt von der gemeinsamen Sache.

Ambidextrie ist ein Mannschaftssport, kein Einzelkämpfertum.

Assets

Ergänzt wird das Dreieck durch die linke Ecke: die *Assets*. Im Wesentlichen symbolisiert dieses Eck den Zugriff der Explore-Einheiten auf die Expertise und Ressourcen des Mutterunternehmens. Explore-Teams sind teilweise auf Fachstellen des Kerngeschäfts angewiesen. Das kann die Einkaufsabteilung sein, bestehender Kundenzugang des Kerngeschäfts oder Fachexpertise aus dem Exploit. Damit Explore-Teams auf die Unterstützung aus Exploit-lastigen Bereichen zugreifen können, sollten bestimmte Prozesse und Spielregeln vereinbart werden. Wie erfolgt der Zugriff auf andere Kapazitäten? Pragmatisch über den »kurzen Dienstweg« oder nur bei explizierter Einzelfall-Genehmigung der betreffenden Führungskräfte? Gibt es formalisierte Ansätze wie ein Ticketsystem? Gibt es feste Austauschrunden und Plattformen? Kurzum, wie ist die Schnittstelle definiert?

Die meisten Supportfunktionen treten namensgerecht als Helfer und Unterstützer auf, haben aber ein zweites Gesicht. Sie sind zumeist auch Kontrollinstanzen. Sie müssen Compliance-Vorgaben wahren, Standards einhalten und Kosten überwachen. HR-Abteilungen werden neben der wohlwollenden Unterstützung der Business-Units Personalabbauzielen nachgehen oder auf interne HR-Standards bestehen. Früher habe ich mich gefragt, wieso ein so technologielastiger Bereich wie IT in vielen Firmen dem Finanzressort zugeordnet wird. Heute kenne ich die Antwort: Weil IT-Fachstellen vornehmlich als Kostenstelle gesehen werden. Jegliche Projektanforderungen aus dem Explore müssen in die engen Budgets passen und die strikten IT-Standards einhalten. Das ist mit den Anforderungen des Explore nicht immer kompatibel. Wenn Explorer neue Wege gehen, sind sie auf mehr Spielraum und Flexibilität angewiesen.

Jeder Standard, jede Richtlinie, jedes Korsett hemmt die Wirkkraft von Explore.

Explorer sind in diesem Umfeld gezwungen, permanent um Ausnahmen und Sonderbehandlungen zu betteln. Sie werden zu Bittstellern am Rande der Firmenlegalität und müssen sich ständig rechtfertigen. Das führt zu einer zähen, frustrierenden und langwierigen Auseinandersetzung und ist die beste Methode, jegliche Dynamik,

Motivation und Flexibilität aus der Organisation zu verbannen. Wenn ich als Saboteur tätig wäre, um einem Wettbewerber möglichst großen Schaden anzurichten, würde ich ganz einfach Folgendes tun: Ich würde von allen Fachstellen und Support-Funktionen eine 100-prozentige Compliance mit allen Regelwerken, Vorgaben und Standards verlangen, ohne jegliche Abweichungen. Das bringt jedes Unternehmen zum Stillstand.

Spagat-Killer:

Support-Funktionen treten in der Regel als Kontroll-Funktionen auf. Das ist ein klassischer Verhinderer für Explore. Support-Fachstellen müssen zwischen Stammgeschäft und Explore differenzieren. Für die Unterstützung von Explore sollten Support-Funktionen als Unterstützer auftreten und Vorgaben und Standards anpassen.

Ein Praxisbeispiel aus eigener Erfahrung

Für ein Innovationsprojekt wollten wir einen Prototyp erstellen. Dazu benötigten wir ein Zulieferteil eines externen Partners. Die Richtlinie der Einkaufsabteilung verlangte standardmäßig mindestens drei verschiedene Bieter, um Wettbewerb zu sichern und die Auswahl des günstigsten Angebots zu ermöglichen. Da unsere Innovation eine echte Neuerung darstellte, war das benötigte Zulieferteil keine Commodity, also keine standardisierte Ware. Es liegt in der Natur der Sache, dass radikale Innovationen eben noch nicht vollumfänglich am Markt als Standardware *gesourct* werden können. Die besagte Firma war der einzig verfügbare Lieferant. In einem regelkonformen Kontext hätten die Einkaufskollegen nur eines tun können: Die Anfrage ablehnen und auf drei Bieter bestehen. In unserem Fall konnten wir auf die Ambidextrie-Fähigkeit der Organisation setzen: Das Einkaufs-Team war Teil einer beidhändigen Kultur und wusste um die Unterschiedlichkeit zwischen Exploit und Explore. Entsprechend gab es die Vereinbarung, in solchen Sondersituationen eine Ausnahme zu machen. Und das ohne wochenlange Diskussionen, Powerpoint-Schlachten, Eskalationsrunden und E-Mail-Kaskaden. Die Zeit und Energie, die in solche Eskalationsmarathons gehen, investierten wir lieber in die Wertschöpfung. Den Einkäufer habe ich anschließend auf einen Kaffee eingeladen. Und – und das ist, was den Unterschied ausmacht – als der Prototyp kurze Zeit später fertiggestellt war und die ersten Testkunden begeisterte, habe ich ihn auf eine Produktpräsentation eingeladen. So spürte der Kollege den Benefit dieser Maßnahme, erlebte seinen eigenen Beitrag und erhielt unmittelbar Wertschätzung. Genau das formt und stärkt die (beidhändige) Unternehmenskultur. Das nächste Mal wird er wieder unterstützen. Am Ende geht es ja nicht um einen persönlichen Gefallen oder um meinen eigenen, egozentrischen Nutzen, sondern um den Erfolg der gemeinsamen Firma. Die Unterstützung des Einkaufskollegen war ein wertschöpfender Beitrag. Darum geht es. Das scheinen wir manchmal zu vergessen, wenn wir uns hinter den Silos verschanzen, ausgerüstet mit Abwehrmechanismen, »Nebelkerzen« und fachbereichsinternen Agenden.

Es sind ebendiese Feinheiten, dieses tägliche Mit- oder eben Gegeneinander, die den Unterschied ausmachen.

> **Die Naht- und Schnittstellen zwischen Exploit und Explore entscheiden, ob die Organisation langsam, träge, uninspiriert oder schnell, flexibel und beidhändig ist.**

Keine Einbahnstraße

Doch die Unterstützung zwischen Exploit und Explore ist keine Einbahnstraße. Explore und Exploit können und sollen voneinander profitieren. Wenn beide Welten zusammenwirken, kann das eine enorme Kraft entwickeln.

Es geht nicht nur um den Zugriff der Pioniere auf die Kerngeschäft-Ressourcen. Auch Exploit kann von Explore profitieren. Der Informationsfluss zwischen den beiden Polen ist wichtig. Verbesserungsvorschläge und Impulse der Explore-Teams sollten die entsprechenden Abnehmenden der Stammorganisation erreichen. Gleichsam sollten Kundenrückmeldungen aus dem Vertrieb (Exploit) wie auch Ideen der Mitarbeitenden des Kerngeschäfts umgehend an die Explore-Produktentwicklung fließen. Die Erkenntnis ist: Beide Pole können voneinander lernen. Beidhändigkeit heißt nicht *gegeneinander*, sondern *sich unterstützen* und *ergänzen.* Wir sollten uns also fragen: *Wie vernetzt arbeiten beide Welten?*

Fußball-Offensiv-Künstler Lionel Messi hat irgendwann auch eine Grätsche gelernt. Dazu hat er womöglich einen Mannschaftskollegen der Verteidigung um Tipps und Tricks gefragt. Und vice versa: Der Verteidiger konsultiert den Stürmer für eine verbesserte Schusstechnik.

Auch Explore muss Qualität abliefern, gewisse Standards einhalten, Regelwerke beachten, Systeme des Kerngeschäfts bedienen. Viele Räder müssen nicht neu erfunden werden. Bestehende Expertise kann genutzt werden. Explore profitiert gegebenenfalls aus Rückmeldungen und Verhaltensweisen der Stammkunden oder nutzt Erkenntnisse der existierenden Fertigungsmethoden. Exploit kann eine Absprungbasis für die radikale Innovation darstellen. Radikale Innovation heißt nicht zwangsläufig, dass *alle* Systeme, Bauteile und Vorgehensweisen neu erfunden werden müssen. Mitunter baut eine radikale Innovation auf bestehenden Elementen auf. Dann ist die gezielte Expertise aus dem Kerngeschäft wertvoll.

Es kann mitunter sinnvoll sein, spezielle Teams als »Brückenbauer« einzusetzen. Ein solches *Exchange-Team* fungiert dann an der Schnittstelle zwischen Kerngeschäft und radikaler Innovation, identifiziert und fördert Synergien, stellt einen gezielten Austausch her, sorgt in relevanten Aspekten für eine Orchestrierung. Idealerweise sind diese Teams aus »beiden Welten« rekrutiert, also aus den Reihen erfahrener

Mitarbeitenden aus dem Kerngeschäft und aus der Explore-Welt. Das bezieht sich sowohl auf die fachliche Expertise wie auch auf den Charaktertyp im Sinne von Vahls Einordnung (z. B. Innovator und Late Majority). Das minimiert das Risiko der Gewichtung zugunsten Exploit oder Explore.

Assets als Rückgrat

Der Punkt *Assets* steht weiterhin für die Erkenntnis, dass das Kerngeschäft (Exploit) auch in Zukunft das wesentliche Rückgrat des Unternehmens darstellt. Bei all dem Fokus auf das Innovationsgeschäft, den Hype um Agilität und die Glorifizierung der neuen Tech-Player sollten wir nicht vergessen, dass das Kerngeschäft weiterhin die unternehmerische Grundlage ausmacht. Das Kerngeschäft sitzt nicht in der 2. Klasse, sondern auf Augenhöhe mit Explore in der First Class. Unsere Fähigkeiten und Errungenschaften im Kerngeschäft sind uns so in Fleisch und Blut übergegangen, dass wir es manchmal für selbstverständlich ansehen.

Das erinnert mich an ein Gespräch mit einem befreundetet Chirurg. Als wir uns über unsere Arbeit unterhielten und ich meine Anerkennung für seine Tätigkeit ausdrückte, wiegelte er nur ab und meinte: »Ach, Christian so eine Blinddarm-OP, das ist keine große Sache, das läuft heutzutage fast wie im Schlaf.« »Klar«, dachte ich mir, »für Dich schon. Aber jetzt stell Dich mal als Nicht-Chirurg an den OP-Tisch mit dem Skalpell in der Hand. Viel Spaß.« Andersherum, als ich von meiner Tätigkeit erzählte, erging es ihm ähnlich. Ich bin fest davon überzeugt, dass mein Schaffen keine Raketenwissenschaft ist, für ihn klang jedoch alles sehr beeindruckend. Impostor-Syndrom oder auch Hochstapler-Syndrom heißt das wohl, also die Unfähigkeit, seine eigene Leistung und Fähigkeiten zu schätzen und zu würdigen.

Und so ähnlich ergeht es uns in unseren Unternehmen. Exploit findet oft weniger Anerkennung und Begeisterung, als angebracht wäre. Explore gilt schnell als der neue Hype, als das spannende Zukunftsthema, als die Raketenwissenschaft. Da müssen Führungskräfte aufpassen und gegensteuern.

> **Explore und Exploit ist keine Zweiklassengesellschaft, sondern eher Yin und Yang: zwei Pole einer Einheit, auf Augenhöhe.**

Das vierte »A«

Es folgt das vierte »A«: Ambiguitätstoleranz, also die Fähigkeit, mit der Widersprüchlichkeit und Pluralität der Beidhändigkeit umzugehen.

Abb. 37: Das vierte »A«, die Ambiguitätstoleranz

Das vierte »A«, das der *Ambiguität,* ist nicht zufällig an der Kante des kleinen Dreiecks platziert. An der Schnittstelle im Zusammenspiel der Explore-Teams mit dem Kerngeschäft entsteht die Spannung. Die Unterschiedlichkeit muss verstanden und ausgehalten werden. Die Dualität darf nicht als Versagen des Managements angesehen werden, die Mitarbeitenden dürfen nicht irritiert sein. Die Fähigkeit der Beteiligten, mit dieser Ambiguität umzugehen, muss in den meisten Fällen neu erlernt werden. Da sind Führung und Kommunikation gefragt. Das braucht viele Gespräche, die langsame Annäherung der unterschiedlichen arbeitenden Teams, Vertrauensaufbau. Da heißt es, als Führungskraft mit gutem Beispiel voranzugehen. Als Grundvoraussetzung vorgeschaltet muss das Grundverständnis der Beidhändigkeit, die Notwendigkeit und Vorzüge eben dieser, gesät werden.

Das Modell ist komplett

Mit den vier »A« ist das *Dreiecksmodell* komplett und Ambidextrie in der Essenz beschrieben. Dieses Modell nenne ich das *Magic Triangle.*

Ich bin ein großer Verfechter abstrakter Modelle. Wir Menschen arbeiten ständig mit vereinfachenden Modellen. Nehmen wir das Schalenmodell des Atoms, in dem eine Kugel im Zentrum abgebildet ist, die den Kern (Proton) darstellt und dann von Kreisbahnen kleinerer Kugeln (Elektronen) umringt wird. Natürlich sieht ein Atom so nicht aus, aber das vereinfachte Modell beschreibt die Charakteristika für die meisten Anwendungsfälle ausreichend gut. Es hilft uns. Auch im Arbeits- und Businesskontext verwenden wir solche Modelle. Der *Golden Circle* von Simon Sinek ist ein bekanntes Beispiel. Die Realität ist komplex, und Dynamik und Volatilität nehmen weiter zu. Abstrakte Modelle, als vereinfachtes Abbild der Wirklichkeit, geben uns Orientierung. Natürlich ist die konkrete Ausprägung im jeweiligen Einzelfall komplizierter. Das Modell gibt aber eine Richtung vor, schafft Leitplanken und Zielbilder. Es geht darum, das Grundverständnis zu schärfen. Nur wenn die wesentlichen Zusammenhänge und

Wirkweisen durchdrungen sind, können die Feinheiten und Sonderfälle angegangen werden.

Das *Magic Triangle* mit den vier »A« ist das Modell für Ambidextrie, für ein nachhaltiges Miteinander von Exploit und Explore.

Die Abbildung steht als Download unter myBook+ bereit.

3.2 Essenzielle Stellschrauben: Wie Ambidextrie gestärkt wird

Mit dem *Magic Triangle* und den vier »A« haben wir die DNA und das Grundsystem für eine beidhändige Organisation beschrieben. An dieser Stelle kommen wir zu den ergänzenden Bausteinen.

Welche zusätzlichen Stellschrauben können wir verändern, um Ambidextrie und das Magic Triangle zu stärken?

Dabei untersuchen wir drei Themen- und Handlungsfelder: Finanzsteuerung, Personalentwicklung und Unternehmenskultur.

Die Finanzsteuerung

Über Geld spricht man nicht? Das gilt zumindest nicht für den Business-Kontext, bei dem es oft nur noch um Finanzlogik, Kennzahlen und monetäre Entscheidungen geht. Zumindest scheint das Controlling in meiner Beobachtung zur mächtigsten internen Instanz gewachsen zu sein. Ohne Controlling geht heute nichts mehr. Wenn ich nur *einen* Grund nennen dürfte, warum so viele Innovationen scheitern, dann würde ich eine missverstandene Finanzsteuerung nennen: Die meisten Innovationen und Veränderungsvorhaben scheitern, weil wir im Controlling nicht zwischen Exploit und Explore differenzieren. Wir kommen mit den immer gleichen Methoden und Erwartungen des Kerngeschäfts daher und wollen damit im Umfeld der Ungewissheit eine Planbarkeit erzeugen. Ich habe dabei folgendes Bild vor Augen: Im Explore sähen wir zarte Pflänzchen und kommen dann mit dem Maschinenpark des Kerngeschäfts – den Rasenmähern und Mähdreschern – daher und wundern uns anschließend, warum so wenig Pflänzchen gedeihen.

Eine inkrementelle Investition wird in der Regel mit Planbarkeit, Renditeerwartungen und betriebswirtschaftlichen Standards in Einklang zu bringen sein. Radikale Innovationen sind dagegen nicht vollumfänglich planbar. Wenn die Controller mit dem traditionellen »Exploit-Werkzeugkoffer« daherkommen, werden sie von der Explore-Projektleitung die kalendarisierten Renditeerwartungen abfragen. In der frühen Phase kann der Projektleiter diese Kennzahlen jedoch noch nicht voraussagen. Vielleicht findet der Markteintritt nächstes Jahr statt, gegebenenfalls dauert es noch ein Jahr länger. Wie groß ist die (noch nicht vollumfänglich bekannte) Zielgruppe? Bei radikaler und disruptiver Entwicklung gibt es zu viele Unbekannte, die Parameter sind zu volatil. Budget- und Renditeziele entstehen in der Regel durch Fortschreibung. Sie basieren auf den Ergebnissen der Vergangenheit und werden dann in die Zukunft projiziert. Bei radikaler Innovation gibt es diese Daten aus der Vergangenheit nicht.

Der Lügner

Was also macht der Projektleiter? Er muss Zahlen liefern, also liefert er sie. Dabei befindet er sich in einem Dilemma. Sind Renditeerwartungen zu konservativ angesetzt, rechnet sich das Projekt womöglich nicht, die Anschlussfähigkeit und die Priorität schwindet. Zu optimistisch geschätzt, wird er seine Ziele verfehlen und damit als Verlierer dastehen. Was auch immer er tut, er wird unfreiwillig zum Lügner. In beiden dieser Szenarien sieht er sich gezwungen, die Zahlen zu erfinden. Dies kann als »spezielle« Form des *Finanz-Engineerings* betrachtet werden. »Böse Zungen« behaupten daher, dass in vielen Unternehmen das Finanz-Engineering die einzig wahre Kreativabteilung ist.

Wenn die finanziellen Ergebnisse nicht exakt den Prognosen entsprechen, muss die Projektleitung zum Rapport und mit unzähligen Kostenüberleitungen argumentieren, woran es lag. Dabei geht es nur um Rechtfertigung, um Zahlendreherei, bis es sich intern besser verargumentieren lässt. Das wiederum kostet viel Zeit und Energie, die womöglich besser in die Projektentwicklung und Wertschöpfung investiert wäre. Dem Projekt und dem Kunden bringen solche zeitfressenden Selbstbeschäftigungen gar nichts.

Wir müssen uns eingestehen: Mit den traditionellen Methoden kommen wir in der radikalen Innovation im Kontext der Ungewissheit nicht weiter. Der Ergebnishorizont im Explore ist langfristiger. Folglich benötigt Explore andere Messgrößen und KPIs. Das ist eigentlich naheliegend und doch findet es in den allerwenigsten Fällen Berücksichtigung. Die meisten Explore-Einheiten und -Projekte werden mit den gleichen, unternehmensweit geltenden Methoden, Messgrößen, Renditeerwartungen beaufschlagt wie diejenigen aus dem Kerngeschäft. Die Gießkanne ist das Lieblingstool des klassischen Managements. So werden Unterschiede vermieden. Etablierte Standards sind möglichst universell und global gültig. Daher müssen wir und bewusst machen:

> **Was im Kerngeschäft seit Jahrzehnten hervorragend funktioniert, wird im Kontext der Exploration unbrauchbar. Im Explore verkehren sich klassische Erfolgsfaktoren (des Kerngeschäfts) zu Miss-Erfolgsfaktoren.**

Messgrößen

Die Finanzlogik im Explore darf nicht analog zum Kerngeschäft funktionieren. In der etablierten und klassischen Finanzsteuerung sind Kalender, Jahresbudgets und Quartalszahlen die Taktgeber. Alle relevanten Messdaten werden zu festen und wiederkehrenden Zeitpunkten gemessen, geprüft und gemeldet, wie ein Uhrwerk, unabhängig von dem Kontext oder der Art des Projekts. Im Explore müssen wir uns von diesem kalendergesteuerten Rhythmus lösen und stattdessen Projektfortschritt nach Meilensteinen bewerten. Die Explore-Finanzierungssteuerung richtet sich eher an die Venture Capitalists. Bewertungskriterien basieren auf der inhaltlichen Weiterentwicklung und dem Absicherungsfortschritt der Hypothesenprüfung.

Investitionsfreigaben

Die Investitionsfreigaben erfolgen nach vorab definierten Meilensteinen des Projektfortschritts. Explore-Messgrößen können bestehen aus Markt-Awareness, Ecosystem-Partner-Kooperationen, monatlicher Nutzerzahl, Time to Market und Patentanmeldungen. Jede Iterationsschleife, jedes Experiment bringt neue Erkenntnisse und Datenpunkte. Diese müssen analysiert werden. *Sind wir auf dem richtigen Weg? Sind unsere Annahmen richtig? Verbessern wir das Produkt? Deckt das Kunden- und Marktanforderungen?* In den frühen Innovationsphasen sollte die Finanzierung in kleineren Portionen erfolgen. Für diesen Zweck ist ein separates Entscheidergremium ratsam. All das hat nicht viel mit den klassischen Messgrößen des Kerngeschäfts wie Produktionsvolumen, Fehlerquote, Produktionszeit pro Einheit oder Renditeentwicklung zu tun.

Explore-Projekte dürfen hinsichtlich der Mittelverteilung und Investitionsplanung nicht in Konkurrenz zum Kerngeschäft stehen, sondern müssen untereinander in Wettbewerb treten. Ein vorab definierter Investitionsrahmen für Explore bildet die Verteilmasse, für die sich einzelne Explore-Vorhaben bewerben.

> **Explore braucht eine vom Kerngeschäft losgelöste, eigene Finanzsteuerung und Finanzierung.**

Erwartungshaltung Management

In weiten Kreisen des klassischen Managements herrscht folgende Erwartungshaltung: Wenn wir unsere Hausaufgaben ordentlich machen, können Risiken minimiert und das »richtige« Innovationsprojekt identifiziert werden. Wenn wir nur genügend Datenpunkte sammeln und die Renditeberechnung sorgfältig rechnen, ergibt sich die Erfolgsaussicht eines Projekts als Ergebnis.

In Powerpoint und Excel sieht das tatsächlich überzeugend aus. Für eine inkrementelle Innovation in bekannter Umgebung funktioniert dieser Ansatz auch weitgehend. Wenn wir über die *Adjacent-* oder Explore-Innovation sprechen, wendet sich das Blatt.

Wenn es um echte Innovation geht – also das Betreten von unbekanntem Terrain, im Umfeld der Ungewissheit –, kann zu viel Analyse mit zu vielen Kennzahlen kontraproduktiv sein. Viele Parameter wie Kundenakzeptanz, Preisentwicklung, Technologiefortschritt können kaum vorausgesagt und quantifiziert werden. Werden diese dennoch angesetzt, unterliegen sie dann schwindeligen Annahmen und erzeugen eine Pseudo-Genauigkeit und Scheinquantifizierung. Wie beim Fall Kodak sprechen dann viele Indikatoren gegen die neue Technologie bzw. das Neugeschäft (Digitalfotografie), da falsche Annahmen getroffen werden. Zudem werden viele Einflussgrößen unterschätzt. Ein herausragendes Beispiel dafür ist die Entwicklung der Autobatterie, das ich im Folgenden schildere.

Falsche Annahmen

Als Tesla 2012 das Model S präsentierte, waren sich die meisten Analysten einig, dass die Batterietechnologie relativ ausgereift sei und bereits die Preisuntergrenze erreicht habe. Entsprechend skeptisch beurteilten Kritiker die Erfolgsaussichten der Elektrofahrzeuge. Ein Akkupack für den Tesla Roadster lag 2007 bei über 15.000 Dollar, zu teuer für den Massenmarkt. Entsprechend belächelt wurde CEO und Gründer Elon Musk. Das erste Chart der Abbildung 38 reflektiert die Sichtweise. Das Preisniveau scheint sich eindeutig eingependelt zu haben.

Es gibt einen Mitschnitt, der den damaligen Volkswagen-CEO Matthias Müller zeigt, wie er Tesla despektierlich kleinredet:

https://www.youtube.com/watch?v=wSklSKRklpk

Unbedingt anschauen! Mit welcher Selbstgefälligkeit und Arroganz das vorgetragen wird. Noch bezeichnender ist die Reaktion der Kollegen und des Publikums: Alle lachen. Alle. Heute hat Tesla eine Marktkapitalisierung von rund 755 Milliarden Euro und VW von rund 75 Milliarden (Stand 06/2023).[57] *Wer lacht heute?*

Hätten die Skeptiker das Wright'sche Gesetz berücksichtigt, wäre ihr Urteil wohl anders ausgefallen. Vom Luftfahrtingenieur Theodore Wright in den 1930er-Jahren aufgestellt, gibt das Gesetz an, dass eine Technologie oder ein Produkt bei jeder Verdopplung seiner kumulierten Produktionsmenge eine Verminderung der Produktionskosten um einen bestimmten, immer konstanten Prozentsatz erfahren wird. Mit zunehmender Stückzahl (und technischer Weiterentwicklung) gehen auch die Kosten der Batterie nach unten. Damit werden Elektrofahrzeuge rentabel und sind mittlerweile kostentechnisch für den Markt geeignet. Kostensenkung durch steigende Volumen, auch Skaleneffekt genannt, ist nur ein Teil der Gleichung. Darüber hinaus können Technologiesprünge ganz neue Möglichkeiten auftun.

Diese Effizienzverbesserung und Kostenreduktion erkennen wir im zweiten Chart der Abbildung 38. Wir sehen die weitere Kostenabsenkung, die das Produkt letztendlich marktfähig und profitabel machten.

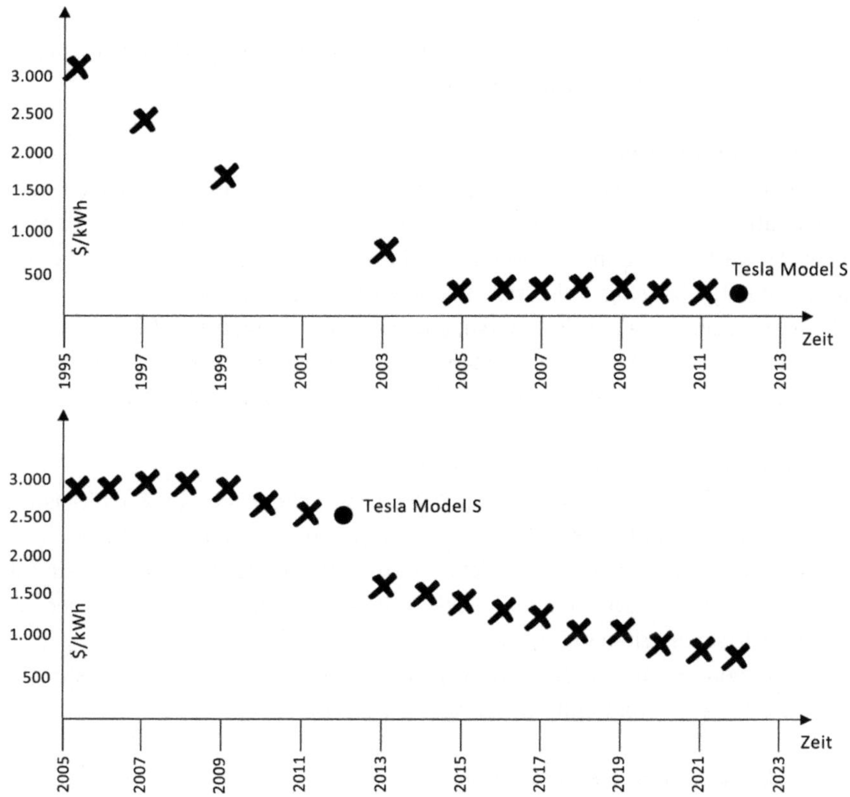

Abb. 38: Kostenentwicklung der Lithium-Ionen-Batterien[58]

Less is more im Explore

Im Explore-Modus im Kontext der Ungewissheit ist es zielführender, sich auf ausgesuchte, wenige Entscheidungskriterien zu fokussieren. Dabei können wir von *Seed-Investoren* lernen, die in sehr frühen Phasen Start-ups finanzieren. Diese ignorieren oft die Kennzahlen der polierten Powerpoint-Folien und bewerten dagegen »weichere« Faktoren wie zum Beispiel den Unternehmenspurpose, die Begeisterung der Gründer oder das Nutzerversprechen. Es geht dabei um qualitative Faktoren, weniger um quantitative KPIs. Aber das erfordert Erfahrung und das berühmte Bauchgefühl, allesamt Eigenschaften, die wir über Jahrzehnte abtrainiert haben. Wir haben uns im Zuge der Industrialisierung und klassischen Betriebswirtschaft zu lange auf die Excel-Sheets verlassen. *Was nicht messbar ist, ist nichts wert. Was ich nicht in Zahlen definieren kann, existiert nicht.*

An dieser Stelle möchte ich daher eine Warnung aussprechen: Das Vordringen in die radikale Innovation im Kontext der Ungewissheit, der Wechsel der klassischen Investitionsentscheidung zu alternativen, sollte nur von Unternehmen mit entsprechender Erfahrung durchgeführt werden.

Das ist so wie damals bei *Wetten, dass ...: An alle Kinder und Ungeübte, dieser Trick wird von Profis ausgeführt, bitte nicht zu Hause nachmachen.*

Innovation ermöglichen

Eine wahre Geschichte: Ein Junior-Software-Ingenieur einer jungen Firma im Onlinehandel hatte die Idee, eine Art »All you can eat«-Buffet für den Gratisversand anzubieten. Es würde funktionieren wie der All-inclusive-Urlaub: Einmal vorab bezahlt, könnten Kunden beliebig oft bestellen ohne weitere Versandgebühren. Als die Controller den Business Case berechneten, gab es ein eindeutiges Ergebnis: Die Zahlen waren katastrophal schlecht. Der Versand sei so kostenintensiv, dass die anvisierten und durchsetzbaren Einnahmen durch das Abo in keinem Verhältnis stünden.

Und jetzt passierten zwei erstaunliche Dinge:

1. Die Idee wurde trotzdem im C-Level-Board besprochen. In einem Exploit-lastigen Unternehmen mit klassischen Managementmethoden und traditioneller Finanzlogik erreicht eine solche Idee nicht das Top-Management. Schließlich sind die Prüfinstanzen, Vorgremien und Checks & Balances genau dazu da, solchen »betriebswirtschaftlichen Unfug« vorab auszusieben.
2. Das »All you can ship«-Projekt wurde genehmigt und in die Umsetzung gebracht – trotz eindeutig katastrophaler Business-Case-Bewertung.

Das war die Geburtsstunde von *Amazon Prime*.

Wieso hat Amazon das Projekt trotz des fehlenden Business Cases auf den Weg gebracht? *Rechnen deren Controllern nach anderen Mathematikgesetzen?* In der etablierten Controlling-Logik beschreibt der Business Case die absolute Wahrheit, eine unantastbare Faktenlage. *Zahlen lügen nicht.* Im Management scheint die Annahme verbreitet, in einer Business-Case-Berechnung simulierten wir die reale Welt. Das ist natürlich ein Trugschluss. Marktentwicklung, das Kundenverhalten, die Rohstoffpreisentwicklung ... – all das sind Annahmen, die viel zu volatil und komplex sind, um sie akkurat zu prognostizieren. Eine Renditeberechnung kann nur einen Ausschnitt der realen Welt abbilden. Es gibt immer eine Abgrenzung zu Umfeldeinflüssen und Sekundäreffekten. Am Beispiel Amazon Prime heißt das: Der Betrachtungsumfang *Abo-Einnahmen versus Versandkosten* ist zu eng gefasst. Auf einer Konferenz des *Economic Forum of Washington* gibt Jeff Bezos die Erklärung[59]: Bei *Prime* ging es nie um die Einnahmen über die Mitgliedsgebühr. Der wahre Benefit dieses Programms ist die maximale Kundenbindung. *Prime* spornt dazu an, noch mehr (alles?) bei Amazon zu erwerben, um die bereits bezahlte Gebühr maximal auszunutzen. Wir erkennen, dass an der Einführung der »All you can ship«-Option mehr dran ist, als auf den ersten Blick ersichtlich, als in das Standard-Excel-Formular hineinpasst. Was Controller als finanzielles Fiasko ablehnten, war nichts weniger als Amazons Schachzug in die Quasi-Monopolstellung.

Ich möchte nicht wissen, wie viele Potenziale abgekündigt werden, weil wir uns zu oft auf die eingefahrene Entscheidungslogik des klassischen Managements und Controllings verlassen. Das ist ein echtes Problem. Für echte *Gamechanger* braucht es eben auch die »Explore-Brille«: den Mut, den Weitblick, das Bauchgefühl, die Gesamtsicht, die langfristige Perspektive und die Vision.

Spagat-Killer:

Die zu starre und dogmatische Verharrung in der etablierten Management- und Finanzlogik, ohne Differenzierung zwischen Exploit- und Explore, verhindert Exploration.

Und einmal mehr werde ich nicht müde, zu erwähnen, dass ich die klassischen Managementmethoden und das klassische Controlling nicht per se in Abrede stelle. All das benötigen wir weiterhin. Wir erinnern uns an die Erfolgsformel 70/20/10, der zufolge 70 Prozent inkrementelle Innovation empfohlen sind. Da greifen die klassischen Managementmethodiken. Diese müssen aber für die 30 Prozent Adjacent- und Explore-Innovation aufgebrochen werden.

Verrückte Ideen

Das Beispiel von Amazon Prime birgt eine weitere bemerkenswerte Beobachtung: Die »verrückte« und in der konventionellen Finanzlogik unwirtschaftliche Idee eines *Junior-Entwicklers* aus der »Arbeitsebene« schaffte es bis zum CEO Jeff Bezos. Das ist durchaus erstaunlich. Ich lehne mich jetzt mal weit aus dem Fenster und behaupte, dass die allermeisten Konzerne einen Apparat aufgebaut haben, der genau das verhindert. Da werden Ideen nämlich solange:

- mit diversen Hierarchieebenen und Kreisen abgestimmt,
- abgesichert, um jegliche (karrieregefährdenden) Risiken auszuräumen,
- so angepasst, dass politische Anschlussfähigkeit mit möglichst allen Stakeholdern erreicht wird,
- vom Controlling infrage gestellt und abgelehnt, wenn die (zu eng gefasste?) Renditebewertung nicht die festgesetzten 30 Prozent (?) bringt,

… bis die meisten Ideen im Vorfeld abgekündigt werden und nie das C-Level erreichen. Es gibt so viele Stolpersteine, Sollbruchstellen und Verwässerungspunkte, dass es fast einem Lottogewinn gleicht, wenn eine bahnbrechende Idee überhaupt zum C-Level durchdringt.

Scheitern für den Erfolg

Wir müssen schnell mit der Illusion aufräumen, dass durch genug Planung, Analyse und Controlling der Erfolg eines Investitionsprojekts bestimmt werden kann. Schauen wir uns den Ambidextrie-Champion Amazon noch einmal genauer an. Wir sehen oft nur die Erfolge, die wachsenden Gewinne, die Expansion und Innovationskraft. Was wir dabei gern übersehen, sind all die Misserfolge. Anbei einige Beispiele gescheiterter Innovationsprojekte: Amazon Local, zShops, Endless.com, Instant Pickup, Auctions, Amazon Webstore, Fire Phone, Webpay, Storybuilder, Amazon Spark, Kozmo.com, testdrive. Allein das Scheitern des Fire Phones setzte 170 Millionen Dollar in den Sand.[60]

Amazon hat das Scheitern im Kern der Unternehmenskultur verankert. Firmengründer Jeff Bezos beschreibt es so: »Wenn Du erfinderisch sein willst, bereite Dich aufs Scheitern vor.«[61] Die Logik dahinter ist simpel und alternativlos:

Ohne Irrtümer gibt es weder Entdeckung noch Lernerfolg.

Misserfolge sind Teil der Amazon-DNA. Führungskräfte werden in dem Kontext nicht abgestraft. Misserfolge werden in Kauf genommen, weil sie durch einzelne wenige Extremerfolge überkompensiert werden.

Gewinner entstehen nur durch Misserfolge.

Frag mal einen Olympiasieger oder eine Weltmeisterin. Watson Senior, der Gründer von IBM, antwortete auf die Frage, was ein Mitarbeiter tun müsse, um befördert zu werden: »Er muss nur seine Fehlerquote verdoppeln.«[62]

Eine Auswertung von Wagniskapital-Investitionen[63] zeigte auf, dass lediglich 0,4 Prozent der Innovationsprojekte einen *Gamechanger*, einen echten »Gewinner« hervorbringen. Dagegen stehen rund 65 Prozent Verlustgeschäfte und 34,6 Prozent mäßige Beitragsleister. Das verlangt starke Nerven. Dieser Auswertung zufolge benötigen wir durchschnittlich 250 Projekte, um ein echtes »Gewinner-Projekt« zu finden. In dem Kontext bekommt der Begriff *Fehlerkultur* eine ganz andere Bedeutung (obwohl wir uns ja in diesem Zusammenhang zwischenzeitlich auf den Begriff *Irrtum* geeinigt haben). Amazon hat das verstanden. Laut Bezos sind »das Scheitern und die Erfindung untrennbare Zwillinge.«[64] Die Devise lautet:

Das Scheitern in Kauf nehmen, um Erfolg zu ermöglichen.

Im Umkehrschluss bedeutet das: Das Erfolgsprojekt kann nicht vorausgesagt werden. Wir können keinen Gewinner entdecken, ohne in »Nieten« und »Fehlzünder« zu investieren. Eigentlich sollte uns das nicht sonderlich überraschen. In der Non-

Businesswelt ist es ja nicht anders: Schau mal in einer Fußball-Akademie vorbei, wie viele Kinder von der Fußball-Karriere träumen und durch die Ausbildung geschleust werden. Letztendlich schafft es dann nur das eine Talent in die erste Mannschaft. Da würde niemand auf die Idee kommen, nur in ein Talent zu investieren und auf »den guten Riecher« zu hoffen. Auch im Umfeld der Start-ups können wir die Gewinner nicht voraussagen. Das wäre ja auch zu schön – quasi das *Perpetuum mobile* des Seed-Investments. Durchschnittlich schaffen es weniger als 10 Prozent der Gründungen in die Profitabilität. Das heißt, Investoren haben durchschnittlich 9 von 10 Start-ups in ihrem Portfolio, die scheitern. Doch auch hier geht kein Weg an der Quantität vorbei. Da niemand den Erfolg vorhersehen kann, brauchen wir die Anzahl.

Aktieninvestment an der Börse? Dasselbe. Nur in der klassischen Denke des (Exploit-) Management fühlen wir uns zu Göttern berufen, die mit viel Fleiß und der sorgfältigen Methodik das *eine* Investitionsprojekt auserkoren können. *Time to wake up.*

Was machen die Kleinen?

Jetzt ist nicht jedes Unternehmen so groß wie Amazon. Was machen kleinere Firmen und Mittelständler, die nicht über die Finanzkraft und Personalstärke verfügen, unzählige Investitionsprojekte zu tragen?

Die eben angeführte Statistik von 250 Projekten soll nicht abschrecken und ich möchte diese Zahl relativieren. Wir müssen die relative Korrelation zum Unternehmenskontext berücksichtigen: Wenn Amazon einen *Gamechanger* benötigt, ist das tatsächlich ein großer Wurf. Um bei der Firmengröße, bei den ohnehin schon so erfolgreichen Kennzahlen eine spürbare Entwicklung auszulösen, benötigt das natürlich auch den massiven Veränderungsimpuls. Das ist dann eine Neuerung, die den Weltmarkt beeinflusst. Bei einem Mittelständler, der eine Nische bedient, muss das erfolgsbringende Innovationsprojekt vielleicht nicht zwangsläufig die weltmarktverändernde Disruption sein. Oft sind kleine Unternehmen *Hidden Champions*, also Technologie- und Marktführer in ihrem Segment. Die Kompetenz und das Geschäftsfeld sind dann derart spezialisiert, dass die *Hunting Zones* den Suchradius verringern und den Fokus schärfen. Die Innovationsrichtung ist dann womöglich klarer. All das kann den Druck auf den Neuheitsgrad, den revolutionären Anteil, und dadurch auch den Druck auf die Anzahl der Projekte verringern.

Es ist eine berechtigte Frage, ob kleine Unternehmen immer und zwangsläufig den disruptiven oder radikalen Anteil des Innovationsportfolios benötigen. In dem Sinne verschiebt sich mit Sicherheit auch die Erwartungshaltung oder Notwendigkeit im Innovationsportfolio. Wenn bei Amazon der Mix 70/20/10 gilt, kann ein kleines Unternehmen gegebenenfalls auch mit 80/20/0 auskommen. Oder es bleibt bei 70/20/10, die 10 Prozent entsprechen aber genau einem Explore-Projekt. Das war bei PERI der Fall, die mit ihrem Corporate Start-up auf die eine Karte 3-D-Druck setzten (siehe Kapitel 2.2).

Auch wenn man es kaum noch hören kann: Es gibt kein Patentrezept, keine Musterlösung für alle. Wichtig ist das Bewusstsein, die Differenzierung, die gezielte Entscheidung für ein bestimmtes Innovationsportfolio. Kleinere Unternehmen können die Projektquantität und Finanzkraft der Großen durch Spezialisierung und Nischenplatzierung kompensieren.

Personalentwicklung

Die unterschiedlichen Anforderungen aus Stabilität und Wandel bedingen naturgemäß unterschiedliche Anforderungsprofile an die Mitarbeitenden. Während bislang eher das Ähnlichkeitsprinzip galt, nachdem die Belegschaft eher homogen »kuratiert« wurde, ist nun ein Umschalten notwendig. Das Recruiting wie auch die Personalentwicklung müssen dem Ambidextrie-Ansatz Rechnung tragen. Unternehmen brauchen heute mehr Diversität hinsichtlich kulturellen Hintergrunds, Persönlichkeit, Kompetenzen und Arbeitsweise. Nur so können Exploit und Explore mit den richtigen Skills und Charaktertypen besetzt werden.

Das verändert die Auswahlkriterien für Beförderungen und Belohnungen. Wenn wir nur diejenigen fördern, die keine Fehler machen, wird es eng. Es geht um die richtigen Signale an die Belegschaft. Wagemut, an der richtigen Stelle eingesetzt, muss sich wieder auszahlen. Das klingt alles so einfach, ist aber ein fundamentaler Systemwechsel, der den meisten Firmen noch schwerfällt.

Anreizsysteme

Der langfristige Planungs- und Renditehorizont der Explore-Aktivitäten bedarf einer strategischen Weitsicht. Damit neue Geschäftsideen nicht den kurzfristigen Zielsetzungen zum Opfer fallen, können angepasste Anreizsysteme unterstützen. Viele Unternehmen machen Führungskräfte und Mitarbeitende zu echten Shareholdern, zum Beispiel durch die Ausgabe von Aktien und Unternehmensbeteiligungen. Wenn Mitarbeitende wie Unternehmer denken und handeln sollen, müssen sie auch ein Stück weit Unternehmer werden.

Maßgeblich geht es darum, den eingeschränkten Blickwinkel des eigenen Verantwortungsbereiches aufzubrechen, indem der Gesamterfolg des Unternehmens in die persönlichen Ziele und Leistungsbewertungen einfließt. Entscheidend ist das Timing der Messpunkte. Sind die Bewertungszeiträume zu kurz, werden kurzfristige Erfolge priorisiert. Das kann eine schnelle Rendite sein, die die langfristige Entwicklung schwächt. Sind die Meilensteine zu entfernt in der Zukunft, verlieren sie an Motivationswert.

Fortbildung

Unterstützt wird die Personalentwicklung durch die entsprechenden Fortbildungsmaßnahmen. Als IBM die *EBO Units* (Explore-Einheiten) ins Leben gerufen hat, wurde ein spezielles Format entwickelt: das Strategic Leadership Forum (SLF). Die problemlösungsorientierte Sprache wurde geschärft, klassische Denkweisen wurden hinterfragt, indem externe Fallbeispiele gezeigt wurden. Das Erfolgssyndrom wurde genauso thematisiert wie die Risiken durch Disruption. Dabei ging es nicht nur um Wissensaustausch, sondern ebenso um neue Zielsetzungen und Verpflichtungen, die rigoros nachgehalten wurden. Die Maßnahmen attackierte die Risikoaversion, die geringe Fehlertoleranz, mangelnde Kooperation zwischen den Silos, das Exploit-lastige Mandat der Finanzer. Kurzum, es ging um einen Kulturwandel.

Der ostfriesische Bus

In meiner Kindheit wurden ständig Ostfriesen-Witze erzählt. Einer ging so: *Warum sind die Busse in Ostfriesland 10 Meter breit und nur ein Meter tief?* Weil alle vorne sitzen wollen.

Das erinnert mich an folgende Fragestellung, die ich oft vom Publikum nach Vorträgen erhalte: Wenn Explore als modernes, zukunftsorientiertes, agiles Arbeitsumfeld ausgebildet wird, wollen dann nicht alle dort unterkommen? Anders formuliert: *Wenn Explore »vorne« ist, wollen dann nicht alle dort sitzen?*

Das Arbeitsumfeld von Explore ist von Unsicherheit geprägt, von hoher Veränderungsdynamik und Pioniergeist. Wir müssen uns also fragen, welche Charaktertypen dieses Umfeld anspricht? Wer möchte tatsächlich im *Daily Doing* Pionierarbeit leisten? Wir hatten bereits über sieben Haltungen von Mitarbeitenden in Veränderungsprozessen gesprochen. Das Explore-Umfeld ist das Spielfeld der sogenannten *Innovators* und *Early Adopters*. Diese Gruppe ist bereit, mit den Unsicherheiten umzugehen, haben Lust auf Veränderung und brauchen den Reiz des Unbekannten. Die *Early und Late Majority* finden Explore sicher interessant und spannend, die tägliche Arbeit in diesem Umfeld ist jedoch eine andere Angelegenheit. Im Zweifelsfall fühlen sie sich in der gewohnten Umgebung besser aufgehoben, was – wie schon betont – weder schlimm noch weniger wert ist. Im Gegenteil, sie leisten einen ebenso wichtigen Beitrag im Kerngeschäft.

Die Gruppe der Innovators und Early Adopters macht statistisch rund 15 Prozent der Belegschaft aus. Im Umkehrschluss bedeutet das: Nicht alle wollen im Explore arbeiten. Der Bus kann folglich in normaler geometrischer Ausfertigung auf Fahrt gehen. Wenn wir diesen Sachverhalt in das Magic Triangle übertragen, erkennen wir wieder das kleinere Dreieck innerhalb des größeren Dreiecks, das das Kerngeschäft darstellt.

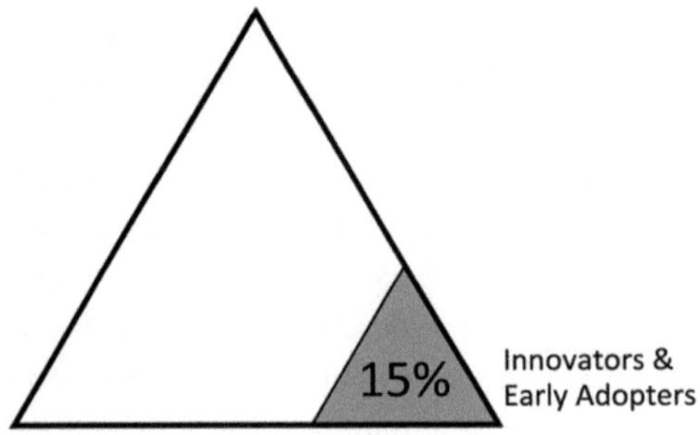

Abb. 39: Die Innovators und Early Adopters im Magic Triangle

Innovationsportfolio

Wenn wir die generische Aufteilung des Innovationsportfolios 70/20/10 in das *Magic Triangle* legen, deckt sich das mit den vorherigen Überlegungen. Wir erkennen, dass es immer wieder auf das kleine »Explore-Dreieck« hinausläuft, also auf einen bestimmten Anteil der Unternehmenstätigkeit, die im Explore funktionieren sollte. Von Startups abgesehen, wird Explore immer nur einen kleinen Teil der Unternehmensaktivität ausmachen.

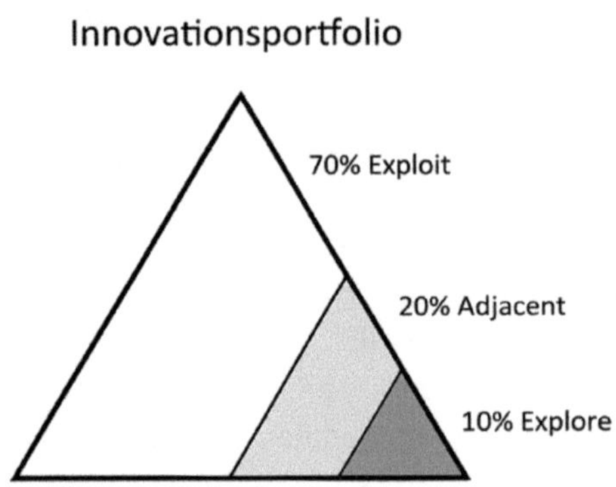

Abb. 40: Das Innovationsportfolio im Magic Triangle

Lotsen

Als Jugendlicher war ich eine Zeit lang bei den Pfadfindern. Dort gab es zwei Lager: Die eine Gruppe wollte dem Namen alle Ehre machen und raus in die Natur, neue Pfade erkunden, auf Entdeckungsreise gehen und Abenteuer anzetteln. Das andere Lager mochte zwar die Geselligkeit der Gruppe, war aber eher an den gewohnten Aktivitäten innerhalb des »Vereinsheims« interessiert, zum Beispiel am Fußball-Kicker, Fortbildungskursen und Gesellschaftsspielen.

Trotz dieser Lagerbildung funktionierte und harmonierte die gesamte Gruppe erstaunlich gut. Es wurde immer ein Kompromiss gefunden. Mal kamen die einem zu ihrem Recht, mal die anderen. Und noch besser: In vielen Fällen konnten wir ein *Sowohl-als-auch* erwirken. So gingen wir zwar auf eine Wandertour mit Erlebnispotenzial, kehrten aber ausgiebig ein, um Karten zu spielen. Das Erfolgsmodell hatte einen Namen: Michael. Michael war einer der älteren und erfahrenen Pfadfinder, empathisch und beliebt bei allen. Er fungierte als Vermittler, als Moderator, als ausgleichende Instanz. Er konnte die jeweils andere Gruppe überzeugen und motivieren, fand Kompromisse und sorgte für Verständigung und Interessenausgleich. Er hatte dazu weder ein offizielles Mandat noch einen expliziten Auftrag; es passierte automatisch und intuitiv.

Ich denke, jede Organisation auf dem Weg in die Ambidextrie und auf dem Weg zum *Magic Triangle* könnte den einen oder anderen »Michael« gebrauchen. Diese Personen, nennen wir sie *Ambidextrie-Lotsen* oder *Magic-Triangle-Multiplikatoren*, können wertvolle Wegbereiter und Wegbegleiter sein. Sie können Wissen über Ambidextrie vermitteln, in den Teams und Abteilungen das Verständnis dafür schärfen, für Rückfragen zur Verfügung stehen, Ängste nehmen und Interessen ausgleichen. Sie können Informationsveranstaltungen (mit-)organisieren, als Mediatoren Besprechungen und Workshops unterstützen und Führungskräfte, die neu in dem Themenfeld sind, beraten. Die Besetzung dieser Multiplikatoren und Mediatoren funktioniert am besten, wenn sie auf freiwilliger Basis besetzt werden. Diese Rolle braucht intrinsische Motivation (zwar braucht jede Rolle tatsächlich intrinsische Motivation, aber diese vielleicht eine Extra-Portion). Die Rolle entfaltet nur Wirksamkeit, wenn sie mit voller Überzeugung und vollem Engagement gelebt wird. Es geht auch darum, die anderen anzustecken, anzustiften, zu begeistern und zu aktivieren. Insbesondere in kleineren Unternehmen wird diese Tätigkeit gegebenenfalls kein Fulltime-Job eines speziell ausgebildeten Profis, sondern eine zusätzliche Aufgabe, die neben dem Tagesgeschäft und der Kernaufgabe mitgeleistet wird. Größere Organisationen werden hier mehr investieren (müssen). Adobe, zum Beispiel, hat in der Transformation von ihren Software-Lösungen als One-Time-Buy-Produkt zum Abo-Modell als SaaS (Software as a Service) vierzig einflussreiche Manager eingesetzt, die als interne Change-Advokaten den Wandel unterstützten.

Kulturelle Dimension

Über Unternehmenskultur gibt es mittlerweile viele Studien und Bücher, und das aus gutem Grund: Kultur ist die Stellgröße und der Nährboden für das Verhalten der Organisationsmitglieder. Sie bedingt die weiteren Aspekte wie New Work, Transformation, Innovationskraft, Agilität und vieles mehr. Auch im Laufe dieses Buches sind wir immer wieder über Kulturaspekte gestolpert: Ambiguitätstoleranz, Fehlerkultur, die *Licence to explore*. Zugegebenermaßen ist das Thema Kultur schwer zu greifen und nicht immer offensichtlich. Anbei ein Versuch einer Definition:

Unternehmenskultur ist die Summe aller erwarteten Verhaltensweisen.

Es gibt drei Ebenen der Unternehmenskultur:

1. die offiziellen und kommunizierten Werte (die berühmten Poster mit den Grundwerten und Handlungsmaximen);
2. die sichtbaren Artefakte wie Kleidungsstil, Sprachstil und Umgangsformen;
3. die unsichtbaren, inoffiziellen, oft unbewussten Grundannahmen, die zu bestimmten Verhaltensweisen führen.

Es gibt vermutlich nie die *eine* Unternehmenskultur, sondern immer Subkulturen. Das können geografisch geprägte Unterschiede sein (Standort Berlin versus Bad Tölz, Standort Deutschland versus Brasilien), wie auch hierarchiegeprägte (z. B. die Subkultur innerhalb der Oberen Führungskräfte) oder ressortspezifische (Marketing »tickt« womöglich anders als die Buchhaltung). Im Idealfall gibt es ebenso Merkmale einer Exploit- und Explore-Subkultur. Unternehmenskultur ist ein komplexes Gebilde, da es sehr viele Parameter und Einflussgrößen gibt, zudem ist sie hochdynamisch. Wir können die Kultur demnach nicht am Reißbrett planen und dann 1 : 1 in die Umsetzung bringen. Wir können Kultur aber beeinflussen – womöglich einfacher als vermutet. Dazu müssen wir uns die Frage stellen, wie Kultur entsteht, wie sie gestärkt und wie sie verändert wird.

Culture eats Explore for Breakfast

Kultur entsteht maßgeblich durch Vorbild und Nachahmung. Wenn ein Kollege ein bestimmtes Verhalten an den Tag legt und dafür von der Chefin belohnt wird, werden das andere ehrgeizige Mitarbeitende kopieren. Stellen wir uns ein Explore-Innovationsteam vor: Mitarbeiter A ist sehr akribisch, macht nie Fehler, bringt aber wenig kreativen Input und bremst die Dynamik. Mitarbeiterin B ist hoch engagiert, hinterfragt viel, ist kreativ, begeht dabei aber einige Irrtümer. Wer von den beiden erhält mehr Lob, wer wird befördert, wer genießt die Anerkennung und wer wird sanktioniert?

Das Gleiche gilt für die Reaktion auf das Verhalten einer Führungskraft. Wir merken sehr schnell, wie »der Laden tickt«, was erfolgreich ist und was nicht. Ist der Ton rau, hat die höchste Hierarchiestufe immer recht (HIPPO – Highest Paid Person's Opinion), herrscht ein Grundvertrauen oder wird alles misstrauisch hinterfragt?

Es gibt unendlich viele Stellschrauben, die eine Unternehmenskultur prägen und formen. Wenn also Kultur durch Beobachtung und Nachahmung entsteht, dann haben alle Organisationsmitglieder einen Handlungsspielraum. Wir müssen unser Verhalten anpassen, mit gutem Beispiel vorangehen. Je höher die Hierarchiestufe, desto wirksamer der Einfluss, wie uns auch das nächste Fallbeispiel zeigt.

Satya Nadella

Einen der bemerkenswertesten Wechsel der Unternehmenskultur hat Microsoft vollzogen. Unter dem damaligen CEO Steve Ballmer manövrierte sich der Software-Gigant langsam, aber sicher ins Abseits, unter anderem weil neue Technologien verschlafen wurden. Berühmt ist die Fehleinschätzung Ballmers aus dem Jahr 2007: »Ich gebe dem iPhone keine Chance, einen signifikanten Marktanteil zu erreichen.«[65] Im Jahre 2014 wurde dann ein Neuanfang gewagt und der erst dritte CEO der Firmengeschichte vorgestellt: Satya Nadella, geboren in Hyderabad als Sohn einer brahmanischen Familie. Als erste Amtshandlung analysierte er die Verhaltensmuster und stelle fest: »Innovation wurde abgelöst von Bürokratie. Teamwork wurde ein Opfer betriebsinterner Politik. Wir fielen zurück.«[66] Satya Nadella erkannte sofort: Seine wichtigste Aufgabe bestand im Wandel der Unternehmenskultur. Er machte diese zur Chefsache. Das »C« in CEO bedeutet für ihn nach eigener Aussage in erster Linie »Culture«. Für ihn ist der CEO eine Art Kurator der Unternehmenskultur. Er transformierte den betriebswirtschaftlichen, technokratischen Firmenstil in einen menschlicheren, kooperativen, offenen und Purpose-getriebenen. »Hit Refresh« nennt er das. Das zahlte sich wirtschaftlich aus: Zwischen 2014, dem Jahr von Balmers Rücktritt, und 2021 wuchs der Umsatz von 87 Milliarden US-Dollar auf rund 170. Heute gilt der US-Gigant wieder als eine der innovativsten Firmen weltweit und ist mit der Beteiligung an OpenAI (ChatGPT) einer der sieben sogenannten *KI-Giganten.*

Ich finde dieses Beispiel bemerkenswert. Es zeigt, dass auch etablierte, traditionsreiche und große Firmen mit über 200.000 Mitarbeitenden einen 180-Grad-Wandel der Kultur bewerkstelligen können. Es zeigt, dass dieser Wandel kein esoterisches Hobby einiger »New-Work-Jünger« darstellt, sondern wirtschaftlich höchst erfolgreich sein kann. In den meisten Fällen ist der Kulturwandel zudem unabdingbar für die eigene Zukunftssicherung.

Der Klebstoff

Ähnlich dem *Purpose*, also dem Firmenzweck, kann Unternehmenskultur ein verbindendes Element darstellen, welches die verschiedenen Arbeitsmodi und Ausrichtungen zusammenhält. Auch wenn Explore und Exploit ihre eigenen Arbeitsweisen und ihre eigenen subkulturellen Ausprägungen ausbilden (müssen), kann es einende Werte und Verhaltensweisen geben. Das können sehr konkrete Aspekte des Arbeitsalltags sein wie »Wir lassen uns immer ausreden und hören aktiv zu« bis zu tiefgreifenden Werten wie »Wir unterstützen uns immer gegenseitig unabhängig des Kurzzeichens«.

Nicht-Angriffspakt

In vielen Unternehmen herrscht meinen Beobachtungen zufolge eine ausgeprägte Harmoniesucht. Insbesondere unter den Führungskräften hat sich ein inoffizieller aber spürbarer »Nicht-Angriffspakt« ausgebildet. Das ist insofern zielführend, wenn es der Kooperation dient, der gegenseitigen Unterstützung. Es ist auf den ersten Blick naheliegend, dass man sich innerhalb der eigenen Firma nicht gegenseitig »angreift«. Es gibt außerhalb der Firma genug Wettbewerber und »Feindbilder«, da benötigen wir nicht noch interne Konflikte. Auf den zweiten Blick führt diese Harmonie aber zu echten Problemen.

Ich habe eigenhändig erlebt, wie selbst bei eklatanten und gravierenden Missständen lieber geschwiegen wird, als die Auseinandersetzung mit den Kollegen zu bemühen. Es wirkt manchmal so, als ob jedes Silo und jede Abteilung eine eigenständige Familie darstellt, bei denen uns die Geschicke und Handlungen »der anderen« nichts angehen.

Spagat-Killer:

Überzogene Konformität, fehlende Transparenz und Offenheit wie auch eine fehlende Feedback-Kultur sind ein Spagat-Killer.

Zum einen werden so Missstände verschleppt, die Organisation verliert ihre Selbstheilungskraft und die Potenziale einer kontinuierlichen Verbesserung. Zudem sendet diese Verhaltensweise fatale Signale an die Belegschaft. Die kausale Übersetzung einer Nicht-Einschreitung heißt dann: »Wenn der Missstand bekannt ist, aber nichts unternommen wird, bedeutet das, es ist egal und nicht wichtig.« Noch verheerender ist es, wenn Mitarbeitende an Missständen leiden und ihre Vorgesetzten informieren, diese dann aber nicht eingreifen. Dann verlieren Führungskräfte jegliche Legitimation. Eine der wichtigsten Leadership-Aufgaben besteht darin, die idealen Rahmenbedingungen für das Team zu schaffen und Hindernisse aus dem Weg zu räumen. Dafür werden sie bezahlt, das ist ihr Job. Gehen sie dieser Aufgabe nicht nach, verspielt das jegliches Vertrauen. Diese Passivität ist auch ein Grund, warum so viele Mitarbeitende nur noch Dienst nach Vorschrift machen. Der Engagement-Index des Gallup-Instituts ist eine deutliche Indikation dafür. Das müssen wir ernst nehmen.

Diese Nicht-Angriffspakte und überzogene Konformität raubt das Kreativ- und Gestaltungspotenzial und macht Explore nahezu unmöglich. Echte Innovation, Wandel, Aufbruch und Pionierarbeit werden immer Reibung erzeugen. Echte Innovation entsteht durch das Hinterfragen von Bestehendem: *Ist das tatsächlich die beste Lösung? Warum gehen wir nicht einen völlig anderen Weg? Was würde passieren, wenn …?* Dabei wird immer Porzellan zerschlagen, in existierendes Machtgefüge eingegriffen, am Status quo gerüttelt. All das bedingt ein Mindestmaß an Streitkultur. Konträre Meinungen dürfen nicht vertuscht und umgangen werden, sondern gehören auf die Tagesordnung – auch und gerade in Vorstandsitzungen und Entscheidergremien.

Productive Tension

Wie immer kommt es auf die richtige Balance an. Zu wenig Streitkultur und Offenheit ist ebenso kontraproduktiv wie zu viel davon. Irgendwann müssen die konträren Standpunkte wieder zusammenfinden. Es müssen Kompromisse ausgelotet werden und Anschlussfähigkeit erzielt werden. Die optimale Balance aus den beiden Extremen Konformität und Opposition wird auch als *Zone of Productive Tension* bezeichnet. Diese liegt vor, wenn genug Reibung und Emotion spürbar sind, ohne dass sich verhärtete Fronten ausbilden, die eine Lösungsfindung unmöglich machen. Achte in den nächsten Besprechungen einmal darauf: Sind alle einer Meinung, gibt es einen anderen Blickwinkel, wird etwas hinterfragt? Oder gegenteilig: Gibt es verhärtete Fronten, besteht jede Fraktion stur auf ihrem Recht? Der *Sweet Spot* der *Productive Tension* ist ein sensibler, flüchtiger »Aggregatzustand«. Ich rate Führungskräften, hier besonders aufmerksam zu sein und entsprechend zu regulieren. Die einfachere Übung ist das Aufbrechen der Konformität und Harmonie. Dazu kann bereits eine einzige Frage ausreichen, manchmal sogar ein geübter Gesichtsausdruck mit gerunzelter Stirn und hochgezogener Augenbraue. Schwieriger ist in der Regel das Erzielen von mehr Kooperation und Transparenz. Das basiert nämlich auf Vertrauen, auf der Arbeitskultur und dem berühmten Mindset – also alles Resultate längerfristiger Prozesse. Auch hier können Ad-hoc-Maßnahmen helfen, eine nachhaltige Transformation braucht dagegen Zeit (Vertrauensaufbau und Kulturveränderung).

Transformationsfähigkeit

Wenn wir über kulturelle Veränderungen und Transformation sprechen, möchte ich eine Begriffsschärfung vornehmen: In vielen Fällen wird unter Transformation auch die technologische, produktseitige Veränderung verstanden. Zum Beispiel die technologische Transformation vom Verbrennungsmotor zum E-Antrieb. Ich möchte in diesem Rahmen die Innovationsfähigkeit von der Transformationsfähigkeit unterscheiden. Innovationsfähigkeit bezieht sich auf die Fähigkeit, neue Produkte und/oder Dienstleistungen zu entwickeln. Mit Transformationsfähigkeit soll ausgedrückt werden, inwieweit eine Organisation die eigenen Prozesse, Strukturen und Kulturen verändern kann. Nach dieser Definition richtet sich Transformation vornehmlich nach innen, hat aber letztendlich die Außenwirkung zum Ziel. Transformation ist ja kein Selbstzweck, sondern soll interne Parameter so verbessern, dass die Outputseite (Produktentstehung und Dienstleistung) für die Kunden gestärkt wird. Sollen Produkte schneller entwickelt werden, oder sollen Produkte innovativer werden, soll im Innovationsportfolio die Explore-Innovation gestärkt werden – all das können Auslöser für Transformation darstellen.

Genauso wenig wie Innovation gleich Innovation ist, ist Veränderung gleich Veränderung. Es gibt durchaus Vorhaben, die planbar sind, in denen Risiken bekannt sind und bewertet werden können und andere, die von Ungewissheit geprägt sind und nicht vollumfänglich steuerbar sind.

Wenn zwei Abteilungen zusammengelegt werden sollen, damit die zwei Teams enger zusammenarbeiten, kann das je nach Kontext das eine oder andere bedeuten. Angenommen, die beiden Teams arbeiten ohnehin schon eng miteinander und es geht vornehmlich um die logistische, organisatorische Umsetzung, dann befinden wir uns im planbaren Umfeld und in der Risikobetrachtung. Anders verhält es sich, wenn die kulturelle Dimension involviert ist, wenn zum Beispiel die Art und Weise der Zusammenarbeit verändert werden soll. In dem Fall muss womöglich erst Vertrauen aufgebaut werden, psychologische Sicherheit entstehen, neue Netzwerke aufgebaut werden. Das Vorhaben ist demnach volatiler, hängt von vielen Parametern ab, ist komplex und nicht vollumfänglich plan- und steuerbar.

Ein Change-Projekt ist keine Transformation

Ersteres nenne ich *Change-Projekt* und Zweiteres *Transformation*. Für diese Art der Abgrenzung und Einsortierung ist mir keine offizielle und allgemein anerkannte Definition bekannt. Es existieren diverse Modelle, die eine Differenzierung unterstützen können, wie z. B. *Single-Double-Loop*-Ansatz von Argyris und Schön. Beim *Single Loop* werden Veränderungen lediglich »an der Oberfläche« vorgenommen, wie eine prozessuale oder technische Anpassung, ohne die Werte, Annahmen und Verhaltensweisen anzugehen (Indikation für Change-Projekt). Beim *Double Loop* werden entsprechend letztgenannte, tiefgreifendere Aspekte beeinflusst (Hinweis auf transformativen Charakter).

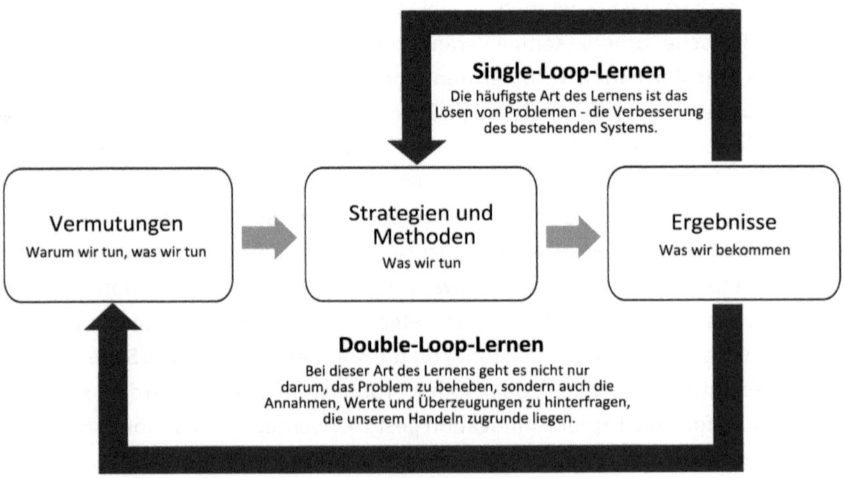

Abb. 41: Der Single-Double-Loop-Ansatz von Argyris & Schön

Ich wage an dieser Stelle eine eigene Clusterung für die Unterscheidung der beschriebenen Zuordnung. Die Aufstellung hat keinen Anspruch auf Allgemeingültigkeit. Sie ist als Startpunkt einer Diskussion zu verstehen:

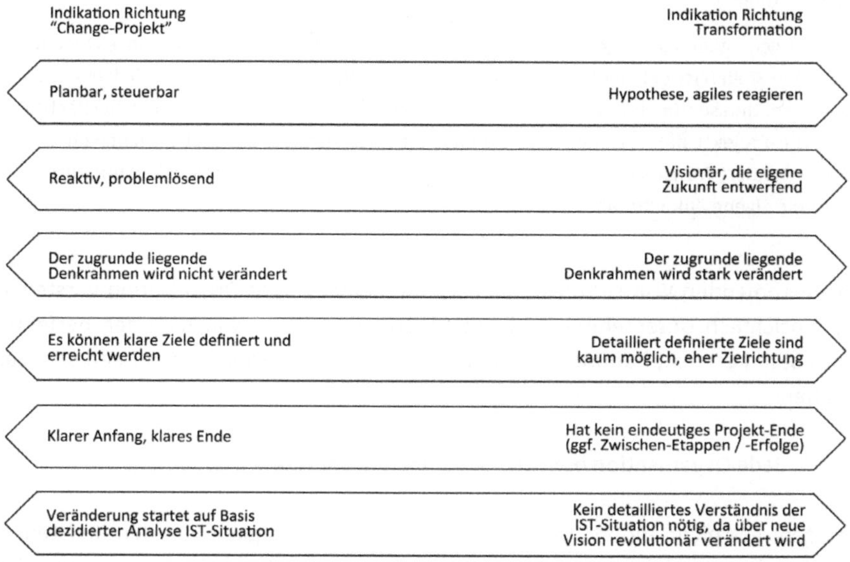

Abb. 42: Clusterung nach Change-Projekt und Transformation (Draft)

Derartige Versuche der Abgrenzung und Definition werden in der Change-Community kontrovers diskutiert. Es gibt in diesem Zusammenhang vermutlich so viele Meinungen wie Mitstreitende. Sende Deine Meinung, ob Anregungen, Ideen oder konstruktive Kritik, gern an info@christianschwedler.com. Vielleicht kann ich für eine 2. Auflage des Buches die Clusterung anpassen, ergänzen oder gar ganz entfernen. Die in Abbildung 42 dargestellte Version sehe ich ohnehin als Arbeitsstatus – mein MVP. Zum Zeitpunkt des Buchdrucks werde ich meine Variante womöglich selbst schon wieder infrage stellen. Aber es gilt: *Practice what you preach.* Ich kann nicht andauernd Mut, Gestaltungswillen, Experimente, kontinuierliches Lernen einfordern, und dann als Autor in allen Aspekten den voll abgesicherten »Exploit-Weg« gehen. Wichtig in solchen Situationen ist nur, die Aussagen entsprechend zu kennzeichnen: *Ich bin mir an dieser Stelle auch nicht sicher.* Eine Transparenz, die wir im Business-Alltag alle öfter gebrauchen können.

Im Grunde ist eine hundertprozentige Definition auch gar nicht so entscheidend, sondern die Sensibilisierung für die Differenzierung. Einige werden sich womöglich fragen, warum wir uns mit derartigen »Spitzfindigkeiten« aufhalten. Weil die Wortwahl und damit einhergehend die Differenzierung ein so mächtiges und wichtiges Instrument ist. Konkreter: In vielen Unternehmen wird uns Transformation verkauft, aber eher ein Change-Projekt durchgeführt.

Spagat-Killer:

Die Notwendigkeit von tiefgreifender, kultureller Entwicklung mag erkannt sein, es fehlen an vielen Stellen jedoch der Mut, die Durchsetzungskraft, das Mandat, tatsächlich etwas zu bewegen. Und so flüchtet man sich in homöopathische Veränderungen an der Oberfläche (Change-Projekt), die einen gewissen Arbeitsnachweis demonstrieren, aber nicht wehtun. Das verhindert Transformation, gefährdet damit den Weg in die Beidhändigkeit und torpediert die eigene Zukunftsfähigkeit.

Im zunehmenden VUKA-Umfeld kann ich mir keine einzige Organisation vorstellen, die hinsichtlich Unternehmenskultur und Organisationsentwicklung den perfekten Zielzustand erreicht hat und diesen auf Dauer einfrieren kann. Wir müssen uns klarmachen:

Jede Organisation benötigt stete Transformation.

Das geht gar nicht anders. Und obgleich diese Notwendigkeit von den meisten erkannt ist, tun sich doch die meisten Organisationen schwer damit. Zu zementiert sind die Machtverhältnisse und die politische Gemengelage, zu groß die Angst vor zu viel Veränderung. Deshalb sollten wir umso wachsamer sein, wenn Transformation »draufsteht«, aber »nicht drin ist«. Wir können dann Missstände ansprechen, für mehr Mut werben, nachjustieren, und unseren eigenen Gestaltungsspielraum nutzen, doch mehr zu bewirken.

Fazit: Das Magic Triangle bildet das abstrakte Leitbild für das beidhändige Betriebssystem. Damit dieses optimal unterstützt und zum Leben erweckt wird, sind weitere Stellschrauben zu betrachten. Die hier behandelten Maßnahmen in den Clustern Finanzsteuerung, Personalentwicklung und Unternehmenskultur sind nicht abschließend, sondern fokussieren sich auf die nach meiner Erfahrung wichtigsten Aspekte.

3.3 Von den Besten lernen – Diversifikation der Jahrhundert-Champions

Manche Unternehmen sind über Jahrzehnte sehr erfolgreich, führen zum Teil ihre jeweilige Branche an, und scheitern dann plötzlich. Und andere Firmen überleben jede Krise, jeden disruptiven Angriff und erscheinen »unbesiegbar«.

Ist das Zufall oder Glück? Womöglich eher die Summe von unzähligen Parametern und Entscheidungen. Schauen wir auf Erfolgsrezepte aus dem »Werkzeugkoffer« des Managements, sowie auf Best-Practice-Methoden erinnert das ein wenig an die Tipps der Diätprogramme: Jeder schwört auf einen anderen Ansatz und wir verlieren uns im Detail. Viel mehr interessiert mich die Frage, ob es ein grundlegendes Prinzip hinter den Erfolgsgeschichten gibt, etwas, das den Kern ausmacht, die dahinterliegende Essenz. Im Hinblick auf technologische Fragestellungen hat sich das *First Principle Thinking* bewährt, bei dem komplexe Probleme auf die fundamentalen Eigenschaften reduziert werden, um daraus neue Ideen zu formen. Auch hier möchte ich die fundamentale Eigenschaft der Erfolgsfirmen freilegen. Dabei könnte uns das folgende historische Ereignis inspirieren.

Erik der Rote

Rund 980 nach Christus verlässt ein wegen Mordes verurteilter Wikinger namens *Erik der Rote* mit 25 Schiffen Island, um im Nordwesten einen Neuanfang zu wagen. Auf seiner Entdeckungsreise stößt er auf Grönland und gründet dort den abgelegensten Außenposten der europäischen Zivilisation. Rund 500 Jahre leben dort bis zu 5000 Wikinger in einer zwar harschen aber blühenden Gesellschaft. Dann plötzlich verschwindet diese Zivilisation. Die Inuit, die fast zeitgleich Grönland besiedelten, leben noch heute dort.

Was ist passiert?

Das Leben der grönländischen Wikinger wurde in großen Teilen durch den europäischen Luxusmarkt finanziert: durch Erlöse von Walross-Elfenbein, Narwalzähnen und Eisbärenfellen. Das Überleben in der kalten und rauen Umgebung erforderte eine verlässliche und aufwendige Planung. Alle Abläufe und hierarchischen Strukturen waren starr organisiert. Eine Zivilisation dieser winzigen Größenordnung kann nicht viele Ausfälle und Abweichungen kompensieren. Die ersten Jahrhunderte arrangierten sich die Wikinger mithilfe der Routinen, einer klaren Aufgabenverteilung und der Wahrung ihrer europäischen Tradition.

Um 1300 setze ein Klimawandel ein, die Temperaturen sanken, was Viehzucht und Landwirtschaft erschwerte. Zu Beginn des 15. Jahrhunderts verschärfte sich die Situation mit dem Einsetzen der »Kleinen Eiszeit«. Dadurch wurde der Seeweg und damit die Anbindung an Europa blockiert. Die starren gesellschaftlichen Strukturen, die konservative Einstellung, der starke Einfluss der traditionellen Kirche – all das mündete in der Ablehnung, europäische Lebensweisen abzuschütteln und Änderungen einzugehen. Die Wikinger versäumten es, sich rechtzeitig an die veränderten Umfeldbedingungen einzustellen. Das besiegelte ihren Untergang.

Die Inuit passten ihre Lebensweise dem klimatischen Wandel an. Sie beharrten nicht auf dem Handel von Walrosszähnen, sondern forcierten ihre Fähigkeiten des Walfangs und des Fischens. Gleichzeitig zeigten sie sich lernbereit, offen für Neues, in dem sie gezielte Techniken der Grönländer übernahmen, wie die Herstellung von eisenbasierten Werkzeugen. Die Inuit zeigten damit eine Flexibilität in einer ausgewogenen Balance zwischen Beständigkeit und Kernkompetenz (Walfang, Fischen) sowie gezielter Anpassungsfähigkeit und Innovation.

Die Überlebensformel

Viele gescheiterte Unternehmen führten – wie die grönländischen Wikinger – über lange Zeiträume ein erfolgreiches Dasein. Um das zu verdeutlichen, zeige ich in Workshops gern eine Liste von Unternehmen auf – siehe Abbildung 43 – und bitte die Teilnehmenden, die Firmen in zwei Gruppen zu sortieren.

Tupperware

Amex **Nintendo**

3M

Brother **IBM** **Firestone**

Fuji **Compaq**

Kodak

Sears

DEC

P&G

Siemens

GM **Karstadt**

Abb. 43: Firmenliste[67]

Auf den ersten Blick reagiert die Workshop-Gruppe ein wenig ratlos, doch in den meisten Fällen wird das Muster recht schnell erkannt. Die eine Firmengruppe besteht aus: Kodak, Compaq, DEC, Firestone, Sears, GM, Karstadt, Tupperware. Diese Unternehmen sind mittlerweile entweder Geschichte (bankrott) oder hatten »Nahtoderfahrungen« und mussten durch *Bail-outs* gerettet werden. Das Erstaunliche: All diese Firmen haben ihre jeweilige Branche einst angeführt. Mit über 400.000 Angestellten war *Sears* zwischen 1930 und 1970 der unbestrittene Platzhirsch im Einzelhandel. Zu der Zeit war das Unternehmen größer als die nächsten drei Wettbewerber zusammen. Heute gibt es Sears nicht mehr. Größe und Tradition sind keine Überlebensgarantie, im Gegenteil. Und so wundert es kaum, dass Spotify nicht von Sony entwickelt wurde, Netflix nicht von den TV-Sendern, Redbull nicht von Coca-Cola, Airbnb nicht von den Hotelketten, Paypal nicht von den Banken, Hyperloop nicht von der Bahn. Und das nächste große Ding nicht von …?

Wer wie die grönländischen Wikinger stoisch an Altem festhält, den bestraft das Leben. Und wer stoisch an alten Geschäftsmodellen und Produktdesigns festhält, und sich nur auf die Effizienz- und Optimierungsmaschinerie verlässt, auch. Frag mal *Tupperware*.

Die andere Gruppe umfasst entsprechend: Fuji, IBM, Nintendo, Brother, Siemens, P&G, 3 M, Amex. Diese Unternehmen existieren alle seit über 100 Jahren. Sie haben es immer wieder geschafft, sich neu auszurichten, weiterzuentwickeln, in neue Märkte einzutreten und zu diversifizieren. *Jahrhundert-Champions* nannten die Autoren Christian Stadler und Philip Wältermann diese Unternehmen in ihrem gleichnamigen Buch.[68]

Greifen wir mal Nintendo heraus: Dabei denken wir sofort an die bekannten Spielkonsolen. Es scheint, als ob Nintendo nie etwas anderes gemacht hat. Ein Trugschluss. Die Firma wurde bereits im Jahre 1889 gegründet. Da gab es noch keine Computer. Gestartet hatten die Japaner mit traditionellen *Hanafuda*-Spielkarten.

360-Grad-Blick

Im Kontext der Unternehmens- und Produktentwicklung orientieren sich die meisten Firmen ausschließlich innerhalb ihrer eigenen Branche. Ich finde das erstaunlich – und ziemlich langweilig:

- Fluglinien schauen, was andere Fluglinien machen.
- Banken schauen auf andere Banken.
- Anwaltskanzleien haben andere Kanzleien im Blick.

Das engt unglaublich ein und lässt viele Chancen ungenutzt. Die Welt ist voll von hervorragenden Ideen, wir müssen sie nur entdecken. Und suchen *dürfen*. Wir sind gut beraten, branchenübergreifend im 360-Grad-Blick zu sondieren.

Diversifikation

Genau dieser gezielte Blick über den eigenen »Tellerrand« und die Offenheit für Neues, der den Wikingern fehlte und somit zum Verhängnis wurde, zeichnete die Inuit aus. Die aktuell erfolgreichsten Unternehmen teilen diese Eigenschaft. Sie zeigen dabei insbesondere eine Taktik: Sie überschreiten bewusst Branchengrenzen.

Global Champion: Apple

PCs, Tablets, Smartphones, Smartwatch, Kreditkarten, File, Fotografie, mobiles Bezahlen, Musik – Apple ist ein digitaler Alleskönner.

Ein Computer- und Softwarehersteller, der Uhren herstellt? Höchst ungewöhnlich. Gemessen am Umsatz beherrschen die Kalifornier mittlerweile 60 Prozent des Weltmarktes für Smartwatches. Im Jahr 2022 verkaufte Apple geschätzte 53 Mio. Smartwatches und erzielte damit rund dreimal mehr Umsatz als die Swatch Group.

Noch beeindruckender ist die Diversifikation in die Musikbranche: Im Jahr 1998 startete der 19-jährige Student Shawn Fanning die Online-Musik-Börse *Napster*, die es ermöglichte, Musiktitel auszutauschen. Die Plattform musste 2001 bereits wieder den Betrieb einstellen, da Urheberrechte verletzt wurden. Doch der Anfang des virtuellen Musikzeitalters war gemacht. Steve Jobs erkannte das unglaubliche Potenzial der Musikbranche und veröffentlichte im gleichen Jahr den iPod und daraufhin den Online-Store *iTunes*. In der ersten Woche wurden bereits mehr als 1 Million Lieder verkauft.

Local Champion: TRUMPF Laser

Vor 100 Jahren war TRUMPF eine Werkzeugmaschinenfabrik. Heute ist TRUMPF ein Weltmarktführer für Lasertechnik. Parallel entwickelt sich das Familienunternehmen als Kapazität im Bereich des Quantum Computing. Dabei fokussiert sich TRUMPF auf die Themen Maschinenbau, vernetzte Fertigung und Lasertechnik. Das übergeordnete Ziel: Quantencomputer industrietauglich zu machen. Bei diesem Unterfangen geht TRUMPF volles Risiko ein – Explore, als Wette auf eine Zukunftstechnologie.

New Champion: Alibaba Group

Alibaba Group bietet viel: B2B-Handelsplattform, B2C-Handelsplattform, Online-Bezahlsystem, Online-Kartendienst, Cloud-Computing, Logistik, Finanzdienstleistungen, Online-Auktionshaus, Filmproduzent. Bei Alibabas Diversifikation und Branchenspreizung würde man schnell denken, das Unternehmen sei über viele Jahrzehnte gewachsen. Dabei wurde es erst im Jahr 1999 gegründet. Für Konzernverhältnisse steckt die Gruppe also noch in den Kinderschuhen.

Diversifikation ist ein zentrales Element ihrer Wachstumsstrategie. Durch ein geschickt »kuratiertes« Portfolio sollen Verbraucher über verschiedene Dienstleitungen und angrenzende Services gebunden werden. Sie sollen möglichst lange auf der eigenen Plattform bleiben, anstatt ihre Bedürfnisse bei Wettbewerbern zu stillen. Alibaba folgt damit in gewisser Weise der Strategie von Amazon. Die neuen Geschäftsfelder der Cloud, Medien und Unterhaltung ermöglichen Cross-Promotion-Strategien mit dem eigenen E-Commerce.

Überraschungs-Champion Dyson

Es startete mit einem Staubsauger, vor rund 30 Jahren. Heute produziert das internationale Technologie-Unternehmen eine weite Produktpalette aus den Bereichen Haarpflege, Raumklima, Leuchten, Kopfhörer und Staubsauger. In nur drei Jahrzehnten hat die Firma eine beeindruckende Diversifikation und Innovationsstärke demonstriert.

Befähiger ist unter anderem das exorbitante F & E-Budget: Dyson gibt sechs Mal mehr für Forschung und Entwicklung aus als der Wettbewerbsdurchschnitt.[69] Neue Entwicklungen werden durch eine aggressive Patentstrategie unterstützt. Jedes Produkt ist in der jeweiligen Premium-Top-Kategorie durch Technologieführerschaft, Design und Markenbildung. Entsprechend können Premiumpreise erzielt werden. Mit rund 700 Dollar ist der Handstaubsauger das teuerste Modell am Markt.

Die oben aufgeführten Unternehmen machen es vor: Erfolg durch Diversifikation. Diese erschließt neue Märkte und damit Wachstumsmöglichkeiten, sorgt für eine Risikostreuung und eine potenzielle Eskalation der Marktkapitalisierung.

Kodak versus Fuji

Ich möchte *Kodak* (als prominenter Vertreter der Gescheiterten) mit der Firma *Fuji* (als Vertreter der Erfolgreichen) vergleichen: Als Hersteller der klassischen Foto-Filmrollen wurden beide gleichermaßen von der Disruption Digitalfotografie bedroht und doch könnte die Reaktion nicht unterschiedlicher sein. Die Geschichte von Kodak kennen wir. Dabei bin ich überzeugt, dass Kodak ein ausgezeichnetes Management hatte. Aus Sicht des klassischen Managements hatte Kodak zu damaliger Zeit alles richtig gemacht. Die Renditeberechnungen konnten im Anfangsstadium der Technologie nur negativ ausfallen. Die Technologie war noch unausgereift, die Stückzahlen zu gering. Zudem sprach die neue Technik den bestehenden Kundenstamm nicht an. Weitere Managementmethoden wie Risikoabschätzung taten das Übrige: Das »Projekt« wurde abgelehnt. Zynischerweise wurde die Entscheidung für oder gegen das Neugeschäft zu dem Zeitpunkt getroffen, an dem sich das Unternehmen in der Hochphase des Erfolgs befand. Welcher *exzellente Manager* würde das gefährden und begrenzte Ressourcen von dieser Cashcow abziehen. Die Innovation Digitalfotografie wurde eben nur unter den Gesichtspunkten und der Methodik des Exploits betrachtet und bewertet.

Daher sage ich:

Exzellentes Management führt zum Scheitern.

Das ist bewusst überspitzt formuliert und nur im hier aufgezeigten Kontext zu verstehen: Ausschließliches Exploit-Management führt mittel- bis langfristig zum Scheitern, wenn es nicht durch Explore ergänzt wird. Die weitverbreitete Auffassung, bessere Manager führen zum Erfolg, stimmt nämlich nicht.

Wenn es um Wandelbarkeit und Innovationskraft geht, brauchen wir nicht bessere Manager, sondern andere.

Im Kapitel *Führungs-Spagat* gehen wir darauf ein.

Gegenbeispiel

Fuji befand sich in der gleichen Situation wie Kodak. Im Laufe der 2000er-Jahre starb der analoge Film aus. Auch bei Fuji gingen Umsätze und Gewinne drastisch zurück. Fuji besann sich auf die eigene Kernkompetenz und ergänzte diese punktuell durch neue Skills. (*Es grüßen die grönländischen Inuits.*) Die Herstellung der Filmrollen erfordert ein tiefes Wissen über Materialchemie. Diese Kompetenz wurde als Ausgangsbasis für die Diversifikation genutzt. Heute sind die Japaner sehr erfolgreich im biopharmazeutischen Geschäft und in der Kosmetik. In Asien ist Fujifilm sogar einer der erfolgreichsten Kosmetikhersteller. Toshihisa Iida, Präsident und Geschäftsführer der FUJIFILM Europe GmbH, ordnet das wie folgt ein: »Wir haben keine Angst vor Veränderungen, sondern versuchen immer, uns selbst und den Status quo, in dem wir uns gerade befinden, zu hinterfragen. Ich glaube, nur so können wir wirklich innovativ und zukunftsorientiert bleiben. Man darf es sich nicht bequem machen, sondern muss immer auf das schauen, was vor einem liegt.«[70]

Das Explore-Mindset scheint fester Bestandteil der Unternehmenskultur zu sein. Das bedingt auch, keine Angst vor Diversifikation zu haben. Das ist der entscheidende Unterschied zwischen Scheitern (Kodak) und langfristiger Vitalität (Fuji).

Auf den Zug aufspringen

Im Fall Kodak und Fuji handelte es sich um eine disruptive Technologie, die das bestehende Geschäftsmodell des Papierfilms attackierte. Immer dann, wenn es um echte Innovation und neue Geschäftsmodelle geht, stellt sich folgende Frage: *Muss ich immer der Erste sein?* Eine entscheidende und spannende Frage. Und es kommt wie immer die gleiche Antwort: Es kommt darauf an.

Bei der inkrementellen und teilweise bei der Adjacent-Innovation ist der sogenannte *First-Mover*-Ansatz nicht unbedingt von Vorteil. Der Erste zu sein, bedingt einen signifikanten Ressourceneinsatz bei entsprechendem Risiko. Das Unternehmen agiert als Pionier, ebnet den Pfad für die Nachzügler. Der Entwicklungsvorsprung und der Neuheitsgrad sind dann im Resultat allerdings überschaubar (es handelt sich ja um eine inkrementelle Innovation). Damit können Nachzügler schnell einsteigen. Diese genießen dann sogar noch Vorteile, weil sie weder die Erstinvestitionen tätigen mussten noch die Belegschaft in der Pionierarbeit aufgerieben haben. Zudem können die Nachzügler von den Fehlern des *First Movers* lernen. Dabei können sie mitunter schneller und flexibler eine Neuausrichtung umsetzten. Die Nachzügler haben noch keine internen politischen Setzungen, eingefahrenen Mindsets, organisatorischen Strukturen oder Produktionseinrichtungen hinsichtlich der First-Mover-Stoßrichtung. Der First Mover hat sich mühselig für die eine Stoßrichtung (z. B. das Produktdesign) entschieden, mit allen dazugehörigen Befindlichkeiten und Strukturen. Das im Nachgang anzupassen, ist viel schwieriger, als »aus dem Windschatten« heraus frisch zu starten.

Manchmal ist früh auch einfach *zu früh*, weil der Markt noch nicht bereit ist. Frag mal Google zur Augmented-Reality-Brille *Google Glass*[71] oder BMW zum Elektromodell i3[72].

> **In der inkrementellen, evolutionären Produktentwicklung ist das Timing entscheidend, wobei es nicht immer von Vorteil ist, der Erste zu sein.**

Bei der revolutionären, disruptiven Entwicklung sieht das ganz anders aus. Die Referenzen zeigen empirisch auf, welche enorme Vorteile die disruptiven First Mover genießen. In der Regel ist der technologische Vorsprung so groß, dass Nachzügler nicht ohne Weiteres und nicht so schnell »auf den Zug aufspringen« können.

Verschärft wird das durch die Begebenheit, dass Disruption bis dato im Grunde durch Digitalisierung entstand: die Überführung von der analogen in die digitale Welt. Von der CD ins Musik-Streaming, vom Reisebüro zu booking.com.

In der Plattform-Ökonomie tritt das Neugeschäft als digitaler Vermittler zwischen Anbieter und Endkunden auf, wie Uber und Airbnb. Das Merkmal der Plattformen: *The Winner takes it all.* Der sogenannte *Netzwerkeffekt* zieht den ganzen Markt an sich, da eine zunehmende Nutzeranzahl entsprechend mehr Vorteile bringt. *Whatsapp* macht nur Sinn, wenn all meine Freunde auch dort sind. Je mehr Nutzer zu dem Anbieter wechseln, desto mehr Sogwirkung übt das auf den ganzen Markt aus. Daher gibt es immer nur einen Gewinner im Plattform-Geschäft. Ein wenig erinnert das an den Sport, wo der Olympiagewinner durch Werbeverträge Millionen verdient und der Zweitplatzierte unbeachtet bleibt, obwohl vielleicht nur eine Zehntelsekunde oder Zehntelmillimeter Unterschied besteht.

- Spotify = Platzhirsch
- Facebook = Platzhirsch
- Netflix = Platzhirsch
- Airbnb = Platzhirsch
- Uber = Platzhirsch
- Google = Platzhirsch
- Amazon = Platzhirsch

Was haben alle gemeinsam? Die Firmen sind alles neue *Tech-Player* und *Digital Natives.*

> **Für die disruptive Explore-Innovation gilt: First Mover ist Pflicht.**

Kannibalisierung

Eine große Hemmschwelle auf dem Weg in die Diversifikation und das Erschließen neuer Geschäftsbereiche liegt in der Angst vor der Kannibalisierung des eigenen Kerngeschäfts. Das ist auf den ersten Blick nachvollziehbar. Das Beispiel von Kodak hat jedoch auf brutale Weise aufgezeigt, dass ein Ignorieren der neuen Technologien oder Geschäftsideen nicht weiterhilft. Die Lektion des Wirtschaftslebens heißt:

> **Wenn wir es nicht machen, dann macht es ein anderer. Dann gehen wir aber leer aus.**

Das Beispiel der kalifornischen Coporation NVIDIA zeigt, dass eine parallele Entwicklung von scheinbar konkurrierenden Geschäftsfeldern kein Verlustgeschäft bedeuten muss. Im Gegenteil. NVIDIA vertreibt Hardware in Form von Grafikkarten an Verbraucher. Gleichzeitig entwickelt das Unternehmen einen Cloud-basierten Abonnementdienst, mit dem auf Grafikleistung zugegriffen werden kann. Ein kannibalisierendes Unterfangen, könnte man denken. Bei Nutzung des Abo-Dienstes benötigen die Kunden weniger Hardware-Power. Tatsächlich sind die Märkte so groß und expandierend, dass beide Sparten gemeinsam wachsen. Zudem befruchten die Fortschritte anderer (vermeintlich konkurrierender) Technologien das gesamte »Ökosystem« und damit auch die eigenen Offerten: Bessere Hardware kommt auch der Cloud-Service zugute, Verbesserungen bei Streaming-Angeboten erhöht die Nachfrage und Attraktivität des Cloud-Services.

Im Sommer 2023 hatte NVIDIA eine Marktkapitalisierung von rund 900 Milliarden Euro.[73] Das entspricht den zehn bestbewertetsten DAX-Konzernen zusammengerechnet: SAP, Siemens, Telekom, Airbus, Allianz, Mercedes, Merck, VW, BMW und Siemens Healthineers (Stand Sommer 2023).[74] Die »Kannibalisierung« scheint ganz gut zu funktionieren.

Fleisch wird vegan?

Spannend ist auch das Beispiel des Lebensmittelherstellers Rügenwalder Mühle. Im Jahre 1834 gegründet, verarbeitet das Familienunternehmen vor allem eins: Fleisch. Sie produzierten Teewurst, Schinkenwurst, Mett, Leberwurst, Kochschinken, Frikadellen und Würstchen.

Vor rund einem Jahrzehnt hatte die Geschäftsführung eine tollkühne Vision: eine neue Produktpalette, die das jahrhundertealte Kerngeschäft (Fleisch) ergänzt aber auch kannibalisiert. Innerhalb von nur sechs Jahren verwandelte sich die Firma in den größten Anbieter von vegetarischen Fleischalternativen in Deutschland. Heute macht das Unternehmen mehr Umsatz mit veganen und vegetarischen Produkten als mit klassischer Wurst. Seit der Einführung der fleischlosen Produktpalette konnte ein Umsatzwachstum von rund 50 Prozent eingefahren werden.[75] Mit dem Schachzug der Diversifikation ist das Familienunternehmen frühzeitig auf einen neuen Trend aufgesprungen, hat einen neuen Markt mitbegründet und somit seine Zukunftsfähigkeit gestärkt. Auch hier gilt: Die »Kannibalisierung« scheint recht erfolgreich zu sein.

Fazit: Die sogenannten Jahrhundert-Champions zeichnen Resilienz, Prosperität und Zukunftsfähigkeit aus. Dabei zeigen sie ein gemeinsames Muster: Sie verlassen gezielt Branchengrenzen und diversifizieren. Erfolgreiche Diversifikation wiederum funktioniert nur, wenn die Organisation beidhändig aufgestellt ist und Exploration beherrscht.

4 Der Führungs-Spagat: Deine Rolle zwischen Management und Leadership

In diesem Teil sprechen wir über Führung und über Deine Rolle als Führungskraft.

Mittlerweile ist *Führung* – ähnlich wie *New Work* – ein inflationärer »Containerbegriff«, wo jeder hineinpacken und rausholen darf, wie ihm beliebt. Über Führung gibt es so viele Bücher und Studien, Modelle und Konzepte, warum schreibe ich jetzt noch ein Kapitel dazu? In Abwandlung von Carl Valentins berühmten Ausspruch könnte ich antworten: *Es wurde zwar schon alles gesagt, aber noch nicht von mir.* Doch ernsthaft: Folgender Beitrag erhebt nicht den Anspruch, Führung in der Breite zu thematisieren, sondern einen fokussierten Blick und eine ergänzende Perspektive im Rahmen von Ambidextrie anzubieten. Es geht nicht um Führung im weitesten Sinne, sondern gezielt um die Besonderheiten der Führung in der ambidextren Organisation und um die Besonderheiten der *beidhändigen* Führung. Die Ausgestaltung von Führung nimmt einen zentralen Stellenwert in der Frage ein, ob eine Organisation sowohl Explore, Exploit als auch das Zusammenspiel beider meistert. Dabei umspannt mein Betrachtungsspektrum alle Hierarchieebenen vom CEO bis zum Teamleiter und der fachlichen Führungskraft.

4.1 Die eierlegende Wollmilchsau – die Rollen der neuen Führungskraft

Warum spreche ich überhaupt noch von Hierarchie? Haben wir nicht gelernt, Hierarchie sei ein Auslaufmodell? Hierarchie sei zu träge, zu langsam in der Entscheidungsfindung? Hat uns Frederic Laloux mit seinem Weltbestseller *Reinventing Organisations* nicht genügend Nachweise geliefert, wie erfolgreich Unternehmen in der Selbstorganisation aufblühen?

Ein guter Kollege von mir, Daniel Vonier, hat mit Co-Autor Lennart Keil in dem Buch *Unlearning Hierarchy* deutlich aufgezeigt, dass starre Hierarchien der Dynamik unserer Zeit nicht mehr gewachsen sind. Gibt es nicht genug Referenzen erfolgreicher Unternehmen, die selbstorganisiert funktionieren, wie zum Beispiel US-Firma *Morning Star,* eines der weltweit größten Transport- und Verarbeitungsunternehmen für Tomaten? Seit der Gründung im Jahr 1970 ist das Unternehmen selbstorganisiert aufgebaut, ganz ohne formale hierarchische Struktur. Heißt: Es gibt keine Vorgesetzten. Und trotzdem (oder gerade deswegen) ist die Firma sehr erfolgreich.

Ich bin ein großer Befürworter und Bewunderer solcher Modelle, habe aber für den Zweck dieses Buches und aufgrund eigener Erfahrungen gleichzeitig den Realitätsblick geschärft. Fokus meiner Ambidextrie-Betrachtung sind traditionelle Mittelständler, Konzerne und große Non-Profit-Organisationen wie auch Behörden. Ich bin fest davon überzeugt, dass diese Organisationen auch in Zukunft nicht gänzlich ohne Hierarchie auskommen werden. Mir fehlt die Fantasie, wie eine etablierte und große Organisation vollumfänglich selbstorganisiert funktionieren soll. All die »Superstars« der neuen Tech-Szene, die wertvollsten Unternehmen der Welt, wie Apple, Microsoft, Tesla, Amazon, Alibaba & Co. haben sicher selbstorganisatorische Arbeitsweisen, aber dennoch hierarchische Strukturen. Insbesondere die nachträgliche Einführung von vollumfänglicher Selbstführung ist meiner Ansicht nach unrealistisch. Selbst *Morning Star* startete mit der Selbstorganisation und hat diese nicht im Nachgang eingeführt.

Wir werden also über hybride Formen sprechen müssen, in denen sowohl eine hierarchische Ordnung wie auch selbstorganisatorische Elemente eine Rolle spielen. Darüber hinaus soll die Existenz von Hierarchiestruktur nicht darüber hinwegtäuschen, dass diese durchaus gestaltbar ist: *Wie viele Hierarchiestufen setzen wir ein? Können wir die Anzahl der Ebenen reduzieren? Welche Rollen, Mandate und Entscheidungsbefugnisse besitzen die Ebenen? Welcher Führungsstil wird gelebt? Wie viel Selbstorganisation kann stattfinden trotz hierarchischer Strukturen?* All das steht sehr wohl auf dem Prüfstand und ist Teil der Gestaltungsmasse.

Führung im Exploit

Führung im Kerngeschäft wird gern mit der Bezeichnung *Management* umschrieben. Auch ich erachte die Bezeichnung und das damit verbundene Führungsverständnis und die Rollenerwartung in diesem Kontext treffend: Manager sorgen für die Einhaltung der Standards, geben messbare Ziele aus und monitoren diese über KPIs und Reporting-Routinen. Sie sind verantwortlich für den reibungslosen Betrieb, für die Absicherung des Kerngeschäfts und für kontinuierliche Effizienzoptimierung. Sie halten »den Laden« zusammen. Fehler werden vermieden. Experimentelle Arbeit unter Ungewissheit gehört nicht zur Komfortzone. Der zeitliche Betrachtungshorizont ist eher kurzfristig: Sie verfolgen die Ergebnissicherung des Tagesgeschäfts und der nächsten Quartalszahlen. Dieses Aufgabenspektrum manifestiert sich im Führungsstil: Manager sind tendenziell im »*Command & Control*«-Modus zu Hause, Entscheidungen sind zumeist Chefsache. Es herrscht ein *transaktionales* Führungsverständnis, welches auf einem sachlichen Austauschverhältnis basiert: Arbeit, Leistung und »Gehorsam« gegen finanzielle Entlohnung und gegebenenfalls Beförderung.

Im Kontext von operativer Exzellenz, in der Absicherung des Tagesgeschäfts, selbst in inkrementeller Innovation hat sich das oben umrissene Profil in den meisten Fällen bewährt. In einem planbaren Umfeld, in dem Optimierung und Absicherung im Fokus stehen, sind hierarchische Strukturen und die Rolle des Managements grundsätzlich performant und zielführend. Im Umkehrschluss soll das nicht heißen, in der Ausgestaltung des Managements gäbe es kein Veränderungsbedarf.

Entschlackung Management

Auch im Exploit-Kontext können es sich Unternehmen nicht länger leisten, zu langsam auf Veränderungen zu reagieren, zu viel Ressourcen auf nicht-wertschöpfende Tätigkeiten zu verschwenden, und durch überregulierte und streng hierarchische Übersteuerung an Arbeitsplatzattraktivität einzubüßen. Überbordende Bürokratie ist in fast allen Organisationen ein Thema. Management-Vordenker Gary Hamel und Michele Zanini bringen es so schön auf den Punkt: »Bürokratie ist wie Pornographie: Es ist schwer, jemanden zu finden, der sie verteidigt, aber es gibt eine Menge davon.«[76] Folglich dürfen wir durchaus eine Weiterentwicklung der Managementrolle, einen Abbau an Bürokratie und eine Veränderung in der Hierarchiestruktur erwarten.

Exnovation

In diesem Kontext gefällt mir der Begriff *Exnovation.* Laut Wikipedia bedeutet das: »Durch Exnovation werden Nutzungssysteme, Prozesse, Praktiken oder Technologien, die getestet und bestätigt wurden, aber nicht mehr wirksam sind oder nicht mehr mit der Strategie übereinstimmen, abgeschafft bzw. zurückgenommen.«[77] Das Credo heißt:

Exnovation schafft Freiräume für Innovation.

LinkedIn-Vorstand Daniel Shapero nennt dieses Vorgehen »Reverse-Pilot«. Dabei wird getestet, inwieweit bestimmte Prozesse zurückgenommen werden können, ohne die Ergebnisse zu verschlechtern. Das Hinzufügen von Regeln fällt uns meist leicht. Mit dem Wegnehmen tun wir uns schwerer. Niemand will die Verantwortung übernehmen, zudem wird Rücknahme oft mit Rückschritt und Schwäche konnotiert. So haben Unternehmen im Laufe der Zeit immer größere »Speckschichten« angesetzt. Mittlerweile ersticken die meisten Organisationen unter Anweisungen, Regelungen, Standardprozessen und Kontrollinstanzen.

Gewachsene Organisationen erinnern mich an den Münchner Hauptbahnhof. Eine Ansammlung von Ergänzungen, Provisorien, Umbauten und Einbauten. Auf der einen Seite der Anbau Starnberger Bahnhof, dahinter die später entstandene Passage Richtung S-Bahn, gegenüber der alte Holzkirchner Flügelbahnhof. Über die Jahrzehnte entstand hier ein gewachsenes Konglomerat aus Ergänzungen. Irgendwann ist dann der Faden überspannt, und man tut das einzig Sinnvolle: Abriss und ein sauberer Neuanfang. So geschieht es aktuell mit dem Neubau des Hauptbahnhofs.

Jedes System braucht nach gewisser Zeit einen Frühjahrsputz, einen Relaunch oder gar einen Neustart.

Wir müssen uns klarmachen: Bürokratie, Regelwerke und Prozessvorgaben sind keine Naturgesetzte, sondern menschengemachte Erfindungen, die wir jederzeit zurücknehmen oder verändern können.

Viele Köche verderben den Brei

Zwischen CEO und dem Mitarbeitenden liegen in großen Unternehmen oft sechs Hierarchieebenen (zum Beispiel Referentin, Gruppenleiter, Abteilungsleiterin, Hauptabteilungsleiter, Bereichsleiterin, Ressortleiter/Vorstand). Das sind beachtlich viele *Leiter* und *Leiterinnen*. Somit haben Mitarbeitende mitunter sieben Chefs (den CEO noch dazugerechnet). Um das ein wenig zu pointieren: Wenn ein durchschnittliches Projektteam womöglich aus sieben Mitarbeitenden besteht, hat man genauso viele Kollegen und Kolleginnen wie Chefs. Wenn alle wichtigen Entscheidungen zur Genehmigung durch all diese Hierarchieebenen müssen, dürfen wir uns nicht wundern, wenn Organisationen zu langsam und zu träge geworden sind. Wir dürfen uns auch nicht wundern, wenn mutige, eindeutige und konsequente Ideen und Konzepte durch all diese Entscheidungsinstanzen verwässert werden. Wenn jede Stufe einen Absicherungsaufschlag oder eine »eigene Note« zufügt, bleibt vom ursprünglichen Vorhaben wenig über. In Abwandlung eines bekannten Spruchs könnte man behaupten: »Viele *Chefs* verderben den Brei.« Die Reduktion von zumindest einer Hierarchieebene sollte kein Tabu mehr darstellen, sondern ernsthaft in Erwägung gezogen werden. Die unternehmensweite Abschaffung einer Hierarchieebene wird nicht von einem Tag auf den anderen funktionieren. Wir können sehr wohl punktuell starten, in einem Bereich anfangen.

Selbstorganisation und Empowerment

In der klassischen Hierarchie werden alle Entscheidungen von den Führungskräften gefällt. Mitarbeitenden setzten diese dann »nur noch« um. Das mag in früheren Zeiten recht gut funktioniert haben, ist aber nicht mehr zeitgemäß. Unternehmen können nicht mehr auf den kognitiven Beitrag ihrer Mitarbeitenden verzichten. Zum einen liegt das an dem zunehmenden Anteil und der Bedeutung der Wissensarbeit. Es gibt schlicht und einfach immer weniger dieser rein »ausführenden« Arbeiten, da diese zunehmend durch Digitalisierung, Automatisierung und künstliche Intelligenz übernommen werden. Zum anderen sind auch bei manuellen Tätigkeiten die Expertise und die Verbesserungsvorschläge der Belegschaft gefragt. Die Mitarbeitenden sind die Experten an der »Frontline«. Die weiter zunehmende Signifikanz von Arbeitgeberattraktivität, Employer Branding, New Work sowie die neuen Erwartungshaltungen der jungen Generationen befeuern den Trend der zunehmenden Mitbestimmung und Mitgestaltung. Wir müssen die Potenziale der Menschen freisetzten, und nicht ersticken. Keine

Organisation kann es sich länger leisten, den Einfallsreichtum und die Leidenschaft seiner Mitarbeitenden zu ignorieren, oder gar zu ersticken.

Unternehmen, bei denen die Nachkommastelle einer KPI wichtiger ist als das Engagement und die Leidenschaft der Mitarbeitenden, werden es in Zukunft schwer haben.

Kurzum, auch im Exploit, im Kerngeschäft, in klassischen Hierarchiestrukturen und dem Rollenverständnis des Managements wird eine zunehmende Partizipation und ein Empowerment der Belegschaft sinnvoll, wenn nicht notwendig sein.

Führung im Explore

Im Umfeld von Explore sind Empowerment und selbstorganisierte Arbeitsweisen unumgänglich. Im Rahmen der radikalen Innovation, im disruptiven Umfeld und in der Transformation sind Lösungswege nicht vollumfänglich bekannt oder planbar. Detaillierte und deterministische Vorgaben seitens der Führungskräfte ergeben in diesem Kontext keinen Sinn. Die Experten selbst gehen auf die Entdeckungsreise, müssen den Weg finden und daher auch mitgestalten. Explore-Teams sind dann erfolgreich, wenn sie selbst für die technische Lösung und die Art und Weise der Lösungsfindung verantwortlich sind.

Neulich sagte ein Bereichsleiter auf einer Tagung für agiles Arbeiten: »Wir sind alle Führungskräfte geworden, weil wir wussten, wie es geht.« Damit hat er den Kern getroffen. Expertise und Wissen waren bislang die Legitimation und die Berufung für Führung. Befördert wurden bislang vor allem die besten Experten, die die besten Antworten parat hatten. Führungskräfte erzielten dann Ansehen, wenn sie als besonders konsequent, geradlinig und umsetzungsstark galten. Genau diese Geradlinigkeit und Stabilität stehen uns in der VUKA-Welt nun im Weg. Im Kontext der Ungewissheit und Komplexität können Führungskräfte nicht mehr alle Antworten parat haben. Und ihre Teams müssen möglichst lösungsoffen und anpassungsfähig sein. Das ist ein *Gamechanger* im Führungsverständnis.

Wann immer Menschen zusammenkommen, um in einer komplexen, dynamischen und kreativen Anstrengung etwas Neues zu erkunden und erschaffen, stehen klassische Managementmethoden im Weg. Das Wahnwitzige dabei: Eigentlich wissen wir das. Trotzdem berücksichtigen wir es in der Praxis so wenig.

Im Exploit und insbesondere im Explore wird der Trend zu Dezentralisierung, Empowerment und Subsidiarität weiter zunehmen.

Damit wird auch der Anteil der Selbstorganisation gestärkt.

Sowohl-als-auch

Ambidextrie eröffnet eine neue Perspektive und entschärft die Grundsatzentscheidung für oder wider der Selbstorganisation. Wir müssen nicht in einem *Entweder-oder* denken. Wir müssen nicht annehmen, *entweder* das Unternehmen hat ein klassisches Management als hierarchische Struktur *oder* das ganze Unternehmen ist selbstorganisiert. Es ist denkbar und möglich, beide Ausprägungen unter einem Dach zu ermöglichen: Management und hierarchische Führung im Kerngeschäft und selbstorganisierte Teams als Explore-Einheiten unter Leadern, die wiederum eingebettet sind in eine hierarchische Gesamtstruktur. Anders ausgedrückt: Auch in einer hierarchischen Gesamtstruktur können selbstorganisierte Teams ihren Platz finden, wie das folgende Beispiel aus der Praxis zeigt.

Fallbeispiel Haier

Der chinesische Konzern *Haier Smart Home Co. Ltd.* ist Weltmarktführer für Haushaltsgeräte mit über 100.000 Mitarbeitenden. Der Aufstieg erfolgte rasant, innerhalb von nur 20 Jahren entwickelte sich die Firma von einer einfachen chinesischen Kühlschrankfabrik zum multinationalen Konzern. Um die Expansion zu stärken und dabei die Innovationskraft und Agilität aufrechtzuerhalten, führte Haiers Chairman Zhang Ruimin seine Mannschaft von 2004 bis 2014 in eine zehnjährige Transformation, geprägt von diversen Experimenten und Iterationsschleifen. Zu Beginn wollte Ruimin die Mitarbeitenden der »Kunden-Frontline« befähigen, mehr Eigenverantwortung für Innovation zu übernehmen, da sie am besten die echten Kundenbedürfnisse verstehen. Jeder der betroffenen Mitarbeitenden bildete eine eigene Business Unit. Diese extreme Dezentralisierung und Selbstführung zahlte zwar in die Innovationskraft und Agilität ein, führte gleichzeitig zu Ineffizienzen und steigenden Kosten. Als Nachjustierung wurde die Dezentralisierung etwas zurückgenommen und in kleinere autarke, selbstorganisierte Teams überführt. Diese crossfunktionalen Gruppen heißen ZZJYT, die chinesische Abkürzung für »operative Einheit im Eigenbesitz«. Jedes Team funktioniert wie eine eigene Geschäftseinheit mit Entscheidungshoheit über Personalführung und Ressourcenallokation sowie eigner Gewinn-Verlust-Verantwortung. Die Firmenphilosophie basiert auf dem Leitgedanken, jede(r) Angestellte handele und denke wie ein CEO. Als Gegenpol der Selbstorganisation bildeten die Chinesen sogenannten *Communities of Interests* (CoIs) aus, die teamübergreifende Koordination, zentrale Standards und Aussteuerung ermöglichten. Die COIs werden von Führungskräften geführt. Das ausgeklügelte Organisationsdesign entstand nicht über Nacht, sondern wurde über den Zeitraum eines Jahrzehntes entwickelt. Es zeigt, wie hierarchische Strukturen in einem Großkonzern bestehen, in denen selbstgeführte agile Teams operieren. Haier lebt das so Sowohl-als-auch – eine spannende Ausprägung eines ambidextren Organisationsdesigns.

Fehlerkultur

Einer der wichtigsten Paradigmenwechsel vom Management zur Führung im Explore ist der Umgang mit Fehlern (bzw. Irrtümern!). Die klassischen Management-Tugenden der Planungssicherheit und Risikoaversion müssen in ihre Gegenteile verkehrt werden, um agiles und experimentelles Arbeiten zu unterstützen. Irrtümer dürfen nicht abgestraft werden. Diese Fehlerkultur muss durch die Führungskräfte vorgelebt werden. Sie muss sogar als integrierter Erfolgsmechanismus in den Innovationsprozess eingebaut werden, weil nur so in einem Explore-Umfeld gelernt werden kann. Reviews & Retros dienen als zentrale Elemente einer »Irrtums- und Lernkultur«. Problemlösung im Explore erfordert ein Herantasten, ein Dazulernen. Wer hier *all-in* gehen will, muss zwangsläufig Verletzlichkeit zeigen. In einem klassischen Exploit-Management-Umfeld ist das nicht nur unüblich, sondern eher karrieregefährdend. Damit sich Teams auf diese Verletzlichkeit einlassen, ist ein Grundvertrauen in die Umgebung nötig, sprich ein Vertrauen in die Kollegen und Vorgesetzten. Explore benötigt den geschützten Raum. Simon Sinek spricht in seinem Bestseller »Leaders eat last« vom »Circle of Safety«, den er mit folgender Fabel beschreibt:

> »Ein Löwe trieb sich auf einem Feld herum, auf dem vier Ochsen wohnten. Oft versuchte er, sie anzugreifen; aber immer, wenn er sich ihnen näherte, drehten sie ihre Schwänze zueinander, so dass er, egal wie er sich ihnen näherte, von den Hörnern eines von ihnen getroffen wurde. Schließlich zankten sie sich untereinander, und jeder ging allein in eine andere Ecke des Feldes, um dort zu weiden. Da griff der Löwe einen nach dem anderen an und machte bald allen vier ein Ende.«
>
> (in Anlehnung an Aesop, 6. Jh. v. Chr.)

Explore-Leader müssen diesen *Circle of Safety* schaffen und schützen. Es geht um die Übereinkunft: *Innerhalb unserer Gruppe wird niemand angegriffen. Wir halten zusammen. Wir gehen geschlossen in das Abenteuer und unterstützen uns gegenseitig.* Verletzlichkeit ist kein Manko und wird nicht ausgenutzt, sondern anerkannt. Was ein wenig pathetisch anmutet, ist Grundvoraussetzung für die explorative Innovations- und Transformationsarbeit.

Die grundlegenden Prinzipien

Wie auch immer die konkrete Ausgestaltung der Organisationsstruktur und der Führungsmodelle aussieht, die grundlegenden Prinzipien müssen verstanden werden. Explore-Teams werden dann aufblühen, wenn Führungskräfte:

- Freiräume zur Exploration schaffen,
- Empowerment stärken, indem die Experten über das Wie, die Art und Weise der Lösungsfindung bestimmen,
- einen geschützten Raum schaffen (psychologische Sicherheit, Fehlerkultur),

- die Vision und Kundenorientierung vorgeben (z. B. Product Manager, der Kundenbedürfnisse klärt).

Auf diesen Grundprinzipien aufbauend kann die Organisation oder ein Unternehmensbereich eine eigene, passende Ausgestaltung entwickeln. Dazu existieren eine Vielzahl erprobter und gut beschriebener Modelle und Methoden, wie beispielsweise *Scrum* und *LeSS* (Large Scale Scrum).

Agile Methoden

Die Voraussetzungen für wirksame Explore-Tätigkeit – wie Selbstorganisation und Empowerment – formen auch die Grundlagen der agilen Methoden. Explore und agile Arbeitsweisen gehen schließlich Hand in Hand.

Im *Scrum* wurde der Chef zum *Product Owner* transformiert. Dieser ist kein Alleinherrscher mehr über jegliche Fragestellung, sondern konzentriert sich auf das Verständnis der Kundenbedürfnisse und die Festlegung der Produktanforderungen. Er überlässt Prozess und Methodik dem *Scrum-Master.* Entscheidungs- und Gestaltungsmacht wird auf mehrere Schultern verteilt. Während Arbeitsteilung bislang nur auf der »Arbeitsebene« umgesetzt wurde, gilt diese somit neuerdings auch für Führung.

> **In einem VUKA-Umfeld wird Führung zunehmend auf mehrere Schultern verteilt, als Gewaltenteilung innerhalb verschiedener Führungsrollen sowie als Empowerment des Teams.**

Spotify-Modell

Beim sogenannten Spotify-Modell finden wir ähnliche Prinzipien. Das Spotify-Modell als Begriff und Konzept tauchte erstmals 2012 auf, als Henrik Kniberg und Anders Ivarsson das Whitepaper »Scaling Agile @ Spotify« veröffentlichten. Seitdem hat dieser Ansatz viel Aufsehen erzeugt und erfreut sich innerhalb der agilen *Community* großer Beliebtheit.

Ein Entwicklungsteam, die sogenannte *Squad*, wird inhaltlich vom *Product Owner* geführt. Disziplinarisch werden die Squad-Mitglieder vom *Chapter Lead* geführt. Ein *Chapter* wird von den Vertretern der gleichen Fachrichtung gebildet, zum Beispiel den Controllern. Abbildung 44 skizziert das organisatorische Set-up. Methodisch werden die Teams durch den *Agile Coach* geführt. Die Führungsaufgabe wir so auf drei Köpfe verteilt. Diese »Gewaltenteilung« schärft Fokus für die eigene Aufgabe, entlastet Führungskräfte, erhöht Flexibilität und verhindert das Flaschenhalssyndrom, bei dem alle Entscheidungen über einen »Alleinherrscher« gehen müssen.

Das Spotify-Modell legt großen Wert auf Teamautonomie. Dadurch werden Eigenständigkeit und Kreativität gefördert, da es den Teams den Freiraum überlässt, ihre Arbeit so zu gestalten, wie sie es für richtig halten.

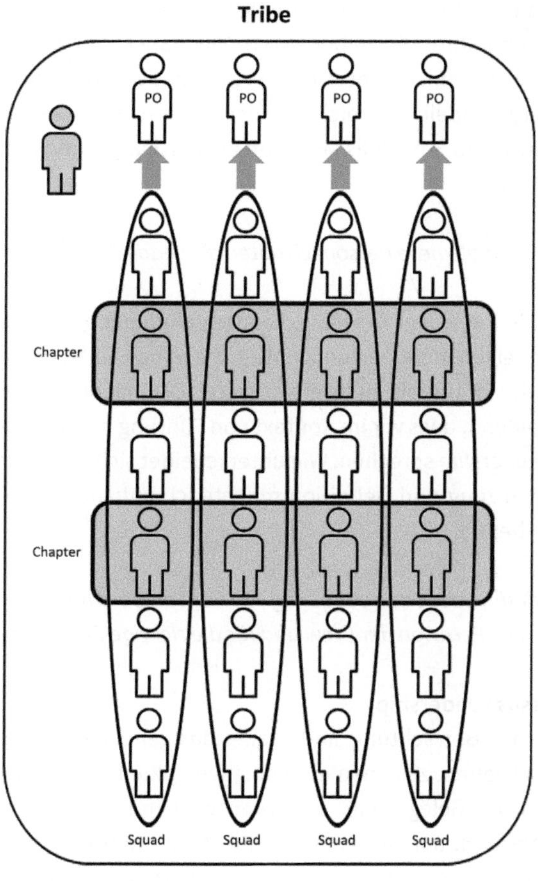

Abb. 44: Organisationsform des Spotify-Modells[78]

Es ist offensichtlich: Im Umfeld der Ungewissheit sind diese (agilen) Arbeitsweisen nicht mit den klassischen Führungsrollen des Managements zu vereinbaren. Wir brauchen eine andere Art der Führung, in der Führungsrollen neu verteilt werden. Das kann durch Empowerment geschehen, in dem das Team mehr Eigenverantwortung erhält. Das kann ebenso durch »Gewaltenteilung« passieren, wie am Beispiel des Spotify-Models skizziert.

Wenn im »Casting« der Explore-Führungsrolle der klassische Manager keine Idealbesetzung darstellt, welchen Führungstyp brauchen wir dann?

Leader

Was haben Winston Churchill, Mahatma Gandhi und Nelson Mandela gemeinsam? Sie waren alle große politische *Leader* ihrer Zeit. Auch im Business-Kontext finden wir solche Anführer wie Steve Jobs und Elon Musk. Leader können dabei umstritten sein, sie können anecken und polarisieren. Dennoch gehen sie als Pioniere voran und können Menschen mit ihrer Vision begeistern. Sie haben einen *Impact*, sie bewirken einen spürbaren Unterschied. Unter den aktuell aktiven Unternehmenslenkern ist Microsoft-CEO Satya Nadella für mich der Inspirierendste, weil er mit seinem Fokus auf Empathie, Kultur und Soft Skills Microsoft wiederbelebte und auf die Überholspur brachte.

Warum betrachten wir all diese Persönlichkeiten als Leader?

Menschen folgen ihnen, sogar freiwillig. Leader gehen mit gutem Beispiel voran, inspirieren uns und zeigen uns einen neuen Weg. Sie haben einen *Purpose*, eine Mission, wollen die Welt oder ihr Umfeld zu einem besseren Ort machen. Die Wirkkraft der Leader ist so entscheidend, dass wir im Kontext von Führung immer öfter von *Leadership* oder auch *New Leadership* sprechen. Wie unterscheidet sich Leadership vom Management? Diese Abgrenzung und Definition möchte ich anhand folgender Schifffahrtsanalogie beschreiben:

Manager sorgen dafür, dass das Boot genug Proviant an Bord hat und pünktlich abfährt. Leader sorgen für das Fernweh der Crew und für die richtige Zielpeilung.

Management versus Leadership

In der idealtypischen Betrachtung sind Leader das genaue Gegenteil von Managern. Sie arbeiten mit Visionen, zeichnen eine positive Zukunft, und entfesseln die intrinsische Motivation der Belegschaft. Sie sprechen Mitarbeitende emotional an und pflegen einen *transformationalen* Führungsstil. Während transaktionale Führung den Menschen über äußere Anreize steuert, versucht transformationale Führung, den Menschen in seinem Innersten zu beeinflussen und zu verändern. Wenn Leader ihre Belegschaft »anzünden« wollen, entfachen sie das Feuer in den Menschen, nicht unter ihnen.

Leader sind in erster Linie Richtungsgeber und Befähiger und treten daher eher als Coach und Mentor auf. Sie vermitteln das *Wofür* aber überlassen das *Wie*, also die Art und Weise der Lösungsfindung, den Experten.

Mit diesen Qualitäten ist die Führungsrolle des Leaders prädestiniert für die Arbeit in der Ungewissheit, also im Explore. Im VUKA-Umfeld der komplexen und dynamischen Lösungsfindung kommt das klassische Management mit seiner Planungs- und Kontrollmaxime an seine Grenzen. In der Ungewissheit benötigen wir den Modus

Sense- & Respond: Nach experimentellen Iterationsschleifen gilt es zu beobachten, zu lernen und nachzujustieren. So entwickelt sich die Lösung auf dem Weg. Und das ist der womöglich größte Unterschied im Führungsverständnis: Im Exploit kenne ich den Weg, plane jeden Schritt und das Ergebnis. Im Explore gebe ich eine Problemstellung und Richtung vor, die Lösung entfaltet sich dann auf dem Weg. Es ist offensichtlich, dass die beide Ansätze unterschiedliche Führungsrollen benötigen.

Wenn Exploit und Explore die entgegengesetzten Pole der Arbeitsweise und Arbeitskultur repräsentieren, dann gehören dazu die beiden Pole *Management* und *Leadership*.

In einer stark vereinfachten Betrachtung, die wir im weiteren Verlauf relativieren und differenzieren, könnten wir behaupten:

Exploit ist das primäre Wirkungsfeld vom Management, Explore vom Leadership.

Das heißt nicht, im Kerngeschäft werden keine Leader-Qualitäten benötigt. Das heißt auch nicht, im Explore brauchen wir keinerlei Management-Skills. Die obige Zuordnung bezieht sich auf die tendenziellen Schwerpunkte und maßgebliche Grundausrichtung.

Widersprüchlichkeit

Analog zu den Gegenpolen Exploit und Explore erkennen wir die Widersprüchlichkeit der beiden Rollen: Manager sind auf Stabilität bedacht. Leader treten an für den Wandel und Veränderung. Manager organisieren Prozesse und Ressourcen. Sie verwalten und optimieren, was bereits da ist, während der Leader sieht, was sein könnte.

Ob sich die beiden jemals verstehen werden? Und was, wenn beide Rollen in einer Person stattfinden (müssen)? Doch dazu später mehr.

Ein Hinweis vorweg: In diesem Spannungsfeld sind beide Rollen gleich wichtig und richtig. Unternehmen werden auch in Zukunft beide Führungsrollen benötigen, so wie sie auch weiterhin ein effizientes Kerngeschäft wie Wandlungsfähigkeit und Innovationskraft benötigen.

In Zukunft brauchen wir *sowohl* die Rolle des Managers *als auch* des Leaders.

Leader als Exoten

Leader sind meinen Erfahrungen zufolge eher die Ausnahme. Es sind die Exoten im Exploit-lastigen »Management-Haifisch-Becken«. Wir sprechen oft vom Fachkräftemangel. Das ist berechtigt, doch sollten wir das ergänzen um den *Leader-Mangel.* Warum ist das eigentlich so?

Eine Unternehmenskultur und damit einhergehend das Führungsverständnis sind immer ein Abbild der Vergangenheit. Eine Kultur manifestiert sich nicht tagesaktuell »auf der grünen Wiese«, sondern ist eine Konsequenz zurückliegender Entscheidungen und Handlungssträngen: Im Laufe der Zeit lernen die Organisationsmitglieder, was funktioniert, was sanktioniert und was belohnt wird. Es stellen sich Verhaltensmuster ein. Es geht um die Frage, welches Verhalten zum Erfolg führt (Wertschätzung, Belohnung, Karriere).

Wenn wir verstehen wollen, wo unser Führungsverständnis herkommt, müssen wir erneut einen Blick auf die Anfänge des Managements richten: Führung im Sinne eines Managements gab es vor der Industrialisierung nicht. Bauern und Handwerker im Mittelalter hatten natürlich Anführer und Herrscher. Ihre Arbeit verrichteten sie weitgehend selbstorganisiert, ohne Prozesskettenbeschreibung und Schnittstellenvereinbarungen. Die Notwendigkeit des Managements entstand erst mit den Fabriken. Auf einen Schlag mussten Hunderte Arbeiter organisiert werden. All diese Menschen mussten gleichzeitig und pünktlich den Dienst antreten, die gleiche Tätigkeit ausführen nach definierten Spielregeln und Qualitätsstandards. Der Vordenker der Industrialisierung Frederick Taylor löste das wie folgt: Er trennte die ausführenden von den denkenden Tätigkeiten. Arbeiter sollten ihren Job verrichten, und zwar genau nach Anweisung. Mitdenken und Kreativität wurden als Störung des Betriebsablaufes gesehen. Einstempeln hieß somit auch Ausstempeln des Denkapparats. Taylor war besessen von der Idee, für jedwede Tätigkeit gäbe es eine einzige perfekte Ausführungsart. Er nannte es *the one best way.* So ermittelte er für jede Aufgabe eine präzise Vorgehensweise. Kein Detail, kein Arbeitsschritt war zu klein, um nicht perfektioniert zu werden: So ermittelte er zum Beispiel die ideale Schaufellast. Zu leicht durfte die Last nicht sein, sonst wäre die Arbeit ineffizient. Zu schwer aber auch nicht, da sonst Übermüdungserscheinungen die Leistung schmälern. Das Ergebnis war: Die optimale Schaufellast beträgt 9,5 Kilogramm.

Wenn Arbeiter sich auf die vordefinierte Ausführung konzentrierten sollten, brauchte es eine neue »Klasse« für die denkenden und planenden Tätigkeiten. Das Management war geboren.

Unsere Denkschule
Diese Denkschule hält sich bis heute recht hartnäckig in unseren Organisationen. Die dezidierten Rollenbeschreibungen, Verfahrensanweisungen und Prozessvorgaben entstammen der gleichen Grundlogik. In diesem Kontext haben sich Führungskräfte bislang als Aufseher und Kontrolleure gesehen, die ihre »Untergebenen« in Schach halten mussten. Natürlich ist Führung heute nicht mehr so patriarchisch wie zu Taylors Zeiten. Insgesamt zeigt Führung heute mehr Wertschätzung, mehr Partizipation, mehr Empathie. Die Grundlogik der Kontrolle und das Hierarchieverständnis (Chef gibt Anweisungen, Mitarbeitende führen das aus) sind in großen Teilen aber weiterhin etabliert. Wir müssen uns klarmachen:

> **Die meisten Führungskräfte sind Manager.**

Im Exploit-Umfeld ist das in großen Teilen zielführend. Aber dieselben Manager sind dann gezwungenermaßen auch in ihren ausgeprägten Managerrollen im Explore-Kontext aktiv. Und da beginnt es, schwierig zu werden. Im Explore-Kontext ist die klassische Managementrolle ein absolutes No-Go. In einem Umfeld der Unsicherheit – im transformativen Wandel und in der radikalen Innovation – helfen uns der Führungsstil und die Methodik des Managements nicht weiter. Im Gegenteil: Sie verhindern Explore.

> **Radikale Innovation, geprägt durch die Phasen der Ideation und Incubation, sind nicht mit den Methoden und Führungsrollen des klassischen Managements vereinbar. Explore braucht etwas anderes: Leadership.**

Es ist fast zynisch: All die Methoden und Denkmuster, die uns im Kerngeschäft so erfolgreich machten und machen, stehen uns in der Exploration im Weg.

Bergwanderer im Dschungel?
Im Eingangskapitel hatten wir die Abgrenzung zwischen Exploit und Explore anhand der Analogie Bergwanderung und Dschungel-Expedition beschrieben. Hier folgt die Ergänzung der entsprechenden Führungspositionen: Die Bergwanderung (Exploit) wird von einem lokalen Bergsteiger angeführt, der die Route schon unzählige Male gegangen ist und über viel Erfahrung verfügt. Er ist auf alle Eventualitäten (Risiken) eingestellt und kommt mit der entsprechenden Ausstattung (Karte, Sonnencreme, Tickets für Seilbahn).

Der Bergführer ist die Idealbesetzung für die Bergwanderung. Aber macht ihn das automatisch zum besten Anführer der Dschungel-Expedition? Seine Erfahrung bringt in dem unbekannten Terrain des Dschungels nur bedingt Mehrwert. Der Dschungeltrip braucht eine andere Art von Anführer, jemanden mit Erfahrung in unbekannten Terrains, der die Herausforderungen der Unwägbarkeiten kennt und damit umgehen kann. Es braucht jemanden, der flexibel und unaufgeregt auf Überraschungen reagiert und im besten Fall Gefahren und Risiken antizipieren kann. Auch die Ausstattung (Methodik) ist eine andere. Sonnencreme braucht es nicht und eine Seilbahn gibt es nicht. Dafür benötigt die Expedition womöglich eine Machete und Malaria-Tabletten.

Manager im Explore

Führung von Exploit- oder Explore-Teams ist eine grundverschiedene Aufgabenstellung. In der Unternehmenspraxis findet das erstaunlich wenig Beachtung. Ich habe am eigenen Leibe in unterschiedlichen Unternehmen erlebt, aus früheren Anstellungsverhältnissen wie aus meiner freiberuflichen Tätigkeit, wie Führungskräfte ungeachtet ihrer Kompetenzen und Führungsstile zwischen Exploit- und Explore-Positionen hin- und hergeschoben werden. Folgendes Beispiel als wahre Begebenheit – ich habe nur den Namen geändert.

Markus, der Fisch an Land

Hauptabteilungsleiter Markus hatte sich durch exzellente Arbeit in der Fahrzeugmontage im Produktionsressort einen Namen gemacht. Nun sollte er eine neue und karrierefördernde Position übernehmen. Also machte man Markus zum Leiter der Produktionsstrategie. Damit saß er nun an der strategischen Schaltzentrale, vorstandsnah, in alle wichtigen Entscheidungen eingebunden, mit maximalem Gestaltungsspielraum. Der Explore-Anteil war sehr hoch, schließlich verantwortete sein Bereich die radikale Fertigungsentwicklung, disruptive Fertigungsmethoden und die strategische Ausrichtung im Zeithorizont 15 Jahre. Ein Traumjob. Eigentlich.

Das Problem an der Sache: Markus war ein exzellenter Manager, aber kein Leader. Seine Stärke war die Effizienzoptimierung. Markus konnte im »kompliziertesten Uhrwerk« die noch so kleinste Stellschraube perfektionieren. Dagegen waren Visionen, Ungewissheit, Risikofreude nicht sein Spielfeld.

> **Führungskräfte, die im Kern- und Tagesgeschäft erfolgreich sind, sind nicht automatisch geeignet für Explore.**

Ich möchte nicht wissen, wir oft der Fall »Markus« passiert.

Was bedeutete das für das Unternehmen? In dem Fall »Markus« wurde die strategische Hauptabteilung komplett ausgebremst. Jede noch so spannende Idee wurde solange hin- und heranalysiert und abgesichert, bis jedes Konzept zur Unkenntlichkeit verwässerte. Dass dabei auch der geduldigste Stratege müde gespielt wurde, versteht sich von selbst. Als Folge wurden zum Ende von Markus Amtszeit nur noch Alibi-Innovationen eingesteuert. Als Manager hatte Markus damit einen verdammt guten Job gemacht, hatte er doch jegliches Risiko, jegliche stabilitätsgefährdende Maßnahme weggemanagt.

Das kann ein Unternehmen Jahre des Fortschritts kosten. Erfahrungsgemäß verweilen Führungskräfte zwei bis vier Jahre auf ihrer Position. Das ist im sich stetig beschleunigenden R&D-Kontext eine kleine Ewigkeit. Diesen Zeitraum muss ein Unternehmen dann erst einmal wieder aufholen.

Ich unterstelle hierbei niemanden böse Absichten. Dieses Fiasko entsteht, weil die Verantwortlichen die beiden Spielarten Exploit/Management versus Explore/Leadership nicht differenzieren. Wir müssen uns eingestehen, dass Führungskraft nicht gleich Führungskraft ist, die beliebig zwischen den »Welten« Exploit und Explore verschoben werden kann.

Um bei der Eingangsanalogie zu bleiben: Es werden regelmäßig Bergführer mit falscher Ausstattung in den Dschungel geschickt. Und dann wundern sich alle, warum der Expeditionstrupp nie ankommt, frühzeitig abbricht oder zu lange umherirrt.

Spagat-Killer:

Jeder Topf braucht seinen Deckel. Das gilt auch für Führung: Die Nicht-Beachtung der Leader-Qualitäten bei Besetzungen von Explore-lastigen Führungspositionen untergräbt jegliches Explore-Potenzial.

Die vier Rollen

Die Abgrenzung der beiden Rollenbilder Management und Leadership ist ein guter Startpunkt, um die unterschiedlichen Aufgabenprofile von Exploit und Explore zu bedienen. *Doch sind diese beiden Rollenbilder auskömmlich? Können wir damit alle Führungsaufgaben beschreiben, um Ambidextrie wirksam zum Leben zu erwecken?* Wenn ich schon so frage … vermutlich nicht.

Um das Aufgabenspektrum von Führung auf der Metaebene zu erfassen, kann uns das AGIL-Schema weiterhelfen: Das AGIL-Schema ist ein systemtheoretisches Modell, das in den 1950er-Jahren von dem amerikanischen Soziologen Talcott Parsons entwickelt wurde. Auf Basis seiner empirischen Studien geht sein Modell davon aus, dass jedes System (und damit auch jede Organisation) vier Grundfunktionen zum Selbsterhalt benötigt:

1. Adaptation: Fähigkeit, auf sich verändernde äußere Bedingungen zu reagieren. Es beschreibt die Anpassungsfähigkeit des Systems.
2. Goal Attainment (Zielverfolgung): Fähigkeit, Ziele zu definieren und zu verfolgen.
3. Integration: Fähigkeit, Zusammenhalt und Inklusion zu erzielen und zu bewahren.
4. Latency bzw. Latent Pattern Maintenance: Fähigkeit, die Struktur, die innere Ordnung und das Wertesystem aufrechtzuerhalten.

Im Schaubild in Abbildung 45 ist das Grundmuster dargestellt. Dieses Diagramm kann weiter klassifiziert werden: Die linke Spalte bezieht sich vornehmlich auf die Zukunft, während die rechte Seite tendenziell gegenwärtige Aufgaben umschreibt. Die erste Zeile adressiert und verarbeitet vornehmlich äußere Einflüsse, die untere eher interne Aufgabenstellungen.

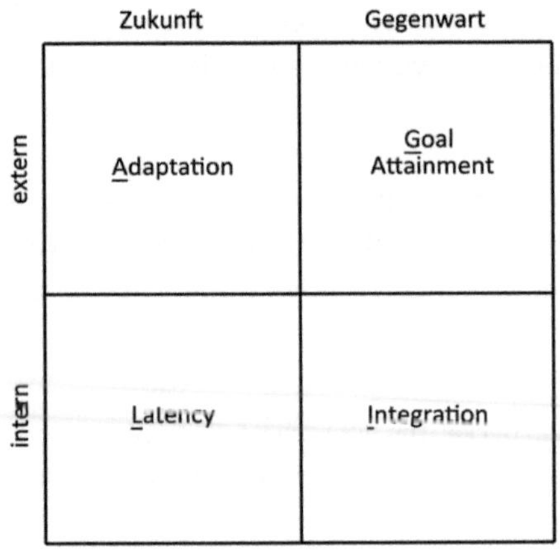

Abb. 45: AGIL-Schma nach Talcott Parson[79]

Die Widersprüchlichkeit der heutigen Unternehmensrealität im Kontext der Ambidextrie spiegelt sich auch im AGIL-Schema wider. Die vier Grundfunktionen sind nicht ohne Weiteres in Einklang zu bringen, da sie sich widersprechen. Adaptation (Anpassungsfähigkeit und Flexibilität) steht im Gegensatz zu Latency (Stabilität des Systems), um ein Beispiel herauszugreifen.

Führungsmodell Ambidextrie

Wenn also jede Organisation diese vier Grundfunktionen bedienen muss, müssen Führungskräfte diese ermöglichen, fördern und fordern. In der empirischen Wissenschaft und auch in der Praxis stellt das AGIL-Schema daher oft die Absprungbasis für ein beidhändiges Führungsmodell dar. Die vier Grundfunktionen werden übersetzt in vier Führungsrollen. Das sind zum einen die beiden bereits beschriebenen:

- Der *Leader* adressiert Adaption: »Ich inspiriere mein Team und gebe die Richtung vor.«
- Der *Manager* für die Integration: »Ich setze Ziele, KPIs und überwache die Qualität.« Und zusätzlich die zwei weiteren Rollen:
- Der *Expert* sorgt für Goal Attainment: »Ich habe die Erfahrung und die Fähigkeiten, um zu wissen, was funktioniert.«

Experten haben ausreichende Kenntnisse und Fachwissen, um andere bei der Lösungsfindung zu unterstützen. Sie bauen stetig weiteres Wissen auf, halten dieses aktuell und teilen es im Netzwerk. Es geht um Unterstützung und Problemlösung.

- Der *Coach* passt in Kontexten der Latency: »Ich unterstütze die Entwicklung meiner Mitarbeiter, damit sie ihren eigenen Weg finden können.«
  Der Coach ebnet den Weg Richtung Empowerment, indem er die Beteiligten fördert sowie Eigenständigkeit und Eigenverantwortung stärkt. Er arbeitet empathisch, hört zu und stellt mehr Fragen, als er Antworten liefert.

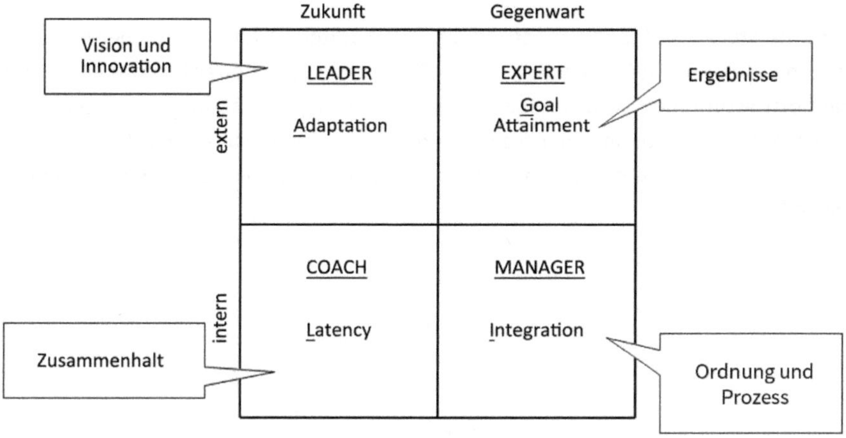

Abb. 46: AGIL-Schema, jeweiliger Fokus[80]

In der Ambidextrie können wir demnach von vier Führungskräfte-Rollen ausgehen. *Vier* – das ist erst einmal eine Ansage. In meinen Vorträgen freue ich mich immer auf den Moment, wenn ich diese vier Rollen präsentiere. Ich ernte dann angestrengte, skeptische Blicke und Seufzer. Wenn ich dann noch die folgende »Führungsformel« zeige, die Teil des Führungsmodells der Siemens Healthineers ist, höre ich den ein oder andere verzweifelte Lacher:

$$\text{Führungsperformance} = (\text{Manager} \times \text{Coach} \times \text{Leader} \times \text{Experte})^{\text{Flexibilität} \times \text{Learning}}$$

Diesen Spannungspunkt inszeniere ich durchaus bewusst. Die nächste Folie meines Vortrags zeigt dann das Bild eines fiktiven Fantasietiers, der »eierlegenden Wollmilchsau«. Ich frage daraufhin: »Wie viele von Euch entsprechen diesem Tier?« Sehr selten geht eine Hand nach oben. Verständlich. Und eine ehrliche Selbsteinschätzung.

Eierlegende Wollmilchsau

Ich kenne Organisationen, die von ihren Führungskräften verlangen, alle vier Rollen vollumfänglich zu beherrschen und situativ und eigenständig – je nach Kontext

– die entsprechende Rolle zu besetzen. Ich sehe das als unrealistisch an. Wir dürfen Führungskräfte nicht überfordern. Ich halte nicht viel von diesem absoluten Pauschal-Anspruch. Wenn ich mit Führungskräften zusammenarbeite, plädiere ich für eine differenziertere Betrachtungsweise.

Führung beginnt mit Selbstführung und einem klaren Verständnis der eigenen Rolle(n). Als Startpunkt empfehle ich daher eine Reflexion in zwei Schritten. Zuerst kann die Profilschärfung im Soll erfolgen: *Was benötige ich für meine Aufgabe? Welche Rollen unterstützten mein Team am besten?*

Hier unterstützt die Standortbestimmung aus Kapitel 2.1 hinsichtlich der Fragestellung, inwieweit die Aufgabenstellung des Teams im Exploit oder Explore liegt. Diese Standortbestimmung wird ergänzt durch die Selbsteinschätzung des eigenen Anforderungsprofils, das in einer Spinnennetz-Grafik festgehalten werden kann. Auf diese Weise kann – exemplarisch vorbefüllt – folgende Grafik entstehen (siehe Abbildung 47):

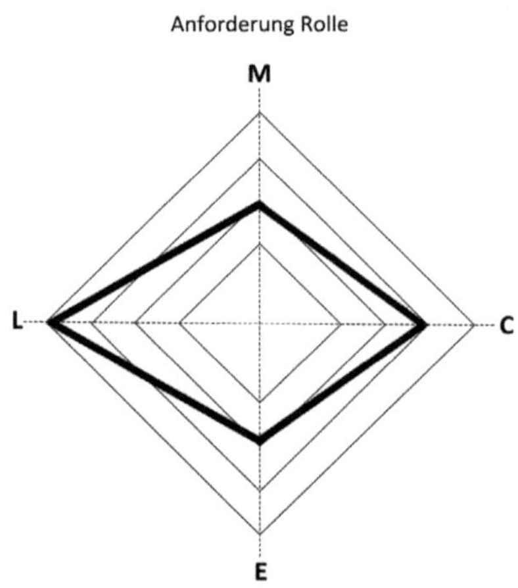

Abb. 47: Selbsteinschätzung der Anforderung an die vier Rollen

In dem dargestellten Profil wird deutlich, dass es selten ein Schwarz-Weiß geben wird. Die wenigsten Führungskräfte werden Vollausschlag in bestimmten Rollen (wie z. B. Leader und Coach) und null Anforderung am anderen Ende des Spektrums (wie z. B. Experte und Manager) bedürfen. In der Realität wird es sehr wahrscheinlich einen Ausschlag (eine Anforderung) in jedem Feld geben – aber eben nicht zwangsläufig die »eierlegende Wollmilchsau« mit Vollausschlag in jeder Rolle. Hier hilft der differenzierte Blick.

Ist die Anforderung an die Führungsaufgabe beschrieben (das Soll), kann ein Selbsttest des eigenen Kompetenzprofils durchgeführt werden (das Ist). Es geht um die Fragen: *Wer bin ich, welche Kompetenzen und Rollenausprägungen bringe ich mit?*

Der Selbsttest kann unter myBook+ heruntergeladen werden.

		nie	Trifft eher nicht zu	Teils / teils	Trifft eher zu	Trifft zu
1	Ich weiß in der Regel, was funktioniert, und teile dieses Wissens mit dem Team.	1	2	3	4	5
2	Ich denke gern groß, mag die Metaebene und folge einer Vision.	1	2	3	4	5
3	Ich achte auf die Stimmung, das Wohlergehen und die Partizipation meiner Mitarbeiter.	1	2	3	4	5
4	Ich prüfe Berichte und KPIs, um Zielabweichungen zu erkennen.	1	2	3	4	5
5	Ich höre zu und lasse eher andere die Lösung finden, als Vorgaben zu treffen.	1	2	3	4	5
6	Mir macht es Spaß, zu inspirieren, das Feuer der Mannschaft zu entfachen, neben sachlich-rational auch emotional zu kommunizieren.	1	2	3	4	5
7	Mein Ziel ist es, das Team zu stärken und weiterzuentwickeln, damit es möglichst eigenständig wird.	1	2	3	4	5
8	Ich bringe meine Expertise und Erfahrung ein, um die Qualität zu steigern.	1	2	3	4	5
9	Bei Problemen aus dem Umfeld (z. B. mit Schnittstellenpartnern) sorge ich für eine schnelle Klärung.	1	2	3	4	5
10	Ich zeige Empathie im Umgang mit Mitarbeitern.	1	2	3	4	5
11	Ich versuche, neue Konzepte und Ideen zu entwickeln.	1	2	3	4	5
12	Ich helfe aktiv, Probleme zu lösen.	1	2	3	4	5
13	Ich sorge aktiv für den Wissensaufbau und die Weiterentwicklung von Fertigkeiten.	1	2	3	4	5

		nie	Trifft eher nicht zu	Teils / teils	Trifft eher zu	Trifft zu
14	Ich strukturiere das Arbeitsumfeld, sorge für Standards.	1	2	3	4	5
15	Ich übe Einfluss auf meine eigenen Chefs und Führungskollegen aus.	1	2	3	4	5
16	Ich lege Ziele fest, habe klare Erwartungshaltung und sorge für die reibungslose Umsetzung.	1	2	3	4	5

Coach	»Ich unterstütze die Entwicklung meiner Mitarbeiter, damit sie ihren eigenen Weg finden können«. Förderung der Autonomie, Unterstützung der persönlichen Entwicklung der Mitarbeiter
Leader	»Ich inspiriere mein Team.« Richtung vorgeben, Feedback geben, Strategie vorantreiben
Expert	»Ich habe die Erfahrung und die Fähigkeiten, zu wissen, was funktioniert.« Andere beraten, Probleme lösen, Wissen weitergeben
Manager	»Ich treffe Entscheidungen, damit meine Mitarbeiter ihre Arbeit erledigen können.« Erwartungen und Ziele festlegen, Standards überwachen, Hindernisse beseitigen

Coach	(3+5+7+10) / 4 =
Leader	(2+6+11+15) / 4 =
Expert	(1+8+12+13) / 4 =
Manager	(4+9+14+16) / 4 =

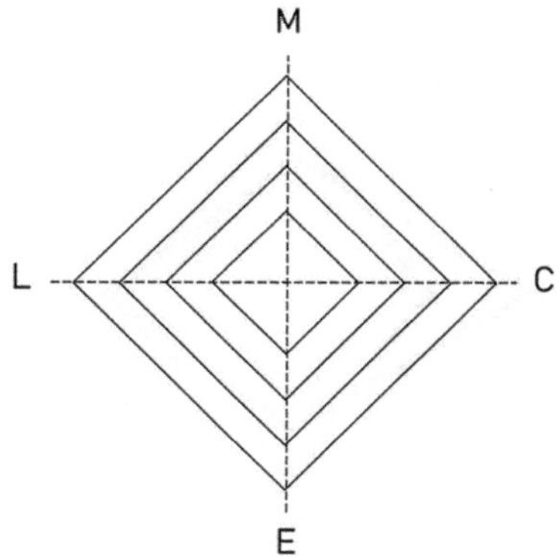

Abb. 48: Vorlage zum Eintragen der Ergebnisse des Selbsttests[81]

Dieser Selbsttest kann durch Fremdeinschätzungen ergänzt werden, von anderen Führungskräften seines Arbeitsumfelds wie auch von den eigenen Teammitgliedern. Beispielhaft befüllt könnte sich folgende Auswertung ergeben, siehe Abbildung 49.

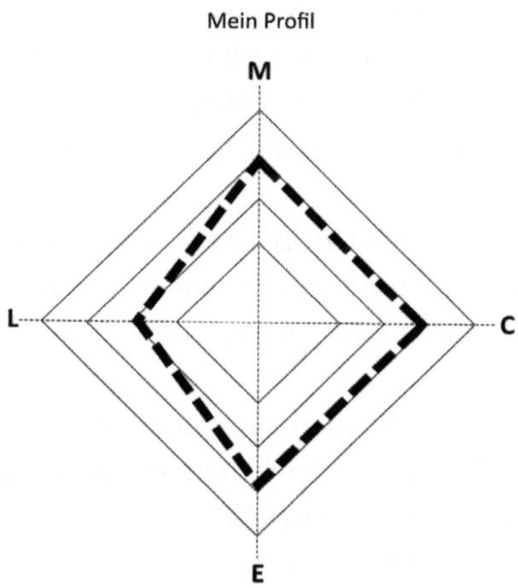

Abb. 49: Selbsteinschätzung meines Profils der vier Rollen

Spannend wird es, wenn wir beide Profile (Spinnennetze) übereinanderlegen und Soll und Ist abgleichen. In einer idealen Welt würden sich diese decken. Aber wann ist die Welt schon mal ideal? Wahrscheinlicher ist eine gewisse Abweichung, wie in der abgebildeten Überlagerung skizziert.

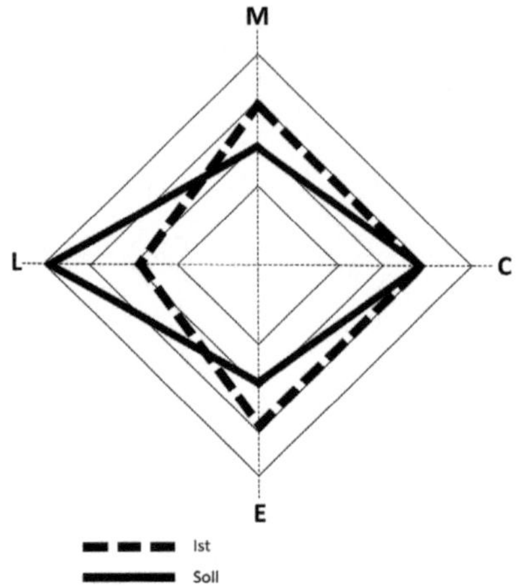

Abb. 50: Soll-Ist-Überlagerung der vier Rollen

Mögliche Diskrepanzen sind vorerst nicht schlimm und eher der Normalfall. Wichtig ist, daraus Handlungsempfehlungen abzuleiten und die richtigen Fragen zu stellen: *In welche Richtung kann ich mich weiterentwickeln? Welche Fortbildung oder Maßnahme kann unterstützen? An welcher Stelle kann ich mein Führungsverhalten nachjustieren? Worauf sollte ich im Führungsalltag mehr achten? Und welche Rollen und Führungselemente kann und sollte ich abgeben, ins Team oder im Sinne der »Gewaltenteilung«?*

Um bei dem abgebildeten Beispiel zu bleiben: Die Überlagerung der zwei Profile gibt Hinweise, die Managementrolle gegebenenfalls etwas runterzufahren. Dagegen scheint der Leader-Anteil zu wenig ausgeprägt zu sein.

Diese Testergebnisse dürfen nicht überbewertet werden und sollten immer kritisch hinterfragt werden. Sie können jedoch wichtige Hinweise geben. Die Beschäftigung mit dem Thema, die Berücksichtigung der Rollendifferenzierung und die Selbstreflexion sind der eigentliche Benefit der Übung.

Bundesagentur für Arbeit

Die vier Rollen der beidhändigen Führung sind mehr als eine akademische Fingerübung aus dem Elfenbeinturm, sondern bereits in der Praxis implementiert. Es gibt mehr und mehr Organisationen, die mit diesem Modell arbeiten. Siemens Healthineers war einer der Vorreiter. Auch die Bundesagentur für Arbeit hat sich auf den Weg in die Beidhändigkeit gemacht. Ich mag das Beispiel sehr, weil es die Relevanz des beidhändigen Führungsmodells unterstreicht: Beidhändige Führung betrifft nicht nur Unternehmen, sondern alle Arten der Organisation. Auch die Deutsche Rentenversicherung durfte ich bereits begleiten; auch sie arbeiten an ihrer Beidhändigkeit. In meinen Keynotes frage ich dann bewusst provokant: »Wenn sich traditionelle Behörden auf dem Weg in die Ambidextrie machen, was ist Eure Ausrede, es nicht zu tun?«

Gastbeitrag: Das Fallbeispiel der Bundesagentur für Arbeit

Führung unter Spannung: Mit ambidextrer Führung das Kerngeschäft optimieren und die Zukunftsgestaltung vorantreiben

Simone Angress-Pletsch und Hans-Joachim Gergs

Die Bundesagentur für Arbeit (BA) ist die größte Dienstleisterin am Arbeitsmarkt. Ihre rund 115.000 Mitarbeiterinnen und Mitarbeiter bringen Menschen und Arbeit zusammen und sichern Existenzen in schwierigen Lebensphasen. Als eine der größten Arbeitgeberinnen des Bundes erfüllt sie einen gesellschaftlichen Auftrag. Die BA setzt auf ein weiterentwickeltes Führungsmodell, um den Strukturwandel und die Transformation im Arbeitsmarkt aktiv und vorausschauend mitzugestalten.

Unternehmen, Organisationen und öffentliche Verwaltungen stehen vor tiefgreifenden Transformationsprozessen oder befinden sich bereits mittendrin – so auch die BA. Die notwendige Dekarbonisierung zur Erreichung der vereinbarten Klimaziele, die voranschreitende Digitalisierung sowie andere Megatrends lösen weitreichende Veränderungen in der Arbeits- und Berufswelt aus und betreffen Geschäftsmodelle, Prozesse, Produkte und Dienstleistungen.

Auch die BA und ihre Beschäftigten müssen sich auf veränderte Kontexte einstellen. In ihrem Kerngeschäft, der Existenz- und Grundsicherung, der Förderung der Teilhabe an der Gesellschaft sowie der Arbeits- und Fachkräftesicherung müssen zwar Leistungen wie Arbeitslosengeld, Kurzarbeitergeld oder Kindergeld weiterhin hoch effizient, zuverlässig und transparent ausgeführt werden. Gleichzeitig muss die Organisation aber veränderte Bedürfnisse und Erwartungen der Kundinnen und Kunden aufspüren und mit neuen Produkten und Dienstleistungen adressieren.

Es geht folglich darum, sowohl hohe Qualitäts- und Effizienzstandards im Kerngeschäft zu erreichen als auch flexibel und innovativ zu sein. Mit einer Stärkung von Beratung, der sinnvollen Nutzung von Digitalisierung und Automatisierung, einer strategischen Ressourcenallokation sowie angepassten Formen der Führung und Zusammenarbeit stellt sich die BA darauf ein.

> *Bundesagentur für Arbeit (BA)*
> *Die BA hat ihren Hauptsitz in Nürnberg und erbringt elementare Leistungen an den Schnittstellen des Arbeitsmarkts, etwa die Arbeitsvermittlung und Arbeitsförderung. Zudem regelt sie die Verwaltung der deutschen Arbeitslosenversicherung, insbesondere die finanziellen Entgeltersatzleistungen wie das Arbeitslosen- und Kurzarbeitergeld. Die BA ist eine Körperschaft des öffentlichen Rechts mit Selbstverwaltung. Sie unterliegt der Rechtsaufsicht durch das Bundesministerium für Arbeit und Soziales.*

»Beidhändige Führung zwischen Tagesgeschäft und Zukunftsgestaltung«

Das weiterentwickelte Führungsverständnis der BA basiert auf dem Konzept der Ambidextrie. Es ermöglicht den ausgewogenen Umgang mit Veränderungen, Spannungspolen, Widersprüchlichkeiten und Ambivalenzen. Das Führungsverständnis soll Führungskräften:

- eine gemeinsame Orientierungsgrundlage geben, was gute und beidhändige Führung in der Bundesagentur für Arbeit bedeutet,
- für den Führungsprozess relevante Ebenen aufzeigen und damit Perspektiven und das Verhaltensrepertoire von Führungskräften erweitern,
- Transparenz über ihre Rollen und Verantwortungsbereiche herstellen,
- ermöglichen, ihr Führungshandeln, ihre Stärken und ihre persönliche Weiterentwicklung zu reflektieren,
- konkrete Pfade aufzeigen, wie sie Ambidextriefähigkeit erlangen und diese an ihre Mitarbeiterinnen und Mitarbeiter weitergeben können.

Entsprechend dem Managementkonzept der Ambidextrie sollen die Führungskräfte ihren Blick sowohl auf das aktuelle Tagesgeschäft (Exploitation) als auch auf die Zukunftsgestaltung (Exploration) richten und sich dabei sowohl an ihrem externen Umfeld und ihren externen Interessensgruppen wie Kundinnen und Kunden als auch an ihrer Organisation und ihren internen Interessengruppen wie Mitarbeiterinnen und Mitarbeitern orientieren.

Das Führungsverständnis der BA wurde entlang der vertikalen Achse »externer Fokus vs. interner Fokus« und der horizontalen Achse »Stabilität/Gegenwart vs. Wechsel/Zukunft« in vier Handlungsfelder bzw. Ergebnisbereiche aufgeteilt (siehe Abbildung 51).

Führungskräfte:

- gestalten Zukunft (Exploration),
- unterstützen und fördern Menschen (Exploration),
- sorgen für Struktur (Exploitation),
- sichern gute Ergebnisse (Exploitation).

Die Wahrnehmung und Priorisierung der vier Ergebnisbereiche wird, je nach Führungsebene, Funktion, Kontext und Zielstellung, unterschiedlich ausgeprägt sein und mitunter auch Zielkonflikte in sich bergen. Doch wird explizit eingeladen, im Führungsteam Themen- und Rollenbereiche gemeinsam zu bearbeiten bzw. aufzuteilen.

Mit jedem der vier Ergebnisbereiche werden konkrete Verhaltenserwartungen an die Führungskraft geknüpft. Für jeden Ergebnisbereich sind aus diesem Grunde sogenannte Verhaltensanker definiert, die wiederum mit konkreten Verhaltensbeschreibungen (und Kompetenzen) hinterlegt sind. Die insgesamt 15 Verhaltensanker dienen den Führungskräften als Orientierungspunkte, die ihnen beim Verfolgen der vier Ergebnisbereiche helfen sollen (siehe Abbildung 52).

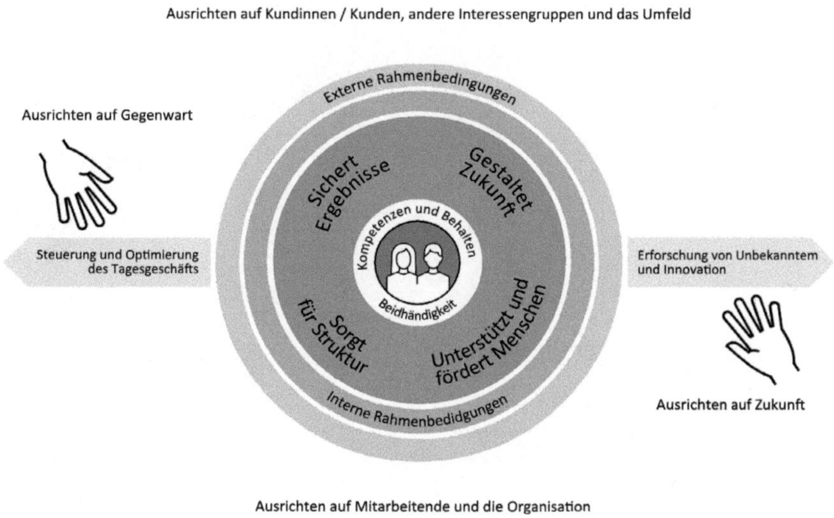

Abb. 51: Das Führungsverständnis der BA im Überblick[82]

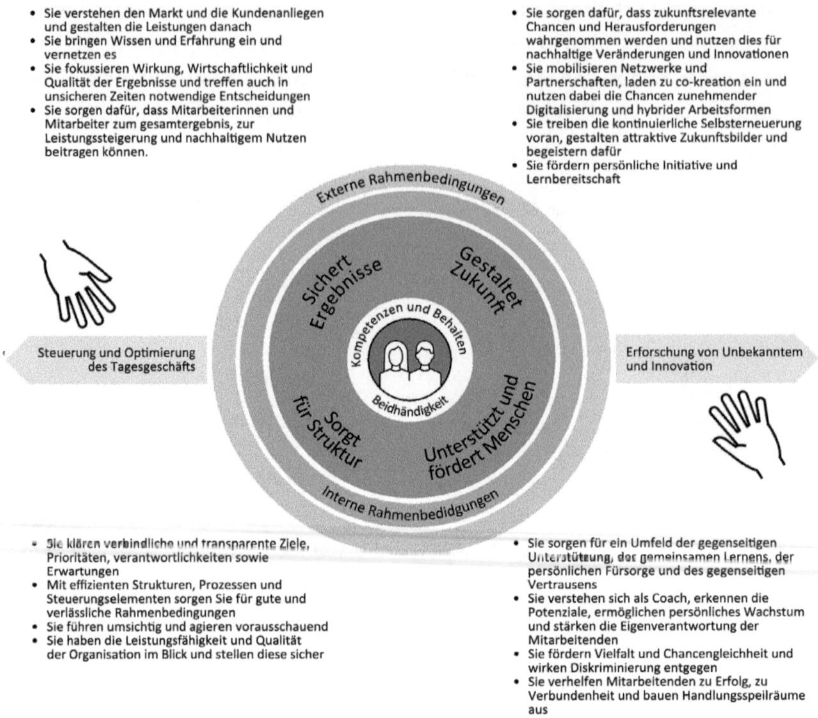

Abb. 52: Verhaltensanker zur Konkretisierung des Führungsverständnisses[83]

Der Tanz zwischen den vier Ergebnisbereichen

Idealtypisch bewegt sich eine beidhändige Führungskraft flexibel zwischen den Ergebnisbereichen und balanciert dabei mögliche Zielkonflikte und Widersprüchlichkeiten aus. Sie entscheidet, je nach externen und internen Rahmenbedingungen, welchen Ergebnisbereich sie schwerpunktmäßig verfolgt bzw. welche Rolle sie schwerpunktmäßig einnimmt, wann sie flexibel in eine andere Rolle wechselt und wie sie die einzelnen Rollen – und mit wessen Unterstützung – wahrnimmt.

Dieser »Tanz« zwischen den Ergebnisbereichen erfordert ein hohes Maß an Reflexionsfähigkeit. Die ambidextre Führungskraft überprüft ihr Führungsverhalten kontinuierlich auf Wirksamkeit und Menschlichkeit und reflektiert systematisch, mit welchem Führungsverhalten sie den jeweiligen Anforderungen am besten gerecht wird. Sie lässt sich fortwährend auf andere Perspektiven ein, führt unterschiedliche Aufgaben und Menschen zusammen und stärkt den gemeinsamen Dialog. Ergeben sich Spannungen und Konflikte zwischen den Ergebnisbereichen, erkennt die ambidextre Führungskraft diese nicht nur, sondern thematisiert diese offen und findet einen konstruktiven Umgang damit. Nicht zuletzt integriert sie Widersprüche, die sich aus den unterschiedlichen Ergebnisbereichen ergeben.

Führung je nach Kontext und Situation
Die wesentliche Qualität einer ambidextren Führungskraft besteht also darin, zu wissen, wann sie in welcher Kombination die vier Ergebnisbereiche über ihr jeweiliges Führungsverhalten »bedient«. Geht es um Innovation, neue Angebote und Geschäftsmodelle oder persönliches und gemeinsames Lernen für die Zukunft (Exploration), so stehen die Ergebnisbereiche »gestaltet Zukunft« und »unterstützt und fördert Menschen« im Fokus. Wenn es dagegen eher um die effiziente Abarbeitung des Tagesgeschäftes und um inkrementelle Verbesserungen bisheriger Strukturen und Prozessen geht (Exploitation), dann stehen die Ergebnisbereiche »schafft Struktur« oder »sichert Ergebnisse« im Vordergrund. Die ambidextre Führungskraft nimmt sich bewusst beider Bereich an. Sie bindet ein, baut Brücken und vermittelt zwischen den Ansprüchen des Tagesgeschäfts und der Innovationsarbeit. Und: Sie erkennt immer, in welchem Kontext sie sich gerade bewegt, und passt ihr Führungshandeln daran an.

Simone Angress-Pletsch
ist Senior-Expertin für Führungskompetenz und Strategievermittlung an der Führungsakademie der BA. Sie leitet die Entwicklung und Einführung des neuen Führungsmodells.

Dr. Hans-Joachim Gergs
ist Partner der Gesellschaft für empirische Organisationsforschung (GfeO GmbH), einer Ausgründung der Universität Regensburg. Er forscht zum Thema Ambidextrie.

Führungsarten in der Ambidextrie

Wir sollten uns hinterfragen, ob die Pauschalanforderung »alle müssen alle Rollen perfekt beherrschen« realistisch ist, und in jedem Fall notwendig. Die Anforderungen an die Rollen entwickeln sich aus der Einzelfallbetrachtung und dem Kontext. Die Erwartungshaltungen an die vier Rollen haben zudem zwei formale Abhängigkeiten: die Organisationsform und die Hierarchiestufe.

Modusangepasste Führung

Die Organisationsform hat unmittelbaren Einfluss auf den Anspruch an die vier Führungsrollen. Das Corporate Start-up als Explore-Einheit ist vom Kerngeschäft (Exploit) separiert. Führungskräfte können sich somit auf den einen Modus spezialisieren und fokussieren. *Modusangepasste Führung* heißt das im Fachjargon. Ein Explore-Leader muss dann keine »eierlegende Wollmilchsau« abgeben, sondern kann sich womöglich auf die Leader- und Coach-Rolle konzentrieren. Und vice versa für Exploit.

Auch in der *modusangepassten Führung* werden Anteile aller vier Rollen benötigt. Auch im Explore werden Führungskräfte gewisse Experten- und Manager-Qualitäten einbringen müssen. Neben der eigenen Aufgabenbeherrschung ist das Grundverständnis der komplementären Rollen wichtig für die Kooperation zwischen Exploit und Explore. Es hilft, wenn man sein Gegenüber versteht, wenn man weiß, wie er oder sie »tickt«. Somit werden die teamübergreifende Zusammenarbeit und die Ambiguitätstoleranz gestärkt. Insgesamt können wir für die Corporate Start-ups aber feststellen, dass die klare Trennung zwischen Explore und Exploit den Druck auf die Führungskraft als »eierlegenden Wollmilchsau« verringert und damit eine Fokussierung und Spezialisierung auf ausgewählte Rollen ermöglicht.

Ambidextre Führung

Die kontextuelle Ambidextrie, in der situativ zwischen Exploit und Explore gewechselt wird, impliziert naturgemäß, dass Führungskräfte alle vier Rollen beherrschen. Dies wird als *ambidextre Führung* bezeichnet. Das stellt enorme Herausforderungen an die Betroffenen. Sie müssen eigenständig erkennen, wann welcher Modus erforderlich ist und ständig zwischen den Rollen wechseln. Das ist kein Selbstläufer. Laut einer Studie der Unternehmensberatung Kienbaum werden nur fünf Prozent der Führungskräfte diesem Ideal gerecht.[84]

Auch ein Grund, warum ich in der Regel die Corporate Start-ups der kontextuellen Ambidextrie vorziehe. Damit dieser Spagat in dem situativen Rollenwechsel gelingt, empfehle ich eine maximale Separierung der beiden Welten Explore und Exploit. Kurzzyklische Wechsel sollten vermieden werden. Je mehr Fokus pro Modus und Rollenbild, desto besser. Der sogenannte *Kontextwechsel,* um in den jeweils entgegengesetzten Modus zu kommen, kostet Zeit und Energie. Das funktioniert nicht von einer Minute auf die andere. Wie wir bereits festgestellt haben: Beidhändigkeit ist nicht mit Multitasking zu verwechseln.

Deswegen lieber eine Woche in einem Modus verweilen, als 10 Wechsel innerhalb eines Tages zu bewerkstelligen. Mir ist bewusst, dass das im dynamischen Arbeitsalltag nicht immer durchzuhalten ist. Außerdem sind wir oft weitgehend fremdgesteuert. Trotzdem:

> **Wir sollten unseren Spielraum maximal nutzen, um kurzzyklische Rollenwechsel zu vermeiden.**

Hierarchiestufen

Die zweite formale Abhängigkeit der vier Rollen ist die Hierarchieebene. Um es kurz zu machen:

> **Der Anspruch an eine ambidextre Führung steigt mit der Karriereleiter.**

Die gleichzeitige Beherrschung der zwei diametral entgegengesetzten Systeme ist eine komplexe Aufgabenstellung. Die große Herausforderung für Führungskräfte besteht darin, die sich gegenseitig bedingenden Spannungspole zwischen Agilität und Stabilität dynamisch auszusteuern. Diese Gegensätze müssen ausgehalten werden. Führungskräfte müssen Brücken bauen zwischen dem tradierten Verständnis und dem Chancenblick des Neuen. Führungskräfte, über Jahrzehnte im Kerngeschäft sozialisiert und erfolgreich, müssen fortan die Flexibilität aufbringen, sich in zwei verschiedene Welten hineinzudenken, mitunter ad hoc. Das stellt ganz neue und zusätzliche Herausforderungen. Diese sollten wir nur im begrenzten Ausmaß den Nachwuchs-Führungskräften und den mit der operativen Leitung betrauten unteren und mittleren Führungskräften (auf Dauer) zumuten. Da müssen schon die »Chef-Chefs« ran. Unternehmensleitung und Top-Führungskräfte werden nicht umhinkommen, beide Modi Exploit und Explore zu beherrschen. Sie müssen folglich auch alle vier Rollen einnehmen.

Das gilt insbesondere für die Organisationsform der Corporate Start-ups. Hier sind Exploit und Explore separiert, die untere bzw. mittlere Führungsebene kann sich auf den jeweiligen Modus konzentrieren. Die Aussteuerung der beiden Welten Exploit und Explore findet strukturbedingt in der höheren Ebene statt.

Fazit Rollenverteilung

In einem idealtypischen Modell (auf Basis von Corporate Start-ups) empfehle ich die in Abbildung 53 skizzierte Schwerpunktsetzung in der Rollenverteilung. Prinzipiell gilt: Ambidextre Führung sollte in den unteren und mittleren Führungsebenen so gering wie möglich gehalten werden und tendenziell in der Top-Führung verankert sein.

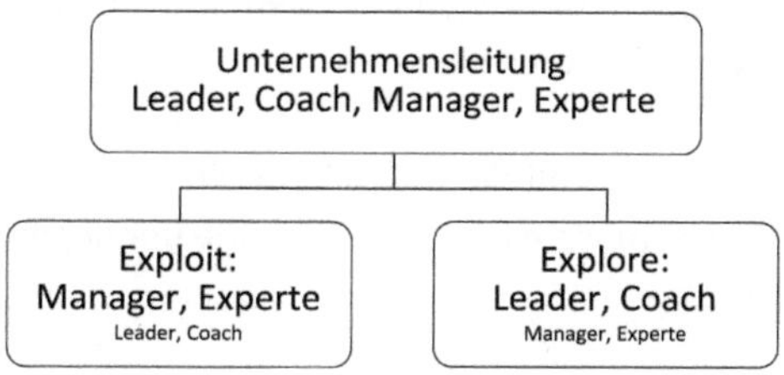

Abb. 53: idealtypische Gewichtung der Führungsrollen

Führung ist out?

In der letzten Zeit habe ich viele Diskussionen verfolgt, die sich der Frage widmeten, ob wir überhaupt noch Führung benötigen? Ich habe da eine klare Position: Wir brauchen in Zukunft nicht weniger Führung, sondern mehr. Aber auch eine andere. Ergänzend zum klassischen Management und Expertentum brauchen wir dringend mehr Leader und Coaches, die den Explore-Anteil in unseren Organisationen stärken.

Und wir sollten insbesondere im Explore die Führung im Sinne Empowerment und Gewaltenteilung neu verteilen. Andernfalls werden die Pioniere ihr Potenzial nicht entfalten können. All das wissen wir (eigentlich). Es gibt genügend Nachweise aus der Praxis, dass Leadership im Rahmen selbstorganisierter Pionierarbeit funktioniert und sehr erfolgreich ist. Die Zeit der Ausreden ist längst vorbei. Wenn Weltkonzerne wie Amazon und Haier es schaffen, die gegensätzlichen Führungsrollen zum Leben zu erwecken, wenn Behörden wie die Bundesagentur der Arbeit es schaffen, beidhändige Führungsmodelle zu implementieren, was ist unsere Ausrede, es nicht zu tun?

Ich habe eine Ausrede vorbereitet: »Ich als einzelne Führungskraft kann kein unternehmensweites Führungsmodell verändern.«

Das mag stimmen. Jede(r) Einzelne kann aber anstoßen und mitwirken und noch wichtiger: Jede(r) kann den eigenen Gestaltungsspielraum nutzen. Wie Du die vier Grundrollen Manager, Experte, Coach und Leader Tag für Tag auslebst, welche der vier Ausprägungen Du in Deinem Alltag zeigst und förderst, bleibt Dir überlassen. Auch bei der Frage, inwieweit Du Führung abgibst, auf mehrere Schultern verteilst und das Empowerment des Teams stärkst, obliegt Dir – vielleicht nicht immer vollumfänglich, aber mit großem Gestaltungsspielraum.

Rückzugsraum
Es gibt immer noch viel zu viele Führungskräfte, die es sich in ihrem Exploit-Rückzugsraum bequem eingerichtet haben. Geschützt und gut gepolstert gehen sie im Absicherungsmodus der Planbarkeit, Risikoaversion und scheinbarer KPI-Kontrolle in Deckung. Ist das die Art der Führung, die wir im dynamischen und komplexen Umfeld am dringendsten benötigen? Sind wir dafür angetreten? Führung im heutigen VUKA-Umfeld bedeutet, als Pionier voranzugehen. Eben auch dann voranzugehen, wenn man das Ergebnis nicht kontrollieren kann.

Wenn ich in diesem Buch, über all die Kapitel und Einzelthemen hinweg, nur einen einzigen Wunsch frei hätte, müsste ich keine Sekunde überlegen. Ich wünsche mir in unseren Organisationen:

mehr Leader.

4.2 Sowohl-als-auch: Dilemmata und Paradoxa konstruktiv nutzen

In diesem Kapitel möchte ich ein sehr wirkmächtiges »Werkzeug« vorstellen, dass Deine Führungsqualitäten, Deine Ambiguitätstoleranz und Ambidextrie-Fähigkeit auf ein neues Level heben. Doch der Reihe nach.

Ein Sommertag in Neumünster. Knapp 20 obere Führungskräfte eines Mineralöl-Unternehmens schließen sich zwei Tage in die Seminarräumlichkeiten ein, um die strategische Ausrichtung des Unternehmens abzustecken. Die Aufgabe könnte essenzieller kaum sein: Es geht um die langfristige Überlebenssicherung im Kontext des schrumpfenden fossilen Geschäftsmodells.

Ich durfte den Workshop als Keynote Speaker und Facilitator begleiten und gestalten. Für derart tiefgreifende Vorhaben gehe ich wie folgt vor: Noch bevor ich die Agenda und Zielsetzung der Tagung vorstelle, also ganz zu Beginn, steige ich direkt mit meiner Keynote ein. Das hat sich bewährt, weil gleich zu Anfang alle eingestimmt werden (daher der Begriff *Keynote,* übersetzt »Schlüsselton« zum Einstimmen im Chor oder Orchester). Nach der Keynote »sind alle an Bord«, wissen, worum es geht, die Problemstellung und erste Lösungsräume sind platziert. Der Rahmen und der Ton sind gesetzt, das Feuer ist gelegt. Jetzt kann alles Weitere folgen (und gedeihen). In diesem Fall ging es um Fragen wie:

- *Trägt unser Purpose in das neue Zeitalter?*
- *Wie können wir die Innovationskraft erhöhen, um inkrementelle Entwicklung um radikalere zu ergänzen?*
- *Wie ermöglichen wir Diversifikation in neue, zukunftsträchtige Geschäftsfelder?*
- *Wie gehen wir mutige Wege, ohne das (noch so) wichtige Kerngeschäft zu gefährden?*

Die Führungsmannschaft hatte schnell identifiziert, dass nur separate, aber im Mutterschiff integrierte Explore-Einheiten (Corporate Start-ups) die benötigte Wirkkraft entfalten können.

Mitten im Workshop springt der Finanzchef auf und erinnert seine Kollegen: »Wenn wir mehr Kapazität in Explore-Teams stecken, gefährdet das unseren Anspruch, Kostenführer zu sein.« Damit hatte der CFO natürlich erst einmal recht. Explore bedeutet für das Hier und Jetzt, also für die aktuelle Finanzlogik um Budgetziele, Renditeerwartungen und Quartalszahlen, eine Belastung ohne aktuell messbaren Gegenwert. Explore bedeutet zunächst Kosten, Ineffizienz und Risiko. Damit deckte der Finanzkollege das Grunddilemma beidhändiger Unternehmen auf. Er pointierte das Spannungsfeld, in dem er es als Alles-oder-Nichts-Auswahl präsentierte: linke *oder* rechte Tasche, also *entweder* Explore *oder* Kostenführerschaft. Diese Auswahl, als eindeutige Entscheidung für und wider einer Option, ist in der Regel nicht auflösbar. Welche Firma kann auf Kosteneffizienz oder Exploration verzichten?

Spagat-Killer:

Ein Denken im Entweder-oder führt zu unauflöslichen Sackgassen, spaltet die Beteiligten in zwei Lager und verhindert somit Beidhändigkeit.

Wir nehmen das Dilemma und den weiteren Verlauf des Workshops gleich wieder auf. Vorab ein paar theoretische Überlegungen.

Ambidextrie ist ein einziges Paradoxon

Diese Spannung zwischen Effizienz und Wandel begegnet uns stetig und überall. Ambidextrie ist naturgemäß und per Definition ein Paradoxon: Stabilität und Wandel gleichzeitig. Exploit und Explore sind Gegenpole, die uns fortwährend vor Dilemmata stellt. Durch die Gestaltungsprinzipien der Ambidextrie anhand des *Magic Triangle* und den vier »A« haben wir Möglichkeiten identifiziert, wie wir beide Ausrichtungen innerhalb einer Organisation abbilden können. Ein Organisationsdesign wie die Corporate Start-ups oder die kontextuelle Ambidextrie sind ein wichtiger Startpunkt, verhindern aber keine Dilemmata im Führungsalltag. Das *Magic Triangle* muss mit Leben gefüllt werden, und wo Leben ist und Menschen zusammenwirken, sind Spannungen unvermeidbar. Der Teufel liegt ja bekanntlich im Detail. Wir werden als Führungskräfte und Unternehmensgestalter im operativen Tagesgeschäft immer wieder auf Herausforderungen und Einzelentscheidungen treffen, die uns vor Dilemmata stellen. Das ist gar nicht vermeidbar. Wir tun folglich gut daran, ein wenig tiefer in die Welt der Dilemmata und Paradoxa einzutauchen und den Umgang mit diesen zu beleuchten.

Was ist ein Dilemma?

Ein Dilemma stellt uns vor die Wahl zwischen zwei gegensätzliche Optionen: Ausruhen oder Sport treiben? Beide Optionen haben ihre Berechtigung und ihre Vorzüge. Daher fällt es uns so schwer, eine Option zu wählen. Um die Entscheidung zu unterstützten, sammeln wir Vor- und Nachteile und wiegen diese gegeneinander auf (am besten im Excel-Sheet). Das Gemeine bei der Sache: Die Vorteile der einen Option sind immer automatisch die Nachteile der anderen. Mit der Wahl der Option A verpasse ich immer die Vorzüge von B. Wir bewegen uns schnell in eine Sackgasse. Gleichzeitig spüren wir den Entscheidungsdruck. Als Konsequenz wählen wir notgedrungen und oft vorschnell die Option, die in unserer Komfortzone, im Mainstream und innerhalb vorherrschender Glaubenssätze liegt. Im Business-Kontext ist das zumeist die Exploit-Welt. Der Gleichschaltungsdrang, die Standardisierung und Vereinheitlichung des tayloristischen Erbes tut sein Übriges. Für die Ambidextrie-Fähigkeit der Organisation ist das fatal.

Paradoxa sind immer da

Dilemmata können als Symptome von Paradoxa betrachtet werden. Zweitere sind das dahinterliegende, grundsätzliche Problem. Dilemmata ergeben sich aufgrund der Paradoxa. Ein Beispiel: Eine Führungskraft überlegt, seinem Team mehr Freiheiten und Vertrauen einzuräumen, indem die Zeiterfassung abgeschafft wird. Die Wahl heißt: Zeiterfassung belassen oder abschaffen. Das zugrunde liegende Paradoxon heißt Freiheit versus Einschränkung und Vertrauen versus Kontrolle.

Paradoxa existieren fortwährend und können nicht aufgelöst werden. Wir können noch so viele Entscheidungen treffen und Maßnahmen ergreifen, Paradoxa können nicht beseitigt werden. Wir können uns bei der Ressourcenzuteilung für Exploit oder Explore entscheiden und damit das Dilemma auflösen. Die dahinterliegenden Paradoxa Kerngeschäft versus Neugeschäft, alt versus neu, Gegenwart versus Zukunft bleiben systemimmanent in der Organisation bestehen, und werden an anderer Stelle erneut aufkommen. Im Kontext der Beidhändigkeit haben wir einige maßgebliche Widersprüche kennengelernt:

- *Die Tradition wahrend sich neu erfinden.*
- *Was uns so erfolgreich macht, führt zum Scheitern* (im Sinne des Erfolgssyndroms bei einseitiger Exploit-Ausprägung).
- *Um gleich zu bleiben, müssen wir uns verändern* (»gleich bleiben« im Unternehmenskontext könnte bedeuten, weiterhin erfolgreich zu sein).

Und der Klassiker von Heraklit darf nicht fehlen:

- *Die einzige Konstante im Universum ist die Veränderung.*

Es geht aber auch weniger tiefgreifend und alltagsnäher: Neulich meinte der Bearbeiter der IT-Hotline zu mir: »Wenn Deine Tastatur nicht mehr reagiert, drücke die Escape-Taste.«

> **Paradoxa und daraus entstehende Dilemmata sind allgegenwärtig. In Business-Kontext der Ambidextrie sind sie systemimmanent (durch die Gegenpole Exploit und Explore).**

Wir lernen von Genies

Der amerikanische Psychologe Albert Rothenberg ging Ende der 70er-Jahre einer sehr spannenden Frage nach: Was macht die Genies zu Genies, abseits von natürlicher Begabung. Gibt es einen roten Faden, eine Taktik oder Methode, die alle Genies eint?

In dem er die Tagebücher und Briefe von Berühmtheiten wie Picasso, Einstein, van Gogh, Mozart und Edison analysierte, machte er eine bahnbrechende Entdeckung: Sie erreichten immer dann ihren großen Durchbruch, wenn sie Gegensätze in kreativer Weise vereinten. Im Laufe ihres Schaffensprozesses stießen die Großmeister unweigerlich auf Dilemmata, die sie aber nicht durch vorschnelle Entscheidung lösten. Anstatt eine Option abzuwählen, explorierten sie Möglichkeiten, die Gegensätzlichkeiten in einem neuen Ansatz zu inkludieren. Sie nutzten die Spannung und Widersprüchlichkeit als Kreativpotenzial. Einstein entwickelte im Rahmen seiner Relativitätstheorie, wie Objekte gleichzeitig in Bewegung und im Stillstand sein können. Mozart schaffte es in einzigartiger Weise, Harmonie und Disharmonie in einem Werk zu verbinden. Van Gogh vereinte zwei Perspektiven in seinem Bild »Vincents Schlafzimmer in Arles«.

Als Führungskraft und Unternehmensgestalter musst Du kein van Gogh oder Einstein werden. Wir sind dennoch gut beraten, uns das ein oder andere abzuschauen. Um Dilemmata zu begegnen, können wir kreative Ansätze finden, die beide Gegenseiten berücksichtigen. Zunächst müssen wir die Fragestellung verändern von *»Will ich entweder A oder B?«* zu *»Wie kann ich sowohl A als auch B berücksichtigen?«*

> **Um Dilemmata aufzulösen, müssen wir die Betrachtungsweise ändern, vom *Entweder-oder* in ein *Sowohl-als-auch*.**

Zurück zu dem Eingangsbeispiel des Führungskräfte-Workshops. Der Finanzchef stellte die Gruppe vor die Auswahlentscheidung *entweder* Kostenführerschaft *oder* Explore. Damit wir beide Welten in der Lösung berücksichtigen, müssen wir wie die Einsteins und Mozarts ein »Reframing« angehen: Anstatt die Kostenführerschaft als unverrückbares Mandat abzufordern und damit Investment im Explore abzukündigen, kann eine leichte Anpassung der Zielsetzung einen Handlungsspielraum eröffnen. Das Reframing könnte zum Beispiel lauten: »Wie können wir *sowohl maximale* Kostenexzellenz im Kerngeschäft anstreben, *als auch* parallel unseren Einsatz im Explore erhöhen?«

Das Beispiel mag banal anmuten, aber ich möchte an dieser Stelle betonen: Hätte ich nicht den Sowohl-als-auch-Ansatz ins Spiel gebracht, hätte der Finanzchef den Fortgang der ganzen Tagung torpedieren können. Wie oft führen Totschlag-Argumente im Entweder-oder-Modus zur Abkündigung neuer Ideen. Das Sowohl-als-auch ist ein scheinbar simples, aber sehr wirkmächtiges Werkzeug, das von nun an in unserem »Werkzeugkoffer« gehört.

Diesen »Werkzeugkoffer« möchte ich ein wenig näher beleuchten und um weitere Konzepte ergänzen. In ihrem Buch »Both/And Thinking – Embracing Creative tensions to solve your toughest problems« präsentieren die Autorinnen Wendy Smith und Marianne Lewis zwei Lösungsansätze, die uns helfen, Dilemmata aufzulösen: die sogenannten »Maultier-« und »Seiltänzer«-Methoden.

Maultiere

Maultiere sind ein naturgewordenes Sowohl-als-auch. Sie kombinieren die Vorzüge zweier Tiere: Pferde sind schnell, stark und athletisch aber auch anspruchsvoll und schnell gelangweilt. Esel sind genügsam, ausdauernd aber nicht so ästhetisch, schnell und clever. Maultiere sind die Kreuzung aus Eselhengst und Pferdestute. Sie vereinen die jeweiligen Qualitäten und sind damit schneller, genügsamer und athletischer als die Erzeuger-Tiere.

Die sogenannte »Maultier«-Taktik versucht, Dilemmata aufzulösen, indem gegensätzliche Ideen zusammengebracht werden. Dazu müssen wir die Oberfläche der Dilemma-Betrachtung verlassen und hinter die Fassade schauen: Aus welchen Einzelinteressen besteht der Konflikt? Welche Einzelaspekte kann ich verändern, herauslösen, ergänzen, abschwächen, damit ich beide Positionen berücksichtige?

Titanic
Im Eingangskapitel hatte ich das Titanic-Unglück erwähnt. Die Katastrophe entstand aufgrund der fehlenden Balance zwischen Sicherheit und Fortschritt. Kapitän Smith ordnete alles dem Ziel unter, in Rekordgeschwindigkeit New York zu erreichen. Damit entschied er sich für die Option Fortschritt und missachtete die Option Sicherheit. Damit schickte er sich und den gesamten Ozeanriesen in die Entweder-oder-Sackgasse. Wie das endete, ist bekannt.

Wie hätte eine ausgewogenere Taktik im »Maultier«-Ansatz aussehen können? Smith hätte den Fortschrittsanspruch mit sicherheitsrelevanten Aspekten kombinieren können. Er hätte an seinem Geschwindigkeitsziel festhalten können, mit ein wenig sicherheitsrelevanter Nachjustierung. Wäre das Unglück derart katastrophal ausgefallen, wenn:

- der Ausguck genügend Ferngläsern gehabt hätte,
- die Eisbergwarnung ernster genommen worden wären,
- das Schiff genügend Rettungsboote dabei gehabt hätte und
- die Evakuation früher und konsequenter eingeleitet worden wäre?

»Maultier«-Beispiel
Ein klassisches Beispiel aus der Praxis des Business-Kontexts, an dem sehr viele Innovatoren verzweifeln: »Wir haben so viele Ideen in petto, aber die Ansprüche an Compliance und IT-Sicherheit ersticken jegliche Bemühung.« Wie oft habe ich diesen Satz schon gehört. Da spricht echte Verzweiflung. In meiner Tätigkeit als Speaker und Ratgeber darf ich nicht nur Unternehmen, sondern auch Behörden und Institutionen unterstützen. In der Verwaltung klagen wir seit Jahren über den Innovations- und Digitalisierungsstau. An Ideen mangelt es nicht. Die Bruchstelle liegt in dem Paradoxon IT-Sicherheit und Regelkonformität versus Innovation. Eine klassische Sackgasse, weil zumeist im Entweder-oder-Modus gedacht wird. Da sich kein Beteiligter angreifbar machen möchte, spielen alle auf Nummer sicher und kündigen die Projekte ab.

Was rate ich den Betroffenen in diesem Fall?

Die Stellschraube im Sinne der »Maultier«-Methode liegt an dieser Stelle in der zeitlichen Komponente. Ich rate den Innovatoren, das Projekt ohne den vollumfänglichen Sicherheits- und Compliance-Anforderungskatalog zu initiieren. Es geht darum, das Projekt in einem geschützten Raum zum Leben zu erwecken, in eine gewisse Reife zu führen und dadurch auch die Machbarkeiten und Potenziale herauszuarbeiten. Erst wenn das Projekt einen gewissen Entwicklungsstand besitzt, gibt es ein ausreichendes Verständnis und genügend Anknüpfpunkte, um Anforderungen der IT-Sicherheit und Compliance zu berücksichtigen. Erst mit einer gewissen Ausformulierung der Produkteigenschaften- und strukturen ergeben sich kreative Potenziale, um Einschränkungen zu umgehen oder auf andere Art zu lösen.

Darüber hinaus braucht es das Herausarbeiten der Potenziale, sodass durch die Attraktivität eine gewisse Robustheit und Anschlussfähigkeit erzeugt werden, die den internen Gegenkräften standhält. Es ist ein Bisschen so wie das Küken, das im Nest (geschützter Raum) eine gewisse körperliche Konstitution erlangen muss, bevor es in die freie Wildnis entlassen wird und sich eigenständig gegen Feinde und Umwelteinflüsse behaupten kann.

Es geht also nicht darum, die Belange der IT-Sicherheit und Compliance abzukündigen, sondern nur zeitlich zu gewichten und zu staffeln. Bei der »Maultier«-Methode verlassen wir die Alles-oder-Nichts-Dogmatik. Wir tauchen in die Feinheiten ein: Welche Unterpunkte können reduziert werden? Welche Option kann angereichert und ergänzt werden? Kann ein Aspekt ein wenig umgestaltet werden? Wir müssen also die Oberfläche verlassen und die einzelnen Stellschrauben und Spielräume identifizieren.

Neulich bei einer Autofahrt war meiner großen Tochter zu heiß, der Kleinen war es zu kalt. Der Streit ließ nicht lange auf sich warten: Klima an/Klima aus. Die Lösung: Klima bleibt an, aber die Kleine zieht ihren Pullover an. Ja, manchmal kann es so einfach sein. Wer jetzt lacht, schaut besser mal in seinen eigenen Business-Kontext. Wie oft springen wir vorschnell in die Entweder-oder-Falle. Ich beobachte das nach wie vor Tag für Tag.

Ein Dilemma baut einen Handlungsdruck auf. Eine schnelle Entscheidung schafft Entspannung, Befriedigung und demonstriert als Führungskraft Entscheidungsfreude. Damit berauben wir uns der kreativen Potenziale, die in der »Maultier«-Idee steckt. Der Konflikt und die dadurch erzeugte Spannung zwingen uns gewissermaßen, kreativ zu sein. Die Autorin und Kinderärztin Rachel Naomi Remen hat die Faszination und das kreative Potenzial von Widersprüchen so schön auf den Punkt gebracht:

> »Das Leben ist so komplex wie wir selbst. Manchmal ist unsere Verletzlichkeit unsere Stärke, unsere Angst entwickelt unseren Mut, und unsere Verwundbarkeit ist der Weg zu unserer Integrität. Es ist keine Entweder-Oder-Welt.«[85]

Die schnelle Entweder-oder-Entscheidung schafft zudem nur eine kurzfristige Lösung. Zur Erinnerung: Paradoxa existieren fortwährend. Sie können nicht aufgelöst werden. Da können wir noch so viele Entscheidungen treffen. Die betroffenen Paradoxa verschwinden dadurch nicht. Die Abkündigung einer Option führt nur dazu, dass der Konflikt mit stärkerer Intensität zurückkehrt.

Bei der Autoreise im Konflikt meiner Töchter hätte ich mich für die größere Tochter entscheiden können, in dem ich die Klimaanlage angelassen hätte. Das hätte kurzfristig eine Entscheidung herbeigeführt. Am nächsten Tag wäre meine kleine Tochter dann womöglich verschnupft aufgestanden. Dies zeigt deutlich: Nur weil ich als Elternteil (oder Führungskraft) eine Entscheidung falle, wird das Paradoxon nicht aufgelöst! Bei einer eindeutigen Entweder-oder-Entscheidung ist die Gefahr groß, die getroffene Entscheidung im Nachgang zu rechtfertigen und am Leben zu erhalten, auch wenn sich diese als unvorteilhaft oder falsch herausstellt. Das führt dann zu *Escalating Commitments*. Die Entscheidungsträger fühlen sich verdammt, die Lösung unter allen Umständen zum Erfolg zu führen – koste es, was es wolle. Es geht schließlich um den Gesichtsverlust, um das eigene Renommee.

Eine schnelle Entweder-oder-Entscheidung führt nur zur kurzfristigen Entspannung. Die »Maultier«-Methode weckt Kreativpotenziale und eröffnet Lösungsräume, die beide Pole berücksichtigen, und damit zu einer nachhaltigen Lösung führen können.

Ich sehe einen Kreis

Damit wir die Anknüpfpunkte und Parameter hinter der Oberfläche aufspüren, müssen wir so etwas wie einen »Röntgenblick« entwickeln und trainieren. Das Dilemma zwischen einer Option A oder B ist nur die Spitze des Eisbergs. Dahinter liegen unzählige Einzelinteressen und Einzelparameter. Oft ist die Argumentationslinie im Rahmen des Dilemmas nur vorgeschoben und die eigentlichen Gründe liegen an anderer Stelle. Zurück zu meinem Beispiel der Autofahrt, in dem sich meine Töchter um die Einstellung der Klimaanlage stritten: Ging es tatsächlich um die Temperatur? Vielleicht ging es nur um Eitelkeiten? Wollte sich die kleine Schwester vielleicht auch mal durchsetzen und zu ihrem Recht kommen? Vielleicht war den beiden nur langweilig, sodass sie einen Streit lostraten. In dem Fall wäre die Lösung gegebenenfalls ganz woanders zu finden gewesen. Ich hätte ein Hörspiel anmachen können und die Klimaanlage wäre schnell in Vergessenheit geraten.

Wie viele Konflikte im Arbeitskontext beruhen auf der Sachebene und wie viele auf der Ebene der politischen Beziehungen? Wenn der Teamleiter der Explore-Einheit mit einem Abteilungsleiter aus dem Kerngeschäft in eine Auseinandersetzung gerät, geht es dabei nur um die Sache? Geht es beiden um die gemeinsamen Unternehmensziele? Selbst wenn beide Parteien die gleiche Zielsetzung haben und an einem Strang ziehen, kann es zu einer Mehrperspektivigkeit führen: Es gibt immer mehrere Sichtweisen auf eine Sache. Die einen sehen einen Kreis. Andere ein Rechteck. Beide schauen aus unterschiedlichen Blickwinkeln auf einen Zylinder.

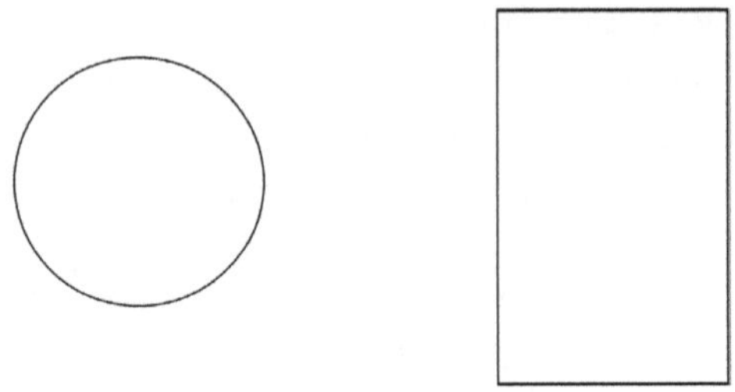

Abb. 54: Was sehe ich hier?

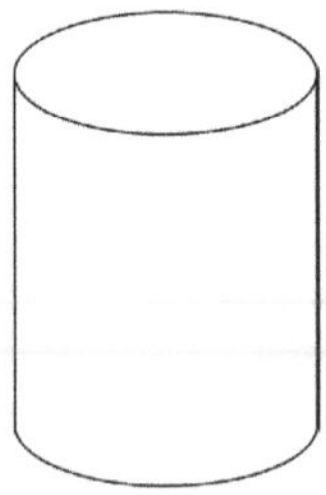

Abb. 55: Der Kreis und das Rechteck als mögliche Ansichten des Zylinders

Oft sind wir uns dessen nicht bewusst, sind in unseren Glaubenssätzen gefangen. Wenn wir mehrere Perspektiven einnehmen, andere Sichtweisen zulassen, vergrößern wir automatisch die Anknüpfpunkte für eine »Maultier«-Lösung. Dieser Ansatz hat übrigens auch die Verhandlungsführung revolutioniert, und das bereits vor über 40 Jahren.

Harvard-Konzept

Mit ihrem Weltbestseller »Getting to Yes«, auf Deutsch »Das Harvard-Prinzip«, revolutionierten die Wissenschaftler Roger Fisher und William Ury die Verhandlungsführung. Bis zu diesem Zeitpunkt bestand diese aus der statischen Positionierung, bei der zwei Standpunkte aufeinanderprallten. Das führte zu einem Gewinner, aber eben auch immer einem Verlierer. Das Harvard-Konzept basiert auf einem vergleichbaren Denkmuster wie die »Maultier«-Methode: Anstatt die oberflächlichen Standpunkte zu betrachten, werden die eigentlichen Interessen aufgespürt. Das klassische Beispiel in diesem Kontext ist der »Orangen«-Streit:

Zwei Kinder streiten sich um eine Orange. Sie befinden sich in einer Verhandlungssituation. Die Ausgangslage ist klar: Du oder ich. Es werden Argumente, Manipulationsversuche und Ablenkungsmanöver ausgepackt, um das Ziel zu erreichen. Im Harvard-Ansatz würden die Verhandler hinter die Fassade schauen: Geht es tatsächlich um die (ganze) Orange? Was wollen die Parteien tatsächlich? In diesem Beispiel wäre die Lösung nämlich ganz einfach: Das eine Kind erhält die Schale, es braucht nämlich die Schale zum Backen, das andere erhält das Fruchtfleisch für einen Saft.

Durch die Erweiterung der Betrachtungsebene von der Orange zu den Einzelbestandteilen bzw. Einzelinteressen kann der eigene Gewinn vergrößert werden. In einem klassischen und fairen Deal hätten die beiden Kinder die Orange einfach nur teilen müssen. Das hätte dem einen aber nur ein halbes Fruchtfleisch und dem anderen nur eine halbe Schale eingebracht. Mit dem Harvard-Ansatz wurde das zu Verteilende vergrößert. Beide erhielten eine hundertprozentige Ausbeute.

Durch das Harvard-Konzept wurde die Win-win-Lösung zum Mainstream. Diese Ideen können wir im beidhändigen Führungskontext und für ambigue Entscheidungsprozesse nutzen. Wann immer ein Dilemma oder eine Verhandlungssituation zwischen Exploit und Explore ansteht, können wir hinter die oberflächlichen Positionen schauen, um Anknüpfpunkte und Spielraum für das »Maultier«- bzw. Harvard-Konzept zu identifizieren.

Seiltänzer

Eine weitere Methodik im Umgang mit Dilemmata benötigt eine exzellente Körperbeherrschung, aber nur im übertragenden Sinne. Wendy Smith und Marianne Lewis sprechen von der »Seiltänzer«-Methode. Der Seiltänzer führt unzählige Mikrobewegungen durch, um die Balance zu halten. Er lehnt sich nie zu weit auf eine Seite, sondern geht behutsam vor. Damit wird er beiden Seiten (in dem Fall Gravitationskräften) gerecht.

Im Grunde vollführt jeder von uns diesen »Drahtseilakt«, Tag für Tag, Sekunde für Sekunde, Atemzug um Atemzug. Unsere Atmung ist ein dynamisches Aussteuern von Gegenpolen: Sauerstoffmangel versus CO_2-Überfluss. Wir schlagen uns beim Atmen nicht dauerhaft auf eine Seite, sondern bewegen uns kontinuierlich zwischen den Polen hin und her. Das ist eine stete, vereinfachte Ausprägung der »Seiltänzer«-Methode. In der Business-Realität wird das komplizierter und dynamischer ausfallen.

Einen weitverbreiteten Anwendungsfall der »Seiltänzer«-Methode haben wir bereits kennengelernt: Führungskräfte in beidhändigem Umfeld müssen situativ und dynamisch zwischen den (zum Teil widersprüchlichen) Führungsrollen wechseln. In einer Situation ist die Managerrolle gefragt, in der nächsten der Leader. Die beidhändige Führungskraft kann sich im Idealfall in Mikroanpassungen flexibel dem jeweiligen Kontext anpassen. Die Ausprägungen der vier Führungskräfterollen (Manager, Leader, Coach, Experte) sind nie statisch, sondern schwanken kontinuierlich.

Diese Feinaussteuerung ist nicht einfach, hat aber einen signifikanten Vorteil: das Vermeiden von *Solution Traps*. Indem wir zwischen den Optionen manövrieren, vermeiden wir die Einseitigkeit der Entweder-oder-Auswahl. Wir verhindern, dass wir zu dogmatisch und starr an der gewählten Option festhängen und über *Escalating Commitments* immer weiter zementieren. Durch die Mikroaussteuerung und das ständige Nachjustieren bleiben Balance und Flexibilität zwischen den Polen gewahrt.

> **Bei der »Seiltänzer«-Methode manövrieren wir mit Mikrobewegungen zwischen den Gegenpolen. Durch diese Zickzack-Bewegung berücksichtigen wir Anforderungen beider Pole.**

Ambidextrie ist gelebte Gleichzeitigkeit: Explore und Exploit leben in einer Organisation zusammen. Wenn Gleichschaltung und Vereinheitlichung die Maxime der tayloristischen Industrialisierung war, dann ist *Sowohl-als-auch* das Leitprinzip der Ambidextrie. All das ist kein theoretisches Fantasieren aus dem Elfenbeinturm – viele Unternehmen haben diese Prinzipien bereits verinnerlicht und erfolgreich in die Umsetzung gebracht, wie uns das folgende Kapitel noch einmal beweist.

Sowohl-als-auch im wahren Leben

Zurück zum chinesischen Konzern *Haier.* Der erfolgreiche Haushaltsgeräte-Hersteller hat *Sowohl-als-auch* im Kern des Organisationsdesigns und der Arbeitskultur etabliert. Haier ist *sowohl* ein globaler Großkonzern *als auch* Start-up. Indem das Unternehmen in kleine, eigenständig operierende Einheiten aufgeteilt ist, verbinden die Chinesen das Beste aus beiden Welten. Sie haben sowohl die Skalierungseffekte und performanten Ressourcen des Großkonzerns, als auch (zumindest annähernd) die Wendigkeit, Agilität und Schnelligkeit der Start-ups.

Selbst ein so fundamentaler Widerspruch wie die Gegensätzlichkeit zwischen Großkonzern und agilen Start-ups kann in geschickter Ausprägung aufgelöst werden. Am Ende geht es immer um die Integration beider (oder mehrerer) »Welten« in eine neue, kreative Gesamtlösung.

Mein persönliches Sowohl-als-auch

Ich widme dem Thema *Sowohl-als-auch* aus zwei Gründen so viel Aufmerksamkeit (und ein ganzes Kapitel): Es ist in erster Linie ein wesentlicher Befähiger für Ambidextrie und Ambiguitätstoleranz. Es schafft neue Lösungsräume, um Explore im Kontext von Exploit zu ermöglichen. Der zweite Grund ist ein ganz persönlicher. Ich lebe das *Sowohl-als-auch* mein ganzes Leben lang, bin ein großer Fan dieser Zwei- bzw- Mehrgleisigkeit: Mein Studium finanzierte ich mit einer Parallelkarriere als Funpunk-Musiker. Wir waren damals bei Universal Music unter Vertrag, nahmen ein Album auf, tourten durch Deutschland. Da prallten zwei Welten aufeinander: Architekturstudium, Design, Karriere-Mindset trifft auf Rock ’n’ Roll, Party und Revoluzzertum. In dem Stil ging es weiter: Nach dem Studium hatte ich durchgehend sowohl eine Anstellung als auch gleichzeitig eine Freiberuflichkeit. In Chile war ich als Architekt und Projektmanager angestellt und gründete parallel ein Studio für digitale Visualisierung. Heute bin ich freiberuflicher Speaker und nebenher als Stratege im DAX-Konzern tätig. Ist dieses Sowohl-als-auch immer einfach? Natürlich nicht. Ist das der bequemste Weg? Auf keinen Fall. Das ständige Umschalten und Einlassen in die andere »Welt« erfordert Kraft und Antrieb. Aber es lohnt sich. Ich möchte das nicht missen.

Meine Mission ist es, mehr Menschen mit dieser Begeisterung anzustecken. Es muss nicht die extreme Zweigleisigkeit sein, wie Anstellung und Selbstständigkeit. Es ist schon viel erreicht, wenn wir die Vorliebe für Sowohl-als-auch in unserem Business- und Führungsalltag entdecken – für all die kleinen Entscheidungen, für all die kleinen tagtäglichen Dilemmata.

Stabil und doch flexibel

Es gibt noch einen weiteren persönlichen Grund für meine Sowohl-als-auch-Begeisterung:

Wir schreiben das Jahr 2010. Ich wohne zusammen mit Gattin und einjähriger Tochter in Santiago de Chile, im zwölften Stock eines Hochhauses aus den 80er-Jahren. Eines Nachts wache ich auf und bemerke, wie sich die Pendellampe an der Decke hin- und herbewegt. Mir ist sofort klar, was das bedeutet: Erdbeben!

Das Gebäude schwankt dermaßen, dass die Trockenbauwände reißen, das Fensterglas klirrt und alles aus den Regalen stürzt. Ich muss mich an den Wänden abstützen, um nicht hinzufallen, so stark bewegt sich der Boden unter mir. Es fühlt sich an wie auf einem Hochseeschiff in stürmischer See. Mir ist sofort klar, dass das Hochhaus das nicht auf Dauer aushalten kann. Jeden Moment kracht alles zusammen. Ich habe Todesangst. Panik!

Doch das Hochhaus stürzte nicht ein. Die Statik des Gebäudes hielt stand, obwohl es so extrem schwankte. Ich habe es lange Zeit als Wunder angesehen, als Geschenk Gottes, als Glanztat meines Schutzengels. Doch umso länger ich darüber nachdachte, wurde mir klar: Das hatte nichts mit einem Wunder zu tun, sondern basierte rein auf menschlichem Kalkül. Und als diplomierter Architekt, der ich nun mal bin, hätte ich das von Anfang an wissen sollen: Das Gebäude hielt stand, weil die Struktur des Stahlbetons ausreichend robust und stabil war. Wäre die Statik allerdings zu stabil und rigide gewesen, wären die tragenden Elemente gebrochen, da sie die Kräfte nicht absorbiert hätten. Was uns rettete, war die perfekte Balance aus Steifigkeit, Riss- und Druckfestigkeit der Materialien und gleichzeitig die Beweglichkeit und Flexibilität der

Struktur. Meine Familie und ich überlebten die Katastrophe, weil *das Gebäude sowohl stabil, als auch flexibel war.*

Vielleicht sollten sich Unternehmen an dieser Balance ein Beispiel nehmen. Auch unsere Organisationen müssen unerschütterlich robust sein und gleichzeitig die Flexibilität aufbringen, Schwankungen und äußere Schockimpulse aufzunehmen und auszuhalten. Damit das gelingt, brauchen wir Führungskräfte und Organisationsgestalter als lokale Globalisten, humane Techies, innovative Absicherer, transformative Bewahrer, routinierte Explorer und moderate Radikale.

Die Zukunft gehört denjenigen, die mit Paradoxa und Dilemmata umgehen können, die aus dem Spannungsfeld eine schöpferische Kraft entwickeln.

Dabei wünsche ich *sowohl* Erfolg, *als auch* Freude!

5 Dein Weg von hier

5.1 How to (inklusive Ambidextrie-Canvas für die Praxis) ...

Jetzt liegen bereits zahlreiche Kapitel hinter uns. Wir haben über die Betrachtungsebenen *Dein Team, die Organisation* und *Führung* die Grundprinzipien, Stellschrauben und Erfolgsbausteine der Beidhändigkeit herausgearbeitet. Mit dem *Magic Triangle* und den vier »A« haben wir das Leitmodell für Ambidextrie etabliert. Damit erreicht das Buch die Zielgerade. Jedem Ende wohnt eine gewisse Magie inne: Es ist nicht nur ein Abschluss, sondern immer auch der Beginn von etwas Neuem. Im Kontext von Büchern, Seminaren und Workshops stellt sich die Frage, wie es danach weitergeht. Wie überführen wir die neuen Ideen in die Praxis? Wie lange halten der Tatendrang und die Inspiration an?

Ich frage mich nach neuem Input jedes Mal, wie ich das Gelernte nachhalte, sodass es im »Hamsterrad des Alltags« nicht untergeht. Vielleicht geht es Dir genauso. Wäre es nicht fantastisch, ein einfaches Werkzeug an die Hand zu bekommen, als übersichtliche Zusammenfassung und als »Fahrplan« für die Umsetzung?

Genau das habe ich parat.

Der Ambidextrie-Canvas für die Praxis

An dieser Stelle teile ich den *Ambidextrie-Canvas* mit Dir, den ich für meine Workshops und Führungskräfte-Tagungen entwickelt habe. Namenhafte Kunden aus DAX und Mittelstand haben den Canvas bereits erfolgreich mit mir zusammen bearbeitet. Der befüllte Canvas sieht nie gleich aus. So einzigartig jede Organisation und so einzigartig die beteiligten Personen, so unterschiedlich ist die Ausgestaltung des Canvas. Je nach Kontext, Zielsetzung und »DNA« der Organisation, bilden sich andere Schwerpunkte und Maßnahmen heraus.

Der Gratis-Download ist verfügbar unter: www.christianschwedler.com

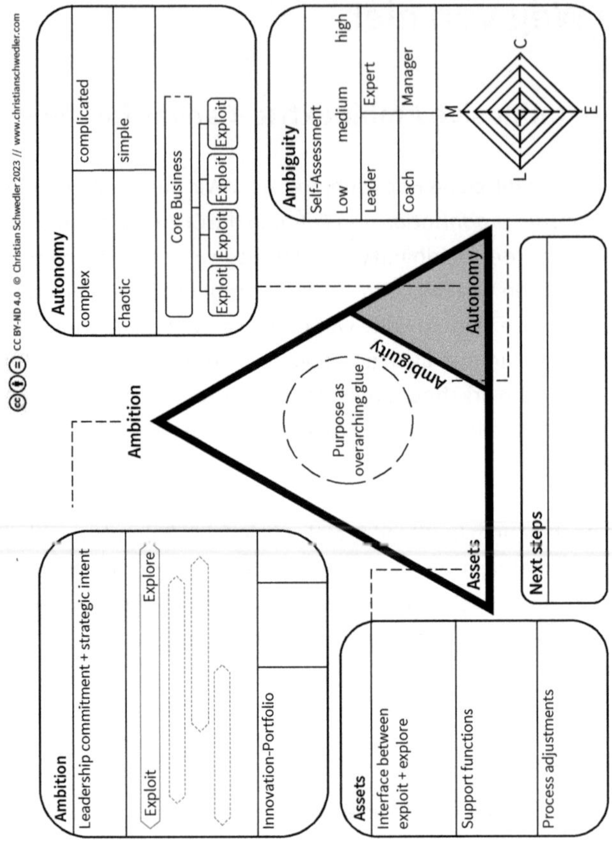

Abb. 56: Der Ambidextrie-Canvas

Unschwer zu erkennen und nach der Lektüre des Buches wenig überraschend, steht das *Magic Triangle* im Zentrum und bildet den Dreh- und Angelpunkt des Canvas. Jedes »A« (Ambition, Autonomy, Assets und Ambiguity-Tolerance) wird anhand einer eigenen Box bearbeitet. Die Arbeit mit und am Canvas erfolgt idealerweise in Gruppen (zum Beispiel im Führungskreis) im moderierten und interaktiven Format. Meinen Erfahrungen zufolge wird dabei rege diskutiert und um Formulierungen und Ausrichtungen gerungen. Und genau darum geht es. Der Austausch, die Mehrperspektivigkeit und das Ringen um eine anschlussfähige Stoßrichtung schärfen die Zielsetzung und aktivieren Kreativpotenziale. Letztendlich geht es um ein gemeinsames Verständnis der Herausforderungen und Lösungsräume. Der Canvas soll den gemeinsamen »Fahrplan« auf dem Weg in die Beidhändigkeit beschreiben.

Blick in das Nähkästchen

In meiner Tätigkeit als Speaker, Business-Mentor und Workshop-Leiter durfte ich mit unterschiedlichsten Organisationen zusammenarbeiten – vom Mittelstand, über große Corporates unterschiedlicher Branchen von Bank bis Tech, bis hin zur Deutschen Rentenversicherung und der Bundesagentur für Arbeit. So unterschiedlich die Branchen, die Organisationsgrößen und der jeweilige Kontext, im Laufe der Jahre habe ich eine immer wiederkehrende Gemeinsamkeit entdeckt: Die allermeisten Führungsteams und Beteiligten waren sehr fachkundig, hatten ein großes Hintergrundwissen zu den relevanten Themenfeldern und waren insgesamt auf einem guten Weg. Das heißt, sie haben ganz viel richtig gemacht. Trotzdem hatte sich der erhoffte Erfolg, die anvisierte Transformation, der spürbare Umbruch noch nicht eingestellt. Meinen Beobachtungen zufolge liegt das fast immer an der Missachtung von (mindestens) einem »A«.

Um dies zu veranschaulichen, anbei ein Fallbeispiel aus meiner Praxis: Ein Marketingbereich eines DAX-Konzerns hatte die nötige *Ambition*, Mandat und Zielsetzung waren etabliert, die *Autonomy* wurde durch eigenständige Corporate Explorer hergestellt und auch der Zugriff auf die *Assets* bzw. die Kollaboration zwischen Assets (Exploit) und Explore waren dezidiert geregelt. Was fehlte, war die *Ambiguitätstoleranz* der beteiligten Führungskräfte. Nachdem wir durch eine Assessment- und Analysephase dieses Manko identifiziert hatten, konnten wir gezielt nachsteuern. Und tatsächlich stellen sich wenige Monate später die ersten spürbaren Erfolge ein.

> **Eine schwache Beidhändigkeit begründet sich in der unzureichenden Ausprägung von (mindestens) einem »A« des Magic Triangles.**

Und hier kommt der Ambidextrie-Canvas ins Spiel. Er führt uns durch die vier »A« und stellt sicher, dass wir an allen relevanten Aspekten vorbeikommen. Er vermeidet blinde Flecken. Das macht den Canvas zu einem wirkungsvollen Werkzeug.

Der Fahrplan für die Implementierung

Den »Fahrplan« zur Implementierung der Rahmenbedingungen für Beidhändigkeit habe ich – der Canvas-Struktur folgend – anbei zusammengefasst. Diese Kurzanleitung kann in zwei Ausprägungen verstanden werden: Entweder für die Gestaltung eines Canvas-Workshops für eine erste strategische Vorklärung oder als mittel- und langfristiger Umsetzungsfahrplan.

1. Ambition

Eine Reise beginnt mit einem Ziel. So sollte auch die Reise in die Beidhändigkeit mit einem Ziel, einer Vision und einem gemeinsamen Verständnis starten. *Wo stehen wir heute? Wo wollen wir hin? Was erwarten wir? Warum das Ganze?*

Die Ambition muss entfacht, gestärkt und abgeglichen werden. Dabei sollte die Zielsetzung, das Mandat für Ambidextrie und die *Licence to Explore* idealerweise von der Unternehmensleitung kommen. In dieser Phase soll das Führungsteam und nachfolgend die Belegschaft eingeschworen werden. Es wird ein gemeinsames Verständnis und Vokabular geschaffen. Die strategischen Felder wie Purpose, Wertesystem und Kultur werden im Hinblick auf Ambidextrie überprüft und gegebenenfalls angepasst oder nachgeschärft.

Maßgebliches Werkzeug für die Zielsetzung der Beidhändigkeit ist der *Ambidextrie-Stretch.* Dieser klärt zwei einfache, aber grundlegende Fragen: *Wo stehen wir heute (in der Kompetenzabdeckung Exploit zu Explore)? Und wo müssten/wollen wir stehen?* In meinen Führungskräfte-Workshops bearbeite ich den Stretch sehr früh, zu Beginn des Workshops. Und ich lasse ihn durch die Führungsteams selbst aufstellen. Dabei wird immer eine Diskrepanz zwischen Anspruch und Ist-Situation entstehen. Mir ist es noch nie untergekommen, dass sich der Stretch im Soll und Ist deckt, ansonsten wäre der Workshop ja auch obsolet. Der Stretch hat eine enorme Strahlkraft, denn er visualisiert den Handlungsbedarf auf eine sehr einfache, aber eindeutige Weise. Dadurch erteilt sich der Führungskreis den Auftrag zur Stärkung der Beidhändigkeit selbst. Die Wirkung ist bei Selbsterkenntnis viel größer, als wenn ein externer Experte sagt, was zu tun wäre.

Relevant ist auch die Vorklärung des Innovationsportfolios: *Inwieweit sollen die drei Cluster Exploit-, Adjacent- und Explore-Innovationen abgedeckt werden? Folgen wir der generischen 70-20-10-Regel? Gibt es Abweichungen? Und wenn, warum?* Es kann eine Definition erfolgen, anhand welcher Kriterien die Einordnung in das Portfolio erfolgt (*Wann ist ein Vorhaben für uns Explore?*). In der weiteren Bearbeitung (zumeist nach dem initialen Workshop) sollten auch die *Hunting Zones* abgesteckt werden.

2. Autonomy

Der strategischen Ausrichtung folgend und je nach Ausprägung des Innovationsportfolios kann eine erste Vorsortierung erfolgen, welche Teams oder Projekte in Explore und welche in Exploit fallen. Dabei können die besprochenen Frameworks wie *Cynefin* helfen.

Darauf aufbauend geht es um die Frage: *Wie schaffen wir die Separierung und Eigenständigkeit des Explore?* An dieser Stelle werden geeignete und anschlussfähige Organisationsformen diskutiert: kontextuelle Ambidextrie, Corporate Start-ups, Mischformen, eigene maßgeschneiderte Modelle, ergänzende Maßnahmen wie Venture Clienting etc. Meinen Erfahrungen zufolge kann es an dieser Stelle zu einem ersten Bruch hinsichtlich des vorab entfachten Enthusiasmus und der Ambition kommen. Beim Organisationsdesign geht es schließlich auch um machtpolitische Fragestellungen: *Behalte ich Einfluss auf Innovation? Wie verteilen sich Ressourcen? Wie werden Zuständigkeiten und Verantwortlichkeiten geschnitten?*

Manche Führungskräfte tendieren dann zu Organisationsformen, die eine konsequente Explore-Ausprägung verwässern, indem zum Beispiel kontextuelle Ambidextrie eingefordert wird. So wollen sich manche Führungskräfte Einfluss und Zugang zur zukunftsgewandten und vermeintlich »sexy« Explore-Welt sichern. Die kontextuelle Ausprägung mag in einzelnen Fällen die richtige Struktur darstellen, aber in vielen Fällen eben nicht. Idealerweise hält der Facilitator des Workshops ein mutiges und konsequentes Mindset aufrecht, um zu verhindern, dass eine vorschnelle Weichenstellung die Wirksamkeit der Ambidextrie von Grund auf schwächt oder zunichtemacht. Die ein oder andere kritische Frage oder die ein oder andere Erinnerung an die Erkenntnisse und Beschwörungen des vorherigen Themenblocks wirken oft Wunder.

Neben der strukturellen Fragestellung der Organisationsform geht es auch um eine erste Zielsetzung der kulturellen Ausprägung des Explore im Abgleich und Abgrenzung zum Kerngeschäft.

3. Assets

Nachdem die organisationale Ausprägung vordefiniert ist, werden die Schnittstellen für die Zusammenarbeit zwischen Kerngeschäft und Explore abgesteckt. Dabei sind insbesondere die Support-Funktionen wie HR, Einkauf und Finanzwesen relevant. Im Rahmen eines Workshops wird man keine detaillierte Feinabstimmung bewerkstelligen. Es geht um einige »Eckpunkte« im Sinne der Zielsetzung. Insbesondere das Finanzwesen spielt hier eine essenzielle Rolle hinsichtlich der Differenzierung der Steuerungs- und Entscheidungslogik zwischen Exploit und Explore. Ergänzende Fragestellungen können sein: *Brauchen wir neue Prozesse, Schnittstellen? Wie erfolgt Zugriff auf die Supportfunktionen?*

4. Ambiguity

An dieser Stelle führe ich gern ein Self-Assessment mit den Führungskräften durch, zur eigenen Standortbestimmung: *Wie ambiguitätstolerant bin ich?* Das bildet den Absprungpunkt für weitere Handlungsmöglichkeiten.

Ergänzt wird diese Einschätzung mit einer Standortbestimmung der vier Führungskräfterollen in einem Soll-Ist-Abgleich. All das dient dazu, die Sensibilität der Teilnehmenden zu schärfen und mögliche Weiterentwicklungspotenziale aufzuzeigen.

Neben der Perspektive der einzelnen Führungskraft geht es um den Unternehmenskontext: Im Rahmen eines Canvas-Workshops können erste Ideen gesammelt und priorisiert werden, um die Ambiguitätstoleranz im Unternehmen bzw. im Team zu stärken. *Inwieweit soll ein Kommunikationskonzept erarbeitet werden? Welche kulturellen Stellschrauben sind zielführend? Wie könnte ein Weiterbildungskonzept aussehen?*

Zeitlichkeit

Die Frage, die viele Führungskräfte und Organisationsentwickler verständlicherweise beschäftigt, und die ich entsprechend oft höre, ist: »Wie lange dauert dieser Prozess?« Ich liefere dann den Klassiker aller Antworten: »Es kommt darauf an.«

Ein Canvas-Workshop als initiale Vorklärung kann in zwei Tagen funktionieren. Das impliziert allerdings einige Vorbedingungen:

- Gewisse Vorkenntnisse der Teilnehmenden zur Ambidextrie sind hilfreich (zum Beispiel über die Lektüre eines entsprechenden Fachbuches wie dieses hier und/oder über eine Keynote).
- Im Teilnehmerkreis herrscht eine hohe Konvergenz hinsichtlich der prinzipiellen Ausrichtung. Die Notwendigkeit für Beidhändigkeit wird nicht per se infrage gestellt; es geht eher um das *Wie*.
- Gute Vorbereitung des Workshops, schlagkräftiger und erfahrener Facilitator.
- Erwartungshaltung: Es liegt auf der Hand, dass in einem Zwei-Tage-Workshop nicht alle Facetten und Details erarbeitet werden können. Es geht vielmehr um die Vision, um Leitplanken, eine Ideenkonsolidierung und Priorisierung der wichtigsten und nächsten Schritte.

Sind obige Voraussetzungen nicht oder nur zum Teil gegeben, wird die Durchführung der Canvas-Bearbeitung mehr Zeit beanspruchen. Denkbar ist zum Beispiel folgende Aufteilung: ein Tag pro Themenblock (also pro »A«). Ebenso können Vorabgespräche und Briefings zielführend sein, um möglichst viele Missverständnisse und Unklarheiten im Vorfeld aus dem Weg zu räumen. Meine Erfahrung zeigt aber, dass in den allermeisten Fällen die zwei Tage für den Canvas-Workshop funktionieren und einen sehr wirksamen Startpunkt bilden.

Die strategische Vorklärung über den Canvas beschreibt die Zielsetzung und den Fahrplan. Die eigentliche Umsetzung erfolgt im Anschluss. Erste Ergebnisse kann man bereits in wenigen Wochen erzielen. Bei entsprechend guter Vorarbeit, zum Beispiel über eine aktivierende Keynote und den Canvas-Workshop, finde ich es bemerkenswert, wie schnell manche Unternehmen in die wirksame Umsetzung kommen.

Farblehre Karate-Gürtel

Um mögliche Qualifizierungs- und Unterstützungsformate auf dem Weg in die Beidhändigkeit zu fassen und zu sortieren, habe ich in Anlehnung an die Gürtelfarben des Karate eine mögliche Abfolge skizziert. Die Einstufung bezieht sich dabei auf die persönliche Qualifizierung bzw. die eines Teams. Es bezieht sich nur auf das theoretische Know-how und den erarbeiteten Fahrplan, nicht auf die Umsetzungsqualität!

- Weißer Gurt – ohne Kenntnisse
- Gelber Gürtel – erstes Grundverständnis, z. B. nach einer Keynote zur Ambidextrie
- Orangener Gürtel – erweitertes Verständnis, entspricht der Lektüre dieses Buches
- Grüner Gürtel – Workshop zum Ambidextrie-Canvas
- Blauer Gürtel – absolvierte Ambidextrie-Masterclass
- Brauner Gürtel – Erfahrung bei der Implementierung oder/Umsetzung von Beidhändigkeit
- Schwarzer Gürtel – Ambidextrie-Experte durch jahrelange Praxis in der Beidhändigkeit und vertiefte theoretische Expertise

Meiner Einsortierung folgend, darf ich Dir hiermit den orangenen Gürtel der Beidhändigkeit überreichen. Herzlichen Glückwunsch!

Doch damit ist hoffentlich nicht das Ende erreicht. Denn *nach* dem Buch ist *vor* der Umsetzung. Nun gilt es, die Theorie in die Praxis zu überführen. Wenn Du oder Deine Organisation auf diesem Weg Unterstützung benötigt – ihr wisst, wo ihr mich findet: www.christianschwedler.com

Domino

Es gibt eine Menge zu tun und der Einfluss jedes Einzelnen ist natürlich begrenzt. Einige Führungskräfte und Mitarbeitende fühlen sich mitunter überwältigt, mut- und chancenlos. Typische Zweifel klingen dann so: »Alle Prinzipien und Stellschrauben sind verstanden. Aber was soll ich denn schon ausrichten? Ich bin doch nur ein winziges Rädchen im riesigen Getriebe?«

Das ist nachvollziehbar. Ich lasse diese »Ausflüchte« aber nicht gelten. Wir haben alle einen Spielraum. Den gilt es auszuschöpfen. Du kannst auf drei Ebenen wirken:

1. als Multiplikator, in dem Du Dein Wissen weitergibst und andere »ansteckst«;
2. Deinen eigenen Spielraum nutzt in der Organisationsgestaltung, im Führungsalltag, im Prägen der Kultur, in Entscheidungsfindungen etc.;
3. Dich weiterentwickelst, z. B. an den vier Führungskräfte-Rollen arbeitest.

Als aktivierende Motivationsspritze erzähle ich am Ende meiner Keynotes mitunter folgende Analogie:

Kannst Du Dir vorstellen, dass der Impuls eines millimeter-großen Dominosteins ausreicht, um den Eiffelturm zum Einstürzen zu bringen?

Der Physiker Lorne Whitehead fand in den 80er Jahren heraus, dass ein Dominostein einen anderthalbfach größeren Dominostein zum Umfallen bringen kann. Es reicht der Impuls eines ersten winzigen Steines, um eine beliebig lange und (damit hohe) Dominoreihe zum Fallen zu bringen, solange jeder Stein maximal 50 Prozent größer ist als der vorige. Das bedeutet zum Beispiel: Wenn der erste Stein 5 cm hoch ist, erzielen 15 Steine bereits die Höhe des Eiffelturmes.

Es startet mit einem leisen Klick und endet mit einem großen Knall.

Was meinst Du, wie viele Dominos benötigt man, um den 384.400 Kilometer entfernten Mond zu erreichen?

Nur 57 Steine.

Die Quintessenz aus dieser Erkenntnis lautet:

Auch ein einzelner Impuls kann Großes anstoßen.

In diesem Sinne:

Be the first Domino!

Check-out – Worauf es jetzt ankommt

Neun von zehn der reichsten Amerikaner sind Gründer. Neun von zehn der reichsten Deutschen sind Erben oder übernahmen das Business der Eltern. Das verrät eine Menge über eine Gesellschaft und deren Unternehmertum.

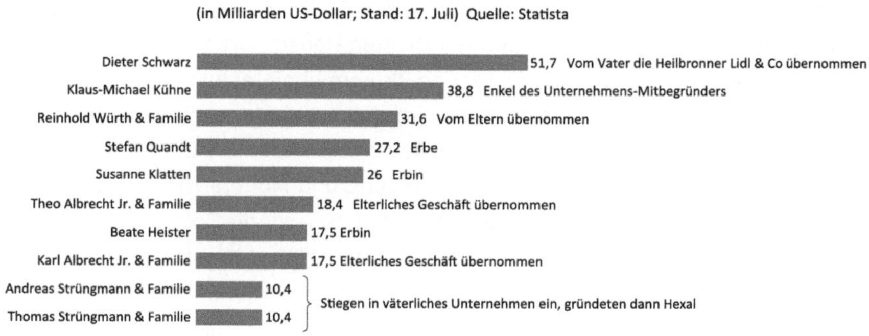

Abb. 57: Die zehn reichsten Deutschen im Jahr 2023, Quelle: Statista

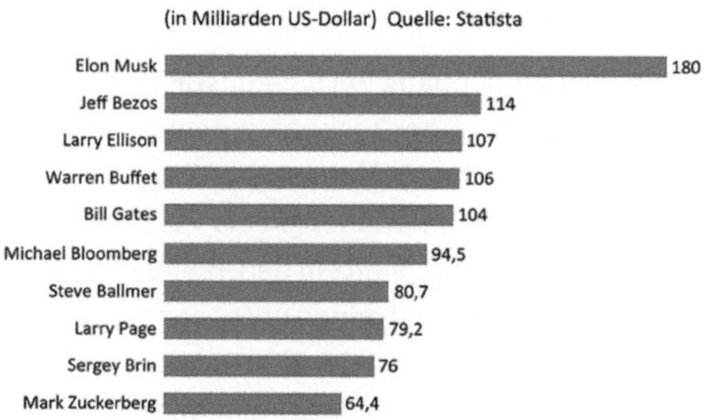

Abb. 58: Die zehn reichsten US-Amerikaner im Jahr 2023, Quelle: Statista

Bitte nicht falsch verstehen, mit dieser Feststellung möchte ich nicht die Lebenswerke der deutschen Milliardäre in Abrede stellen. Reinhold Würth, Dieter Schwarz oder die Albrechts, beispielsweise, führten ihre Firmen erst zu Milliardenkonzernen. Mein Punkt ist ein anderer: Die Gründungsidee, die Initialzündung, der Mut des ersten Schritts, die ersten »Gehversuche« – all das liegt mindestens eine Generation zurück. Die wertvollsten Unternehmen der USA sind dagegen alle in meiner Lebzeit gegründet worden.

Auch bei einem Rückgrat der deutschen Wirtschaft, unseren *Hidden Champions*, ist es ruhig geworden. Die meisten Hidden Champions sind traditionsreiche Familienunternehmen, die bereits über 100 Jahre am Markt sind. Das Durchschnittsalter dieser Betriebe liegt bei rund 70 Jahren.[86]

Explore verlernt?

Haben wir an unserem Standort das Unternehmertum verlernt? Unsere hiesigen Unternehmen sind zu stark im Abschöpfungs- und Optimierungsmodus altbewehrter Geschäftsmodelle gefangen. Das Land der Dichter, Denker, Gründer und Erfinder ist zu einem Land der Verwalter, Optimierer und Risikominimierer geworden. Dabei ist es fast zynisch: An Ideen mangelt es uns nicht. Sehr viele bahnbrechende Entdeckungen und Erfindungen stammen aus dem DACH-Raum und bilden die Grundlage für neue Technologien und Geschäftsfelder. Die Umsetzung und Monetarisierung überlassen wir dann aber neuerdings den USA oder China. Nehmen wir die Solartechnik: Wer hat diese aus der Theorie in eine Anwendbarkeit überführt? Und wer ist heute der monetäre Nutznießer der Technologie?

Wer hat das *World Wide Web* begründet? Die USA natürlich – könnte man meinen. Tatsächlich stellte der Wissenschaftler Tim Berners-Lee die erste Website der Welt online auf Basis der einhergehenden Entwicklung der Computersprache HTML am CERN in Genf. Die Geburt des Internets fand damit in der Schweiz statt.

Noch drastischer zeigt sich dieser Zusammenhang bei der künstlichen Intelligenz (KI). Es ist erschreckend, wie abgehängt wir bei dieser Technologie sind – als wenn wir nie von KI gehört hätten. Dabei haben wir in Deutschland wesentliche Grundlagen geschaffen. Der gebürtige Münchner Jürgen Schmidhuber gilt als Vater der modernen KI und hat im Rahmen seiner Forschungstätigkeit bereits in den 90er-Jahren Grundlagen der künstlichen neuronalen Netzwerke gelegt, auf denen unter anderem ChatGPT und Googles *Bard* aufbauen. Die New York Times hat auf der Titelseite geschrieben: »Wenn künstliche Intelligenz heranwächst, dann wird sie Jürgen Schmidhuber irgendwann ›Papa‹ rufen.«[87] Diesen Vorsprung und diese Pionierarbeit haben wir dann aber nicht in die Umsetzung und Monetarisierung gebracht. Die Gewinne und den Einfluss, der über die neuen Technologien erzielt wird, haben jetzt andere.

Salopp formuliert könnte man behaupten: Wir lassen uns zu oft die Butter vom Brot nehmen. Da wundert es nicht, dass wir mehr und mehr zu Gejagten werden und nur noch reagieren. Wie Elektromobilität im Automotive erfolgreich funktioniert, musste uns Elon Musk zeigen.

Exzellentes Management führt zum Scheitern. Eben dann, wenn wir ausschließlich exzellentes Management betreiben und es nicht um Leadership und Explore ergänzen.

Wenn die beste Antwort auf die Zukunftsfähigkeit ein Effizienzprogramm ist, dann wird es eng.

Digitales Mittelalter

Damit wir uns aus der reinen Optimierungs- und Effizienzschleife lösen und mehr unternehmerische Potenziale heben, sollten wir auch über den Umgang mit der Digitalisierung sprechen. Was die Ausnutzung von Digitalisierung angeht, sind wir bislang noch ganz am Anfang. In den meisten Fällen setzen wir diese nur als Ergänzung zu bestehenden Geschäftsmodellen und Prozessen ein, als zusätzliches Werkzeug. Digitalisierung mit ihren unendlichen Möglichkeiten hat den Kern der Unternehmen und die Substanz der Geschäftsmodelle noch nicht annähernd erreicht. Zu oft wird etwas schlecht Funktionierendes verbessert, aber nicht neu gedacht. Die ersten Automobile sahen eher nach Kutschen aus. An diesem Punkt stehen wir auch gerade, was KI, Plattformen, Quantum & Co. angeht. Bei der Elektrifizierung war es ähnlich: In der Anfangsphase wurden nur die bestehenden Dinge mit Strom versehen. Es brauchte seine Zeit, um zu verstehen, dass wir ganz neue Sachen entwickeln können, wenn wir uns aus den mentalen Fesseln der bestehenden Systeme emanzipieren. Es geht dabei auch um den Mindset-Wandel und Chancenblick von der IT als Kostenstelle zur IT als Umsatzbringer.

Autor Tom Goodwin meint, aktuell befinden wir uns im »digitalen Mittelalter«. Auf die Frage, wann wir erkennen würden, dass die Digitalisierung die volle Reife erreicht hat, antwortete er: »Wenn kein Unternehmen mehr einen Digitalchef einstellt – weil wir das so lächerlich finden würden, als ob heute jemand einen Elektrizitätschef einstellt.«[88]

Um hier den Schalter umzulegen und das volle technologische Potenzial zu heben, brauchen wir die Explore-Power und das damit verbundene Unternehmertum, Mut, naive Kreativität und entfesselte Schaffenskraft.

Eisberg in Sicht

Das Buch startete im ersten Kapitel mit der Analogie des Titanic-Unglücks. »Eisberg-Warnungen« gab und gibt es für unsere Unternehmen genug: Marktkapitalisierung, Investitionsvolumen und Wachstum im internationalen Vergleich, negative Resultate aus Mitarbeiterabfragen, wachsende Kluft zu den Top-Technologien wie KI – um nur ein paar Punkte zu nennen. Ebenso lang ist die Liste bereits gescheiterter Unternehmen bzw. Firmen mit Nahtod-Erfahrungen. Was brauchen wir noch, um endlich das Ruder rumzureißen?

Viele Organisationen steuern gerade auf den Eisberg zu. Jetzt ist eine Reaktion gefragt: eine Kursänderung Richtung Beidhändigkeit. Dafür müssen wir insbesondere den Innenblick schärfen, die eigenen Rahmenbedingungen anpassen.

Auf uns selbst schauen

Zwischen 2015 und 2018 führte das MIT (Massachusetts Institute of Technology) in Kooperation mit Deloitte mehrere Studien durch, bei denen mehr als 16.000 Führungskräfte und Mitarbeitende befragt wurden.[89] Die Ergebnisse waren alarmierend. Eine Fragestellung lautete: »Was ist die größte Bedrohung für Dein Unternehmen durch digitale Trends?«

Die naheliegenden Antworten wären Faktoren gewesen wie neue Wettbewerber, technologische Herausforderungen oder Fachkräftemangel. Doch die meisten Antworten fielen auf *interne* Probleme: mangelnde Beweglichkeit, Selbstgefälligkeit, unflexible Kultur. Das ist erstaunlich. Nicht die Bedrohungen des Umfelds wie Konkurrenzkampf und dynamische Rahmenbedingungen werden als größte Gefahr angesehen, sondern die eigene Behäbigkeit. Mit anderen Worten: Die größte Bedrohung entstammt aus uns selbst. Da passt folgendes Zitat aus einem Cartoon von Walt Kelly:

> »Wir haben den Gegner ausgemacht, und er ist wir.«[90]

Start-ups und junge Firmen sind auch deshalb so agil, innovativ, dynamisch und schlagkräftig, weil all ihre Gegner und Feindbilder *außerhalb* der eigenen Organisation liegen. Das Start-up kämpft geschlossen und vereint für die gemeinsame Mission und gegen externe Konkurrenz. In etablierten Organisationen und Corporates zeigen sich die »Gegner« und Hürden zumeist intern. Sie manifestieren sich in den politischen Grabenkämpfen, Silo-Taktiken und einer überbordenden »Prozess-Theologie«.

Sind wir gut aufgestellt?

Eine andere Frage der MIT-Studie hieß: »Inwieweit glaubst Du, dass die digitalen Technologien Deine Branche disruptieren werden?« 87 Prozent waren der Meinung, dass Disruption im großen oder moderaten Ausmaß ihre Branche bedroht. Aber nur 44 Prozent waren der Ansicht, dass sich die eigene Organisation adäquat auf diese Herausforderungen vorbereitet. Autsch.

Spitzfindige könnten entgegnen, es sei irrelevant, wie die Belegschaft die Lage einschätzt. Wichtiger sei, ob die Unternehmensleitung die Lage im Griff hat, und dass ohnehin nur sie den vollen Durchblick hat. Ich sehe das anders: Wenn die Belegschaft – und dazu zähle ich in diesem Zusammenhang auch die untere und mittlere Führungsebene – nicht überzeugt ist, kann das zur selbsterfüllenden Prophezeiung führen. Motivation und Engagement werden leiden, wie auch die Retention der Talente erschweren. Als Führungskräfte und Organisationsgestalter kann uns die negative Einschätzung der Mitarbeitenden nicht egal sein. Zudem sollten wir der Mannschaft Vertrauen und Gehör schenken, denn sie ist am Puls der Dinge mit einem guten Gespür, wie es *tatsächlich* um die Zusammenarbeit steht.

Der Weg in die Beidhändigkeit

Wir müssen dringend lernen, die Gleichzeitigkeit von Exploit und Explore zu beherrschen. Wenn wir jedem Modus den Freiraum und die Rahmenbedingungen geben, die er benötigt, ist der Output an Energie und Kreativität unaufhaltsam.

Der Weg in die Beidhändigkeit dient mehreren Wirkebenen. Zunächst sind das die drei unmittelbar mit unserer Rolle und Tätigkeit verknüpften Wirkfelder, die wir im Rahmen der drei Hauptkapitel besprochen haben:

- Betrachtungsebene Team
- Betrachtungsebene Organisationskontext
- Betrachtungsebene der eigenen Führungsrolle.

Damit haben wir den Blick auf die Organisation an sich gelenkt, auf das Innenleben. Somit haben wir Stellschrauben identifiziert, die – zumindest teilweise – in unserem Einflussbereich liegen. Hier können und müssen wir als Führungskräfte und Organisationsgestalter ansetzten und wirken.

Im Rahmen des Check-out-Kapitels möchte ich den Blick vom reinen Innenleben der Organisation aber um weitere Betrachtungsebenen ergänzen. Denn Beidhändigkeit dient weder nur den persönlichen Interessen, noch ist deren Wirkkraft auf die Organisation begrenzt. Wenn Beidhändigkeit zum Leben erweckt wird, und damit Unternehmertum, Innovationskraft und Wandlungsfähigkeit gestärkt werden, hat das erhebliche Auswirkungen auf das Außenverhältnis der Organisation und auf das übergeordnete Ökosystem (Wirtschaftsstandort und Gesellschaft):

- Für die Kunden: Unternehmen, die im Kerngeschäft brillieren, schaffen kostengünstige und qualitativ exzellente Produkte und gleichzeitig durch Explore immer wieder neue Angebote und radikale Innovationssprünge, die Kunden begeistern.
- Für die Shareholder: Die Exzellenz im Kerngeschäft bildet die verlässliche und attraktive Rendite, die Sicherheit im Hier und Jetzt. Explore sorgt für zusätzliches Wachstum, neue Business-Potenziale und durch Diversifikation eine geringere Störungsanfälligkeit, da Risiken über verschiedene Branchen und Märkte gestreut werden.

Die Metaebene

Und *last, but not least* kann Beidhändigkeit eine Metaebene beeinflussen, die mir sehr am Herzen liegt und einen Großteil meines Antriebs ausmacht: Ich bin fest davon überzeugt, dass wir die Herausforderungen unserer Welt nur lösen werden, wenn wir mehr Innovationsstärke und unternehmerischen Mut entwickeln. Um es konkreter zu machen, greife ich den Klima- und Umweltschutz heraus: Um unseren angeschlagenen Planeten zu retten, fordern eine Menge Leute die Zurücknahme des Fortschritts. Dieser sei schließlich Grund allen Übels. Ich denke, das ist der falsche Ansatz.

Wie sollen ein Zurückschrauben unserer Ansprüche und ein Stopp des Fortschritts auf globaler Ebene, in dem alle Länder und Gesellschaften mitziehen, gelingen? Da fehlt mir die Fantasie. Es entspricht auch nicht der Natur des Menschen, die immer auch von Neugierde und Ehrgeiz geprägt ist. Damit schließe ich nicht aus, dass wir mehr Augenmaß und Verhältnismäßigkeit üben müssen. Brauchen wir tatsächlich alle globalen Obstsorten über das ganze Jahr verteilt? Braucht es so viel Plastik als Verpackung? Diese Stellschrauben meine ich nicht. Ich glaube, dass wir weiterhin auf Fortschritt setzen müssen. Auch eine umweltfreundliche Verpackung ist Innovation. Um die Herausforderungen unserer Zeit zu lösen, brauchen wir nicht weniger Technologie, sondern bessere. Der Quantencomputer zum Beispiel hat ein unglaubliches Potenzial der Problemlösung. Mithilfe dieser neuen Rechenkraft werden wir die CO_2- und nebenwirkungsfreie Stromerzeugung entwickeln, indem wir die Kernfusion industrialisieren. Es gab in der Menschheitsgeschichte immer wieder bahnbrechende Entdeckungen oder Erfindungen: das Beherrschen des Feuers, das Rad, die Dampfmaschine, Elektrizität. Quantum Computing wird sich hier einreihen, als der große Durchbruch.

Diese Innovationssprünge werden nicht gelingen, wenn wir nur im Managementmodus der Optimierung verharren.

> *»Wenn man in einen falschen Zug einsteigt, nützt es nichts, wenn man im Gang entgegen der Fahrtrichtung läuft.«*
> Dietrich Bonhoeffer

Wir müssen konsequenter in den Explore-Modus kommen. Wenn irdische Ressourcen (wie Öl) endlich sind, müssen wir die Ressourcen nutzen, die unendlich sind: Erfindergeist, Kreativität, Neugierde.

Und es gibt durchaus Hoffnung. Einige unsere Milliardäre und Großinvestoren denken um. Sie haben sich aufgemacht, um abseits vom Effizienz- und Abschöpfungsmodus das Unternehmertum und den Pioniergeist zu entwickeln. Um zwei herauszugreifen: BMW-Großaktionärin Susanne Klatten und Lidl-Gründer Dieter Schwarz fördern nun in großem Maßstab Start-ups- und KI-Hubs: Susanne Klatten im Rahmen der *UnternehmerTUM*, Europas größten Zentrums für Innovation und Gründung mit Sitz in München, und Dieter Schwarz im *Innovation Park Artificial Intelligence* (IPAI) in Heilbronn. Die Vision von Schwarz geht sogar noch weiter: Er will über seine neue Konzernsparte »Schwarz Digits« eine eigenständige europäische Infrastruktur und somit einen europäischen Tech-Riesen aufbauen, z. B. über Cloud Services. Ich denke mir dabei: »Na endlich! Warum nicht schon früher, warum haben wir so lange gewartet?«

Wir brauchen mehr dieser Vorstöße. Wir brauchen mutige Visionen, müssen dabei groß denken.

Die Essenz

Zum Abschluss wage ich den Versuch, die Essenz des Buches in wenigen Sätzen zusammenzufassen:

Dreh- und Angelpunkt ist die Erkenntnis, dass es zwei prinzipielle Arbeitsmodi gibt, die grundverschiedene und zum Teil gegensätzliche Rahmenbedingungen benötigen. Daher müssen beide Modi eine Eigenständigkeit entwickeln und doch gleichzeitig zusammenwirken und kooperieren. Es geht also um die smarte Balance aus Eigenständigkeit und Kooperation der beiden Modi. Dieses Grundverständnis muss dann alle Wirkebenen durchdringen vom Organisationsdesign über das Führungsverständnis bis zur Unternehmenskultur. Der Fokus liegt dabei primär auf dem konsequenten Ausgestalten des Explore, weil wir uns nicht mehr nur auf unsere Exploit-geprägten Optimierungskünste verlassen können. Wenn wir Explore tatsächlich zum Leben erwecken und gleichzeitig die Ressourcen aus dem Kerngeschäft nutzen, entwickelt das eine unglaubliche Kraft. Diese Organisationen werden unaufhaltsam. So kehren wir das *Innovator's Dilemma* in eine *Innovator's Opportunity.*

Niemand weiß, was die Zukunft für uns bereithält. Wir wissen aber, dass die Führungskräfte und Organisationen *»mit beiden Händen«* am besten geeignet sind, sich und ihre Teams durch diese spannenden Zeiten zu führen.

Die Zukunft gehört denjenigen, die Stabilität und Wandel geschickt vereinen.

Viele Organisationen und Führungskräfte haben sich bereits auf diesen Weg gemacht und zeigen mit Beidhändigkeit beachtliche Erfolge. Es gibt keinen Weg zurück. Die Zukunft wird noch viel spannender und verrückter, als wir es uns heute vorstellen können.

Nutzen wir diesen Wandel zu unserem Vorteil.

In diesem Sinne wünsche ich **zwei** glückliche Händchen.

Christian Schwedler

Magic Triangle

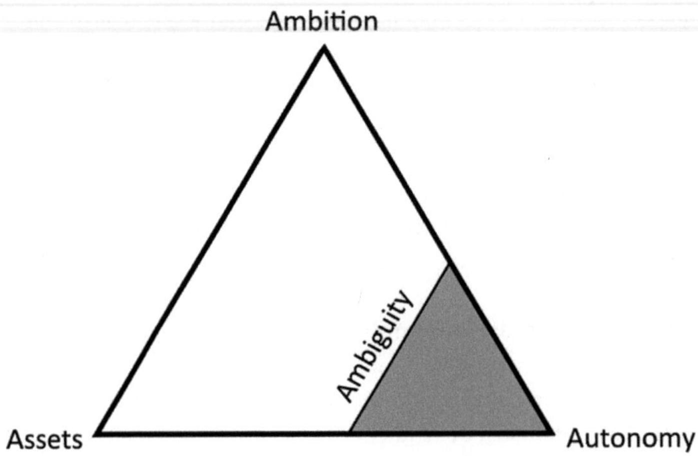

Kontakt

Kontakt: info@christianschwedler.com

Weitere Infos und Updates unter www.christianschwedler.com. Vernetze Dich mit mir auf LinkedIn. Dort poste ich regelmäßig News und Artikel zum Themenfeld Ambidextrie, New Leadership und Transformation: https://www.linkedin.com/in/christian-schwedler

Feedback

In die Erstellung dieses Buches sind viel Sorgfalt und Herzblut eingeflossen. Trotzdem wird sich der eine oder andere Fehler eingeschlichen haben.

Ich habe das Buch bewusst nicht als klassisches Fachbuch geschrieben, sondern als persönliches, ratgebendes Plädoyer. Ich werde daher auch nicht jedweden formaljuristischen oder streng wissenschaftlichen Anspruch auf Korrektheit und Vollständigkeit erfüllen – das war nie das Ziel. An der einen oder anderen Stelle habe ich bewusst polarisiert oder vereinfacht. Mir sind die Grundzusammenhänge und das Anstoßen der Veränderung wichtiger als eine perfektionistische Unantastbarkeit. Dennoch: Wenn Du grundsätzlich anderer Ansicht bist, Aspekte ergänzen möchtest oder Rückfragen hast, schreibe mir. Ich freue über Dein Feedback unter: buch@christianschwedler.com

Falls Du das Buch online erworben hast, freue ich mich über eine Rezension auf der entsprechenden Plattform. Vielen Dank!

Danke

An einem Buchprojekt sind immer viele Hände und Köpfe beteiligt. Danke an all meine Unterstützer, Helfer, Möglichmacher. Danke an:

- meine Gattin Claudia für das wundervolle Cover und die Erstellung sämtlicher Abbildungen,
- meine Produktmanagerin bei HAUFE, Bettina Noé, für all die Unterstützung bei der Entstehung des Buches,
- den Leiter Business-Publikationen bei HAUFE, Heiner Huss, für das Vertrauen, meine Konzepte und Ideen in ein Buch zu gießen,
- Michael Schickerling für die exzellente Unterstützung bei der initialen Konzeption,
- Frank Ilg für den Austausch und die Einsichten in die Peri-Erfolgsgeschichte,

- Dr. Hanjo Gergs und Simone Angress-Pletsch für den Gastbeitrag zur beidhändigen Führung an der Bundesagentur für Arbeit,
- all die großartigen Kunden meiner Keynotes und Workshops, für die wunderbare Zusammenarbeit und das große Vertrauen,
- meine geschätzte Peer-Gruppe, die als Testleser und Feedbackgeber im Sommer 2023 »herhalten« musste: Daniel Prümers, Dr. Hanjo Gergs, Tim Buchholz, Prof. Thorsten Petry, Daniel Vonier. Danke für Euren kritischen Blick und die konstruktiven Hinweise.

Der wichtigste Dank geht an Dich, für die Geduld und die Zeit, dieses Buch zu lesen. Ohne die Neugierigen, die Lernwilligen, die Macher und Multiplikatoren, die all die theoretischen Konzepte und Ideen zum Leben erwecken, wäre das Buch nichts wert. Jeder Einzelne macht den Unterschied. Du machst den Unterschied. Danke dafür.

Literaturtipps

Nach Veranstaltungen oder in Interviews werde ich immer wieder nach Literaturtipps gefragt. Blitzlichtartig führe ich anbei einige Klassiker auf, die meine Arbeit und auch dieses Buch sehr geprägt haben. Die Auswahl ist natürlich subjektiv und auf keinen Fall abschließend. Ich habe mich auf einige meiner Lieblingswerke beschränkt:

- Themenfeld Bürokratie und Ausschöpfen menschlicher Potenziale:
  - »Humanocracy« von Gary Hamel und Michele Zanini
- Themenfeld Agilität:
  - »Scrum – The Art of Doing Twice the Work in Half the Time« von Jeff Sutherland
- Themenfeld Unternehmenskultur:
  - »Netflix – No Rules Rules« von Reed Hastings und Erin Meyer
  - »Hit Refresh – Wie Microsoft sich neu erfunden hat und die Zukunft verändert« von Sataya Nadella
- Themenfeld Organisationdesign/sinnstiftende Arbeit:
  - »Reinventing Organisations« von Frederic Laloux
- Themenfeld New Work:
  - »Brave New Work« von Aaron Dignan
- Themenfeld Leadership:
  - »Leaders eat last – Why some teams pull together and others don't« von Simon Sinek

Und last, but not least zwei meiner Top-Highlights:

- Themenfeld Purpose (und wie wir Management neu denken sollten):
  - »Gott ist ein Kreativer kein Controller« von Frank Dopheide
- Themenfeld Disruption:
  - »Digital Darwinism« von Tom Goodwin

Autoreninfo

Der Umgang mit Gegensätzen und Mut zur Veränderung begleiten Christian Schwedler schon sein ganzes Leben. Sein Studium der Architektur finanzierte er als Funpunk-Musiker mit einem Plattendeal bei Universal Music. Er trat bei der Aftershow-Party von *Wetten, dass ...?* auf und spielte an Silvester vor 100.000 Leuten am Brandenburger Tor. Als nach seinem Hochschulabschluss die Baubranche in einer Rezession steckte, packte er seinen kleinen Koffer und flog nach Australien – ohne festen Plan und ohne Job. Mit dem Glück des Mutigen fand er seine erste Anstellung als Architekt an der australischen Sunshine Coast. Das war der Auftakt für eine achtjährige Weltreise durch verschiedenste Jobs und Abenteuer.

Nach einem Zwischenstopp in Sydney zog er nach London, um bei Stararchitekt Norman Foster zu arbeiten. Zu einer Zeit, da viele Leute es noch als Nischenthema abtaten, setzte er sich mit digitalem Fortschritt auseinander, als Early Adopter von 3-D-Druck und 4-D-Design. Nachdem er in London seine chilenische Frau kennengelernt hatte, ging er nach Santiago de Chile, gründete neben einer Festanstellung ein Studio für digitale Visualisierung und überlebte das zweitstärkste Erdbeben in der Geschichte des Landes.

Im Jahr 2012 kehrte Christian in die Heimat zurück, vollgepackt mit frischen Impulsen und ungewöhnlichen Erfahrungen. Sein Ziel: sich intensiv den Themen New Work und Transformation zu widmen. Und das tut er immer noch zweigleisig – als angestellter Stratege bei einem DAX-Konzern und als freiberuflicher Experte und Speaker.

Der rote Faden in seinem Lebenslauf? Die Absage an Status-quo-Liebhaberei und Komfortzonen-Tristesse. Stattdessen: stetige Spielverlagerung und überzeugtes Chancendenken. Seine Erfahrungen gibt er an andere weiter. Authentisch, denn er lebt und liebt den Spagat zwischen Stabilität und Wandel. Damit zählt er zu den gefragtesten Ambidextrie-, Leadership- und Transformationsexperten, etwa als Keynote Speaker, Workshop-Facilitator, Business-Mentor oder als Autor für die führenden Fachmagazine. Sein erstes Buch unter dem Titel »Speed-Dating mit der Arbeit von morgen« erschien am 22.2.22.

Abb. 59: Christian bei einer Keynote im Sommer 2023 auf der AUBIplus[91]

Anmerkungen

1 Mathias Brandt: So hat sich Deutschlands Wettbewerbsfähigkeit entwickelt, Statista, 20.06.2023, https://bit.ly/40g3e6 g (abgerufen 29.10.2023).

2 »Tech-Konzerne bauen ihre Marktdominanz auf«, Tagesschau, 04.07.2023, https://www.tagesschau.de/wirtschaft/unternehmen/wertvollste-unternehmen-studie-ey-100.html (abgerufen 28.10.2023).

3 Cayton M. Christensen, Kurt Matzler, Stephan von den Eichen: The Innovator's dilemma, Vahlen Business Exssentials, 2013 (Orginal englische Erstfassung 1997).

4 DFB-Akademie: Orientierungspunkte auf dem Weg zu individueller Klasse, https://www.dfb-akademie.de/orientierungspunkte-auf-dem-weg-zu-individueller-klasse/-/id-11009487 (abgerufen 23.08.2023).

5 Jürgen Klopp: Die Lust auf Gewinn, VRBankNbg, https://www.youtube.com/watch?v=0Lxs7puqLlA (abgerufen 26.09.2023).

6 In Anlehnung an: Gerald C. Kane, Anh Nguyen Phillips, Jonathan R. Copulsky, Garth R. Andrus: The technology Fallacy, Massachusetts Institute of Technology, 2019.

7 Charles I. Stubbart, Michael B. Knight: »The case oft he disappearing firms: empirical evidence and implications«, Journal of Organisational Behaviour 27 (2006), S. 79–100.

8 Adam Grove: Only the paranoid survive, Profile Books, 1998.

9 »Titanic: ›Eisberg direkt voraus‹«, Stern, 11.04.2002, https://www.stern.de/lifestyle/leute/titanic--eisberg-direkt-voraus--3608416.html (abgerufen am 10.11.2023).

10 David Robertson, Bill Breen: Brick by Brick, Random House Business, 2014.

11 In Anlehnung an Grafik auf rebrickable.com.

12 Wendy Smith, Marianne Lewis: Both/and/thinking, Embracing Creative tensions to Solve Your Toughest Problems, Havard Business Review Press, 2022

13 New Work: Im ursprünglichen Sinn Frithjof Bergmanns beschreibt New Work eine Tätigkeit, die wirklich gewünscht sind. Es geht also um Tätigkeiten, die Erfüllung bieten und nicht nur pflichtbewusst ertragen werden. Das kann sich folglich sowohl auf Exploit wie auch auf Explore beziehen, abhängig von den jeweiligen Vorlieben der Mitarbeitenden.

Beide Modi sind überlebenswichtig. Exploit sichert den aktuellen Zahlungsstrom und damit das Überleben und Explore zahlt auf die Zukunft ein. Die Modi unterscheiden sich lediglich in ihrer zeitlichen Wirksamkeit.

14 Bild meiner Tochter Alma Schwedler.

15 Bansi Nagji, Geoff Tuff: »Managing your Innovation Portfolio«, Havard Business Review, Mai 2012, https://hbr.org/2012/05/managing-your-innovation-portfolio (abgerufen am 15.02.2023).

16 Lary Page: Interview mit Andy Serwer, Fortune Magazin, 01.05.2008, https://money.cnn.com/2008/04/29/magazines/fortune/larry_page_change_the_world.fortune/index.htm (frei überstzt von Christian Schwedler, abgerufen am 15.02.2023).

17 »Boeing will bis 2042 die Flugzeugflotte verdoppeln«, Wirtschaftswoche, 18.06.2023, https://www.wiwo.de/unternehmen/dienstleister/luftverkehr-boeing-will-bis-2042-die-flugzeugflotte-verdoppeln/29212548.html (abgerufen am 25.06.2023).

18 Andrew Binns, Charles O'Reilly, Michael Tushman: Corporate Explorer, How companies beat startups at the innovation game, Wiley, 2022, S. 44 ff.

19 Mirjam Schöning, Christina Witcomb: »This is the one skill your child needs for the jobs of the future«, Weltwirtschaftsforum, 15.09.2017, https://www.weforum.org/agenda/2017/09/skills-children-need-work-future-play-lego/ (abgerufen am 10.11.2023).

20 »List of mergers and acquisitions by Apple«, Wikipedia, https://en.wikipedia.org/wiki/List_of_mergers_and_acquisitions_by_Apple#:~:text=As%20of%20October%202023%2C%20Apple,unless%20discovered%20by%20the%20press (abgerufen am 13.10.2023).

21 Peter Drucker: Management. Tasks, Responsibilities, Practises, Harper & Row, 1973.

22 Rory McDonald, Derek C.M. van Bever, Efosa Ojomo: chotuKool: »Little Cool, Big Opportunity«, Harvard Business School, 21.06.2016, https://hbsp.harvard.edu/product/616020-PDF-ENG (abgerufen am 10.11.2023).

23 Andrew Binns, Charles O'Reilly, Michael Tushman: Corporate Explorer, How companies beat startups at the innovation game, Wiley, 2022.

24 Stand 18.04.2023, Quelle: https://www.finanzen.net/.

25 Basierend auf Marktkapitalisierung, Stand 01.08.23, Quelle: https://www.finanzen.net/.

26 Fußball-Wette bezieht sich auf das DFB-Pokalspiel im August 2022, Quelle Tipico; Marktkapitalisierung gerundet, Quelle: finanzen.net, Stand 01.08.2023.

27 In Anlehnung an Hans-Joachim Gergs, Arne Lakeit: Agilität braucht Stabilität, Schäfer-Poeschel, 2020.

28 Simon Hage: »Warum unzufriedene Tesla-Kunden vor Gericht ziehen«, Spiegel Online, 09.12.2022, https://www.spiegel.de/wirtschaft/unternehmen/warum-unzufriedene-tesla-kunden-vor-gericht-ziehen-a-2f9b6bfb-cafc-4d98-a28b-2049a1ccb040 (abgerufen am 10.11.2023).

29 Die Herleitung und Darstellung des Ambidextrie-Stretches in Anlehnung an: Hans-Joachim Gergs, Arne Lakeit: Agilität braucht Stabilität, Schäfer-Pöschel, 2020.

30 In Anlehnung an Hans-Joachim Gergs, Arne Lakeit: Agilität braucht Stabilität, Schäfer-Poeschel, 2020.

31 In Anlehnung an Hans-Joachim Gergs, Arne Lakeit: Agilität braucht Stabilität, Schäfer-Poeschel, 2020.

32 In Anlehnung an Hans-Joachim Gergs, Arne Lakeit: Agilität braucht Stabilität, Schäfer-Poeschel, 2020.

33 »List of mergers and acquisitions by Alphabet«, Wikipedia, https://en.wikipedia.org/wiki/List_of_mergers_and_acquisitions_by_Alphabet (abgerufen am 15.02.2023).

34 George Hopkin: Top 10 technology mergers and acquisitions deals in 2022, Technology, 13.12.2022, https://technologymagazine.com/articles/top-10-technology-mergers-and-acquisitions-deals-in-2022 (abgerufen am 15.02.2023).

35 Dark Horse Innovation: Future Organisation Playbook, Murmann, 2023.

36 Foto von Allie_Caulfield, Flickr, Juli 2012, Linzenz CC BY 2.0 DEED https://creativecommons.org/licenses/by/2.0/ Veränderungen am Original: Wandlung in Grautöne, https://www.flickr.com/photos/wm_archiv/7617561172/ (abgerufen am 29.10.2023).

37 Stephan Grabmeier: »Das Blendwerk der Möchtegern-Stars«, manager-Magazin online, 29.04.2019, https://www.manager-magazin.de/lifestyle/artikel/start-up-szene-new-work-arbeitswelt-ist-oft-eine-schoene-neue-scheinwelt-a-1264963.html (abgerufen am 25.02.2023).

38 Jens-Holger Dodel u. a.: Transform and Perform, Porsche Consulting, 2020, https://www.porscheconsulting.com/fileadmin/docs/04_Medien/Publikationen/278784_Transform_and_Perform/Transform_and_Perform_C_2020_Porsche_Consulting-v2.pdf (abgerufen am 10.11.2023).

39 Scott D. Anthony, Clark G. Gilbert, Mark W. Johnson: Dual Transformations, Harvard Busiess Review Press, 2017,

40 Jeff Dyer, Hal Gregersen: »The Secret to Unleashing Genius«, Forbes, 14.08.2013, https://www.forbes.com/sites/innovatorsdna/2013/08/14/the-secret-to-unleashing-genius/?sh=2428776b361c (frei übersetzt von Christian Schwedler, abgerufen 10.11.2023).

41 Die Informationen und Zitate stammen aus dem persönlichen Austausch mit Frank.

42 Thorsten Schaar, Uwe Habicher: Fleat. Vom Unternehmen zur agilen Flotte, Haufe, 2019

43 In Anlehnung an: Thorsten Schaar, Uwe Habicher: Fleat. Vom Unternehmen zur agilen Flotte, Haufe, 2019.

44 Charles A. O'Reilly, Michael Tushman: Lead and Disrupt, How to solve the innovators dilemma, Stanford Business Books, 2021, S. 152.

45 »How ASML became chipmaking's biggest monopoly«, The Economist, 27.02.2020, https://www.economist.com/business/2020/02/29/how-asml-became-chipmakings-biggest-monopoly (abgerufen am 25.08.2021).

46 Larry Putnam Sr., Ware Myers: »Familiar Metric Management: Small is Beautiful Once Again«, Quantitative Software Management, https://www.qsm.com/articles/familiar-metric-management-small-beautiful-once-again (abgerufen 01.03.2023).

47 Jeff Sutherland: Scrum – The Art of Doing Twice the Work in Half the Time, Penguin Random House, 2014, frei übersetzt von Christian Schwedler.

48 André Sagodi: »Organisationale Ambidextrie als Erfolgsfaktor für KI-basierte Innovationen in der Produktion: Das Audi Production Lab«, HMD Praxis der Wirtschaftsinformatik 60 (2023), 14.03.2023, S. 664–678, Originaltext wurde unverändert übernommen.

49 Thomas Bauer: Die Vereindeutigung der Welt, Über den Verlust an Mehrdeutigkeit und Vielfalt, Reclam, 2018.

50 Simon Sinek: Frag immer erst: Warum, Wie Führungskräfte zum Erfolg inspirieren, Redline, 2014.

51 Simon Sinek: Frag immer erst: Warum, Wie Führungskräfte zum Erfolg inspirieren, Redline, 2014.

52 Christian Schwedler: »Speed-Dating mit der Arbeit von Morgen«, *Changement-Magazin* 05 (2022).

53 Dietmar Vahs: Organisation, Schäffer-Poeschel, 2012.

54 In Anlehnung an Dietmar Vahs: Organisation, Schäffer-Poeschel, 2012.

55 Morten Hansen, Herminia Ibarra, Urs Peyer: »The best performing CEOs in the world«, Harvard Business Review Januar-Februar 2013.

56 David Snowden, Mary Boone: »A Leader's Framework for Decision Making«, Harvard Business Review, November 2007.

57 https://www.finanzen.net/ (abgerufen 18.06.2023).

58 Quelle: ARK Investment Management LLC, Avicenne, Materials Research Society.

59 Jeff Bezos: Interview am 13.09.2018, The Economic Club of Washington D.C., https://www.youtube.com/watch?v=zN1PyNwjHpc (abgerufen am 18.06.2023).

60 Charles Arthur: »Amazon writes off $ 170 on Unsold Fire Phones«, The Guardian, 24.10.2014, https://www.theguardian.com/technology/2014/oct/24/amazon-unsold-fire-phones (abgerufen 10.10.2023).

61 »Fünf Jeff Bezos-Zitate für Unternehmer und Erfinder, aboutamazon.de, 16.11.2016, https://www.aboutamazon.de/news/unser-beitrag-fuer-unternehmer-innen/fuenf-jeff-bezos-zitate-fuer-unternehmer-und-erfinder (abgerufen am 15.02.2023).

62 Bodo Schäfer: Die Gesetze der Gewinner, Akademie Bodo Schäfer, 2020, S. 43.

63 Alex Osterwalder, Yves Pigneur, Fred Etiemble, Alan Smith: The Invincible Company*: How to Constantly Reinvent Your Organization with Inspiration From the World's Best Business Models*, Campus, 2020, S. 54.

64 Gründerszene Redaktion: Wieso wir ein Problem mit Niederlagen haben, Gründerszene, 25.04.2017, https://www.businessinsider.de/gruenderszene/allgemein/scheitern-erfolg-buchauszug/ (abgerufen 13.06.2023).

65 Roland Lindner: »Microsoft auf wackligem Fundament«, Frankfurter Allgemeine Zeitung, 26.8.2013, https://www.faz.net/aktuell/wirtschaft/unternehmen/microsoft-sucht-nach-einem-neuen-fundament-12546493.html (abgerufen 10.11.2023).

66 Sataya Nadella: Hit Refresh: The Quest to Rediscover Microsoft‹s Soul and Imagine a Better Future for Everyone, Plassen Verlag, 2017, S. 14.

67 Charles A. O'Reilly, Michael L. Tushman: Lead and Disrupt, How to solve the innovator's dilemma, Stanford Business Books, 2021.

68 Christian Stadler, Philip Wältermann: Die Jahrhundert-Champions, Fünf Prinzipien für dauerhaften Unternehmenserfolg, Schäffer-Poeschel, 2012.

69 »The Transformation 20: The Top Global Companies Leading Strategic Transformations«, Innosight, 09/2019, www.innosight.com/insight/the-transformation-20/ (abgerufen 26.09.2023).

70 Storymaker, »Interview sus Der J-Big-Dezember-Ausgabe von Björn Eichstädt und Nina Blagojevic«, DJW, 03.01.2022, https://www.djw.de/de/infopool/infopool/j-big-dezember-ausgabe (abgerufen 30.05.2023).

71 Nick Bilton: »Why Google Glass Broke«, New York Times, 04.02.2015 https://www.nytimes.com/2015/02/05/style/why-google-glass-broke.html (abgerufen 20.06.2023).

72 Fabian Hoberg: »E-Auto-Rente nach nur neun Jahren – der BMW i3 war seiner Zeit zu weit voraus«, Welt, 27.07.2022 https://www.welt.de/wirtschaft/webwelt/article240102503/BMW-i3-Dieses-E-Auto-war-seiner-Zeit-zu-weit-voraus.html (abgerufen 20.06.2023).

73 »NVIDIA Aktie Chart«, https://www.finanzen.net/aktien/nvidia-aktie (abgerufen 30.05.2023).

74 »DAX 40 Marktkapitalisierung«, https://www.finanzen.net/index/dax/marktkapitalisierung (abgerufen 30.05.2023).

75 Sandra Ahrens: »Umsatz von Rügenwalder Mühle (Carl Müller GmbH) in den Jahren 2014 bis 2021«, Statista, 03.11.2023, https://de.statista.com/statistik/daten/studie/1103485/umfrage/umsatz-von-ruegenwalder-muehle/ (abgerufen 11.09.2023).

76 Gary Hamel, Michele Zanini: Humanocracy, Harvard Business Review pPress, 2020, übersetzt von Christian Schwedler.

77 Siehe »Exnovation«, Wikipedia, https://de.wikipedia.org/wiki/Exnovation (abgerufen am 10.11.2023).

78 In Anlehnung an AgileScrumGroup, https://agilescrumgroup.de/spotify-modell/ (abgerufen am 11.12.2023).

79 In Anlehnung an https://de.wikipedia.org/wiki/AGIL-Schema (abgerufen am 11.12.2023).

80 In Anlehnung an Hans-Joachim Gergs, Arne Lakeit: Agilität braucht Stabilität, Schäfer-Poeschel, 2020.

81 In Anlehnung an Hans-Joachim Gergs, Arne Lakeit: Agilität braucht Stabilität, Schäfer-Poeschel, 2020.

82 Quelle: Bundesagentur für Arbeit.

83 Quelle: Bundesagentur für Arbeit.

84 Lukas M. Fastenroth, Alexander Höpfner, Walter Jochmann, Michael Knappstein: »Beidhändige Führung«, Kienbaum, 28.01.2020, https://www.kienbaum.com/de/publikationen/beidhaendige-fuehrung/ (abgerufen 07.10.2023).

85 Rachel Naomi Remen: Kitchen Table Wisdom: Stories That Heal, Riverhead Books, 1997, übersetzt von Christian Schwedler.

86 Berit Schmiedendorf: »Hidden Champions: Die Starken aus der zweiten Reihe«, Iwd – Informationsdienst der Deutschen Wirtschaft, 27.09.2022 https://www.iwd.de/artikel/hidden-champions-die-starken-aus-der-zweiten-reihe-424550/ (abgerufen 23.10.2023).

87 John Markoff: »When A.I. Matures, It May Call Jürgen Schmidhuber ›Dad‹«, N*ew York* Times, 27.11.2016, https://www.nytimes.com/2016/11/27/technology/artificial-intelligence-pioneer-jurgen-schmidhuber-overlooked.html (abgerufen 24.08.2023).

88 Janet Anderson: »Einfach mal zuhören«, Think:Act 29, 10/2019, https://www.rolandberger.com/publications/publication_pdf/roland_berger_thinkactmagazin_darwinismus.pdf (abgerufen 10.11.2023).

89 Gerald C. Kane, Doug Palmer, Anh N. Phillips, David Kiron, Natasha Buckley: »Strategy, Not technology, Drives Digital Transformation«, MIT SMR report Digital Business, 14.07.2015, https://sloanreview.mit.edu/projects/strategy-drives-digital-transformation/ (abgerufen 10.11.2023); »Aligning the organisation for ist Digital Future,« MIT SMR report Digital Business, 26.07.2016, https://sloanreview.mit.edu/projects/aligning-for-digital-future/ (abgerufen 10.11.2023); »Achieving Digital Maturity,« MIT SMR report Digital Business, 13.07.2017, https://sloanreview.mit.edu/projects/achieving-digital-maturity/ (abgerufen 10.11.2023); »Coming of age digitally: learning, Leadership and Legacy,« MIT SMR report Digital Business 05.06.2018, https://sloanreview.mit.edu/projects/coming-of-age-digitally/ (abgerufen 10.11.2023).

90 Frei übersetzt, Orginal: Walt Kelly: »We have met the enemy, and he is us«, Earth Day poster, 1970.

91 Fotocredit: Ahrens + Steinbach Projekte.

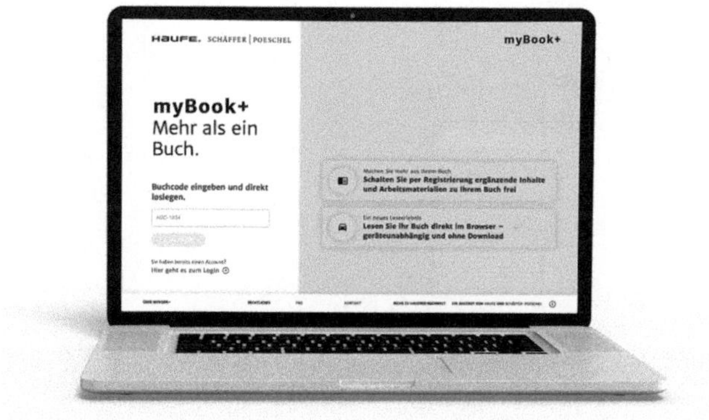

Ihre Online-Inhalte zum Buch: Exklusiv für Buchkäuferinnen und Buchkäufer!

- https://mybookplus.de
- Buchcode: SHN-57873